JN268952

解説 化学工学

[改訂版]

竹内 雍・松岡正邦・越智健二・茅原一之 共著

培風館

本書の無断複写は，著作権法上での例外を除き，禁じられています。
本書を複写される場合は，その都度当社の許諾を得てください。

序

　21世紀を迎えたが，前世紀末から世界情勢には大きな変化が見られる。産業の発展により世界規模で生産拠点が拡大し，生活水準も向上し，政治，経済，教育などの問題が予想もしなかった形で発生し，発展途上国にも大きな変化が生じている。

　地球規模の環境問題も顕在化し，今後安心して生き続けるため持続可能な発展の条件として資源，エネルギー，人口，保健など，解決すべき問題が山積みになっている。何よりも，教育の問題が重要と認識されている。

　大学への進学率が上がった結果か，大学で高度の「知識を学ぶ」よりも卒業後，安定した地位を得て「日常的幸せ」を求める若年層が増えている。こうして，今まで普及・発展に努めてきた我が国の教育制度も見直し(内容検討)が必要になり，継続教育(生涯教育)の必要性が一層増してきている。

　さて，化学工学とその教育について考えてみよう。かつて，1960年代，つまり我が国の戦後の第1期高度経済成長時代に「数学，物理，化学などの知識を応用して，物質の製法に関わる技術の基礎から大型装置の設計，建設，運転までを扱う工学」を教えるために，各地の国立大学に化学工学科が設置された。しかし現在では大学の工学部で学科の統廃合・再編の結果，国立大学では「化学工学」を冠する学科，専攻が減り，物質工学科や物質生物工学科などが生まれた。これらの学科では化学工学は必修科目ではなくなってきた。私立大学では応用化学科，工業化学科という名称は存続しているが，化学工学のウェイトは以前よりもかなり減っている。そして高校の教科改訂の結果，物理や化学の両方を履修せずに大学に入学するものも増えているため，今まで以上に基礎的事項，例えば簡単な化学量論の計算から教え始めないといけない状況になっている。ゆとり教育の結果であろうか，大学で高校の補修も必要のようである。

　化学工学も，「化学工業の諸プロセスの解析，設計，運転に関わる化学の工学」あるいは「もの(化学製品)創りに関わる化学の工学」としてその内容を厳選し，「エンジニアリングセンス」にまで触れるよう教育する必要が生じているのが現状と思われる。

このような時期に当たり，長い間，手頃な分量で，化学工学専攻以外の学科の教科書にも適当との評価を得ていた旧版を一部改訂したのが本書である．事例の解説を増やし，説明を平易にするよう，また，単位系は今日では国際単位系にほぼ完全に移行したと思われるのでそれを主とし，必要に応じて工業単位を付記することにした．執筆者には越智健二教授のほか，気鋭の松岡正邦，茅原一之両教授を加えて新しい内容を盛って頂いた．そして，エネルギー節約や環境保全についても関連の章で触れて頂いたので，本書を用いれば分離技術ばかりでなく，色々な話題を中心に講義を進めて頂けるものと期待している．

　グローバル化の進む情勢のなかで，国際的技術者の資格問題が喧しく論じられる現在，下図に示す学問，技術を修めたケミカルエンジニア育成の教育を充実させる必要性が叫ばれている．その意味でも，本書が役立てば幸いである．

　おわりに，旧版の共同執筆者であった川井利長，佐藤忠正両先生には深謝の意を表す．また，改訂に当たってお世話になった培風館編集部野原　剛氏，山本　新氏および小野泰子さんに謝意を表す次第である．

2001年1月

著者を代表して

竹　内　　雍

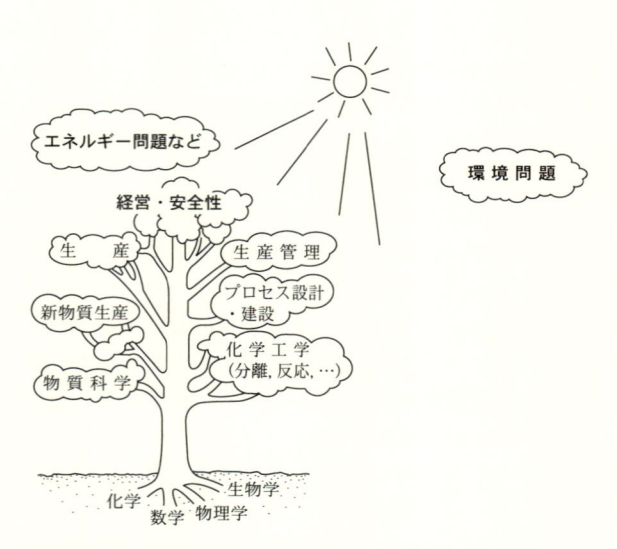

図　化学物質生産に関する学問，技術の樹
（ケミカルエンジニアは主に右の枝を上がっていくであろう．）

目　　次

1　緒　　論 ……………………………………………………………[1-14]
　　1・1　化学工業と化学工学…………………………………………1
　　1・2　化学工業の諸プロセス………………………………………5
　　1・3　化学工場の建設と稼働………………………………………11
　　1・4　化学工学の内容と分類………………………………………12
　　　　　問　題 ……………………………………………………………14

2　化学工学の基礎事項 ……………………………………………[15-44]
　　2・1　物質収支と熱収支 ……………………………………………15
　　　　2・1・1　物質収支……………………………………………………15
　　　　2・1・2　熱収支………………………………………………………19
　　2・2　物性と平衡 ……………………………………………………21
　　　　2・2・1　物　性………………………………………………………21
　　　　2・2・2　平衡と状態図………………………………………………24
　　2・3　単位と次元 ……………………………………………………28
　　　　2・3・1　単位系………………………………………………………28
　　　　2・3・2　単位の換算…………………………………………………31
　　2・4　数値の取扱いとグラフ表示 …………………………………32
　　　　2・4・1　測定値と誤差………………………………………………33
　　　　2・4・2　測定値のグラフ表示と実験式の作成…………………33
　　　　2・4・3　図微分と図積分……………………………………………37
　　　　2・4・4　数値積分……………………………………………………38
　　2・5　生産コスト ……………………………………………………40
　　　　　問　題 ……………………………………………………………42

3　流体の流れと輸送装置 …………………………………………[45-72]
　　3・1　流体とその流れ ………………………………………………45
　　　　3・1・1　流　体………………………………………………………45
　　　　3・1・2　流　量………………………………………………………48
　　　　3・1・3　流体の保有するエネルギー(ベルヌーイの定理)………48
　　　　3・1・4　流体のエネルギー保存則…………………………………50
　　　　3・1・5　流れの性質…………………………………………………52

 3・2　管内の流れと摩擦損失 ··54
  3・2・1　円管内層流 ··54
  3・2・2　円管内乱流 ··56
  3・2・3　管路内の流れにおける各種の圧力損失と輸送動力 ·············59
 3・3　装置内の流れ ··63
  3・3・1　非円形断面の流路内の流れ ··63
  3・3・2　充填層内の流れ：修正レイノルズ数 ····························64
  3・3・3　流動層 ··66
 3・4　流動測定 ··67
  3・4・1　オリフィス(流量)計 ··67
  3・4・2　その他の流量計 ··68
 3・5　流体輸送装置 ··69
  3・5・1　液体輸送装置 ··69
  3・5・2　気体輸送装置 ··69
  問　題 ··71

4　伝熱操作と装置 ··[73-105]
 4・1　伝熱操作の基礎 ··73
  4・1・1　伝導伝熱 ··74
  4・1・2　対流伝熱 ··79
 4・2　熱伝達 ··80
  4・2・1　総括伝熱 ··80
  4・2・2　熱交換器の原理 ··82
  4・2・3　熱交換器の種類 ··86
 4・3　相変化が起こらない場合の境膜伝熱 ································88
  4・3・1　乱流の場合 ··90
  4・3・2　層流の場合 ··90
  4・3・3　遷移流の場合 ··91
  4・3・4　自然対流が起こる場合 ··92
 4・4　相変化を伴う場合の伝熱 ··94
  4・4・1　沸騰伝熱 ··94
  4・4・2　凝縮伝熱 ··95
 4・5　放射伝熱を含む場合の伝熱 ··96
 4・6　溶液の蒸発濃縮と過熱水蒸気の発生 ································99
  4・6・1　蒸発器における伝熱 ··99
  4・6・2　過熱水蒸気の発生 ··102
  問　題 ··103

5　流体混合物の分類操作と装置 ··[106-209]
 5・1　分離操作の基礎 ··106
  5・1・1　分離操作の分類 ··107
  5・1・2　分離操作とその選択基準 ··109

		5・1・3 物質移動と拡散 110
		5・1・4 拡散係数のデータの所在と推定 115
	5・2	蒸　留 116
		5・2・1 気液平衡 116
		5・2・2 蒸留の原理と精留 122
		5・2・3 いろいろな蒸留操作 125
		5・2・4 蒸留(連続精留)の計算 130
		5・2・5 多成分系の蒸留 139
		5・2・6 蒸留装置 141
	5・3	ガス吸収 143
		5・3・1 吸収平衡 143
		5・3・2 吸収速度 146
		5・3・3 吸収操作の解析と計算 148
		5・3・4 向流吸収塔の構造と設計 155
	5・4	液液抽出 158
		5・4・1 液液平衡 158
		5・4・2 液液抽出装置 163
		5・4・3 抽出操作と段数計算 164
	5・5	晶析操作 171
		5・5・1 平衡関係と物質収支 171
		5・5・2 晶析現象と晶析速度 173
		5・5・3 代表的な晶析装置の例 174
		5・5・4 完全混合槽型(MSMPR)晶析装置の解析と設計 175
	5・6	吸着・イオン交換と固液抽出 177
		5・6・1 吸着操作と装置形式 177
		5・6・2 吸着操作の解析と設計 181
		5・6・3 イオン交換操作と装置 187
		5・6・4 固液抽出 188
	5・7	調　湿 189
		5・7・1 空気の湿度 189
		5・7・2 調湿操作と装置 195
		5・7・3 冷水操作 197
	5・8	乾　燥 197
		5・8・1 含水率 197
		5・8・2 乾燥速度 199
		5・8・3 乾燥操作と装置 200
	5・9	特殊分離 202
		問　題 205

6 固体および分散粒子の分離・混合装置と操作 [210-259]

6・1	はじめに 210
6・2	粉粒体の物性 213

　　　　6・2・1　粒径，粒度分布の表わし方 ………………………213
　　　　6・2・2　粒径，粒度分布の測定 ……………………………219
　　　　6・2・3　粉粒体の性質 ………………………………………224
　　　　6・2・4　粉体圧 ………………………………………………225
　6・3　粉　砕 …………………………………………………………227
　　　　6・3・1　粉砕に必要なエネルギー ………………………228
　　　　6・3・2　粉砕機 ………………………………………………230
　6・4　分　級 …………………………………………………………232
　　　　6・4・1　分級器 ………………………………………………233
　　　　6・4・2　サイクロンの分離限界粒子径 …………………237
　　　　6・4・3　分級の効率 …………………………………………238
　6・5　粉粒体の供給と輸送 …………………………………………239
　6・6　粉粒体の混合，捏和および造粒 ……………………………239
　6・7　集　塵 …………………………………………………………241
　　　　6・7・1　沪過集塵 ……………………………………………241
　　　　6・7・2　集塵効率 ……………………………………………243
　6・8　固液分離 ………………………………………………………243
　　　　6・8・1　凝　集 ………………………………………………243
　　　　6・8・2　沈降分離 ……………………………………………249
　　　　6・8・3　浮上分離 ……………………………………………251
　　　　6・8・4　沪　過 ………………………………………………253
　　　　問　題 …………………………………………………………257

参　考　書 …………………………………………………[261-262]

付　　　録 …………………………………………………[263-275]
　1．単位換算表 …………………………………………………263
　2．重要数値および定数表 ……………………………………267
　3．ギリシャ文字と記号の意味 ………………………………268
　4．無次元数 ……………………………………………………269
　5．水の物性 ……………………………………………………270
　6．水蒸気表 ……………………………………………………271
　7．物性推算のノモグラフ ……………………………………272
　8．数学公式および数式 ………………………………………274

問 題 解 答 …………………………………………………[277-279]

索　　　引 …………………………………………………[281-289]

おもな使用記号

A	アントワン式の定数,断面積および伝熱面積 [m²],成分の量または流量,乾燥面積 [m²/kg](式5・137)
A_{av}	平均伝熱面積 [m²](式4・3)
A_F	フィルターの面積 [m²](式6・52)
a	比表面積 [m²/m³]
a_P	充填物,あるいは粒子一個あたりの外表面積 [m²/個]
a_v, a_t	粒子充填層単位容積あたりの粒子外表面積 [m²/m³](式3・35)(5・6節)
B	アントワン式の定数,成分およびその量,流量など
b	定数(式6・5),ステファンボルツマンの定数($=5.67\times 10^{-8}$ W/m²・K⁴)(式4・49)
b'	定数(式6・5)
C	アントワン式の定数,成分数(相律),濃度(成分を表す添字A, B付),比熱容量 [kJ/kmol・K],流量係数 [—](式3・39),モル密度 [混合物全体のモル数/体積](式5・4)
C^*	平衡濃度
C_0	初濃度 [kmol/m³],流量係数 [—](式3・39)低温流体の比熱容量(式4・21)
C_e	出口,または排出物の濃度
C_i	定数,比熱容量 [kJ/kmol・K],高温流体の比熱容量(式4・21)
C_H	湿り空気の比熱容量(式5・129)
C_P	定圧比熱容量 [kJ/kmol・K]
C_R	(粒子の沈降における)抵抗係数 [—](式6・15)
D	直径,拡散係数 [m²/s],蒸留における留出液量 [kmol] またはその流量
D_{AB}	A-B二成分系の拡散係数 [m²/s]
D_e	流路の相当直径(式3・32, 3・33, 4・41)
D_i	管の内径 [m]
D_n	グラスホフ数における代表長さ
D_S	撹拌翼の径 [m]
DF	透過率または除染係数
d	直径(添字付の粒径の意味は表6・4参照),微小長さ,微分記号
d_e	粒度特性数(式6・5)
d_P	粒子径
d_{50}	50%通過粒子径(メジアン径)(式6・7)
E	総括塔効率(式5・59),抽出液質量,同質量流量(式5・94),粉砕エネルギー (6・3節)
E_{MV}, E_{ML}	蒸気,液組成基準のマーフリー段効率(式5・61 a, b)
F	自由度,機械的エネルギー損失,特に摩擦損失 [J/kg](式3・7),フィード(供給物)の量または流量 [kmol/s],自由含水率 [kg-H₂O/kg](式5・136)
$F_0(\varepsilon)$	空間率関数(式6・16″, 6・64, 6・66)
F_{12}, F_{21}	角関係(式4.50)
f	摩擦係数(式3・21),吸着塔の残留吸着能力 [—](式5・123)
G	流体,特に気体の質量速度 [kg/m²・s],不活性ガスの流量 [m³/s](式5・139),撹拌強度指数(式6・59)
G_M	単位断面積あたりのガス流量 [kmol/m²・s](添字 M はモルの意)
G_M'	装置単位断面積あたりの同伴ガス流量 [kmol/m²・s](式5・80)
G_r	グラスホフ数($=D_n^3\rho_f^2 g\beta\Delta_t/\mu_f^2$)(式4・44)
G_z	グレーツ数($=WC_P/kL$)(式4・39)
g	重力の加速度
g_c	重力換算係数 [$=9.81$ kg・m/kgf・s⁻²]
H	エンタルピー,蒸気のエンタルピー,ヘンリー定数,絶対湿度(式5・126)

H'	ヘンリー定数 [kmol/m³·Pa], (式5·67)	k_G	気体境膜物質移動係数 [m/s]
H_{OF}	流体濃度基準の総括 H. T. U. (移動単位高さ)(式5·124)	k_L	液体境膜物質移動係数 [m/s]
		k_m	沪材の抵抗係数 [1/m] (式6·56)
H_{ox}	液相濃度基準の総括 H. T. U.	k_p	透過係数 (式6·20′)
H_{oy}	気相濃度基準の総括 H. T. U.	k_0	コゼニー定数 [－] (式6·21)
H_x	液相 H. T. U. (式5·90)	k_x	液相物質移動係数 [kmol/m²·Pa·s]
H_y	気相 H. T. U. (式5·90)	k_y	気相物質移動係数 [kmol/m²·Pa·s]
H_S	飽和湿度(式5·127)	L	長さ, 流体の質量またはモル流量 [kg/s, または kmol/s], 連続蒸留における濃縮部の下降液流量 [kmol/s], 粉体層厚さ(第6章)
H_W	湿球温度における飽和湿度(図5·57)		
ΔH^{vap}	蒸発のエンタルピー変化 (蒸発潜熱)		
h	境膜伝熱係数 [kJ/m²·s·K], 高さ, 液深, 液のエンタルピー [kJ/kmol]	L'	連続蒸留における回収部の下降液流量 [kmol/s], ケーク層の厚さ(相当抵抗長さ) [m], (式6·22‴′)(p 256)
h_c	自然対流に関する伝熱係数(式4·56)	L_e	相当長さ [m], (式3·30)
h_i	管内壁基準の境膜伝熱係数 [kJ/m²·s·K], (式4·25, 4·27)	L_f	単蒸留の終わりの液量(式5·30)
		L_M	装置単位断面積あたりの液流量 [kmol/m²·s] (添字 M はモルの意)
h_o	管外壁基準の境膜伝熱係数 [kJ/m²·s·K], (式4·25, 4·27)		
		$L_{\min}$	吸収において G 一定とした時の最小液流量(図5·25), ($L_{\min}/G$ は最小液ガス比)
h_r	放射伝熱に関する伝熱係数(式4·54)		
h_s	汚れ係数(式4·32),		
$h_c + h_r$	複合伝熱係数(式4·57)	L_M'	装置単位断面積あたりの溶媒流量 [kmol/m²·s]
i	i 番目の成分, 湿り空気のエンタルピー [kJ/kg]		
		L_S	単蒸留の最初の液量 [kmol] (式5·30)
J	J 因子, 質量流束 物質移動の J 因子$(=(k_F/u)(\mu/\rho D_{AB})^{\frac{2}{3}})$ (5·1·3項)		
		L_0	塔頂段へ還流される液量 [kmol/s] (式5·57)
		l	長さ
j_H	伝熱 J 因子$(=h/(C_P G)(C_P\mu/k)^{\frac{2}{3}})$ (式4·36)	M	$= h_W - Q_S/W$ (式5·52), 分子量 [－], 抽出における混合液量(式5·94)
j	j 番目の成分, 拡散流速 [kmol/m²·s] (式5·1)		
		m	物質の量 [kg, または kmol など], オリフィスの開口比 [－] (式3·39), 分配係数 [－], ヘンリー定数(モル分率で表示), 操作線の傾き, 定数(式6·6)
K	定数, Kelvin 温度の略, 縮流係数(式3·28), 式6·29 の定数		
K', K''	粉砕所要仕事に関する定数(式6·33, 6·34)		
K_A	凝集速度係数(式6·60)		
K_B	破壊速度係数(式6·60)	N	質量あるいはモル流束 [kg/s, kmol/s], 全段数, 理論段数(5·2·4項), $= h_D + (Q_C/D)$, 回転数(1/s)
K_i	平衡係数(式5·21)		
K_x	液相濃度基準の総括物質移動係数		
K_y	気相濃度基準の総括物質移動係数	N_A	成分 A のモル流量 [kmol/s]
k	定数, 熱伝導度 [kJ/m·s·K], 物質移動係数 [m/s] (式5·10), 根(式5·63),	N_m	m 段完全混合槽型多段凝集装置で凝集後の粒子個数濃度(式6·60)
		$N_{\min}$	最小理論段数(5·2·4項)
k_{av}	平均熱伝導度 [kJ/m·s·K]	N_0	初期の1次粒子個数濃度(式6·60)
k_c	沪過における粉塵層の抵抗係数 [1/m] (式6·56)	N_{OF}	流体濃度基準の総括移動単位数 [－] (式5·124)
k_F	境膜物質移動係数(添字 F は流体)	Nu	ヌッセルト数$(= hD/k)$ (式4·33)
		N_x	液相の移動単位数 [－] (式5·87 b)
k_{Fav}	流体境膜物質移動容量係数 [1/s]	N_y	気相の移動単位数 [－] (式5·87 a)

おもな使用記号

n	モル数，物質移動流速 [kmol/m²·s⁻¹] (添字 A, B などは成分を表す)，成分数，指数，均等数(式6·5)
o	総括(overall)，外径，初期値などを表す添字
P	圧力，特に全圧，相の数(相律における)，気液平衡における平衡圧(式5·24, 5·25)，製品量
P_c, p_c	気体の臨界圧力
$P(d_P)$	$=100-R(d_P)$, (式6·6)
P_R	プラントル数 [―]，$(=C_P\mu/k)$ (式4·33 ほか)
P_s, p_s	飽和蒸気圧
p	分圧
p_R, P_R	対臨界圧力 $(=p/p_c)$
$\Delta P, \Delta p$	圧力差，または圧力損失
Δp_c	粉塵層またはケーキ層における圧力損失(式6·56)
Δp_m	沪材による圧力損失(式6·56)
Q	熱量 [kJ]，吸着剤量 [kg]，塔頂液流量 [m³/s] (式5·139)，風量 [m³/s]
Q_c	凝縮器で単位時間あたり除去される熱量(式5·50)
Q_s	蒸発缶に単位時間あたり加えられる熱量(式5·52)
q	熱流量 [kJ/s]，蒸留塔への供給原料 1 mol 中の液の mol 数(式5·39)，吸着量 [kg(または kmol)-吸着質/kg-吸着材]
q^*	平衡吸着量 [kg/kg]
q_∞	飽和(または単分子層)吸着量 [kg/kg] (式(5·118) Langmuir 式)
q_r	放射伝熱の伝熱速度 [kJ/s]
q_0	初濃度 C_0 に平衡な吸着量 [kg/kg]
q_{12}	面Ⅰから Ⅱ への放射伝熱量(式4·50)
R	気体定数 [=8.314 J/mol·K]，半径，還流比(=L/D)(式5·46)，抽残量またはその質量流量 [kg/s]，流体抵抗(式6·6~18)，残留量
$R(d_P)$	粒径 d_P の時のふるい上%(式6·5)
Re	レイノルズ数 $(=Du\rho/\mu)$ [―]
$(Re)_c$	カルマンのレイノルズ数(式3·34)
Re_P	粒子レイノルズ数 $(=d_Pu\rho/\mu)$ [―]
$R_{\min}$	最小還流比(式5·48)
r	半径方向における中心からの距離
r_c	濾過の比抵抗(式6·22''')(p 255)
r_H	動水半径 [m] $(=D_e/4$, 式3·32)
S	塔断面積 [m²]，ある組成の抽剤量，同質量流量(式5·98)，スラリー中の固体の質量分率(式6·68)
Sc	シュミット数 $(=\mu/\rho D_{AB})$ (5·1·3項)
Sh	シャーウッド数 (k_FD/D_{AB}) (式5·11)
SV	空間速度(space velocity)，$=v/V=u/Z$(線流速/層高) [1/s]
S_v	粒子層単位体積あたりの比表面積 [m²/m³] (式6·22)
T	温度 [K]
T_B	標準沸点 [K]
T_C	臨界温度 [K]
T_R, T_r	対臨界温度 [K]
Tq	トルク(式6·59)
T_w	流体に接する壁面温度(高温側)(式4·25)
t	時間，温度(一般に℃表示の場合)
t_d	露点
t_w	流体に接する壁面温度(低温側)(式4·25)，湿球温度(式5·133)
t_0	$=\beta\gamma Z/u$(式(5·121))
U	総括熱伝達(伝熱)係数 [kJ/m²·s·K]
$U_{\max}$	最大流速 [m/s]
u	流速 [m/s]，(上付添字$(\bar{u})$ は断面平均，下付添字 A, B は成分を表わす)
u_0	空塔速度(流速)
u_0/ε	充填層における間隙速度
V	流体の体積 [m³]，容器内の流体の量，連続蒸留における濃縮部の上昇蒸気量(図5·13)，濾過における濾液量 [m³] (式6·22'')(p 255)
V_C	凝縮水の量 [m³] (式4·60)，沈降室の容積 [m³] (例題6·5)
V_g	気相または蒸気の体積 [m³]
V_L	液体の体積 [m³]
V_m	$=L'A/f$(式6·72'，ただし f は(式6·70)より求める)
v	体積 [m³]，体積流量 [m³/s]，比容積 [m³/kg]，粒子の沈降速度 [m/s] (式6·15)
v_f	吸着帯の移動速度(式(5·125))
v_H	湿り比容(式(5·131))
v_t	終末速度(式6·15)
W	質量，質量流量 [kg/s]，仕事 [J/kg] (式3·7ほか)，蒸留における残液，缶出液量 [kmol] またはその流量 [kmol/s]，乾量基準の含水率 [kg/kg]，仕事指数(式6·35)，粉塵

	量(例題 6·7)
W_e	平衡含水率 [kg/kg] (図 5·64)
W_i	粉砕に関する仕事指数 (式 6·35)
w	濃度, 低温流体の流量, 湿量基準の含水率 [kg/kg]
w_{AS}	溶質 A の飽和濃度 [kg-溶質/kg-溶液] (図 5·42)
X	液相組成(着目成分の液濃度, 単位は例えばモル分率 [—])(成分について添字 A, B, 1, 2 などを用いる), 同伴流体(吸収液など)に対する溶質のモル分率比($=x/(1-x)$)
X_i	相界面における X
x	液相モル分率 [—] (成分について添字を用いる)
x^*	y に平衡な液相中のある成分の濃度 (式 5·72)
x_C	気液平衡における q 線と平衡線との交点の組成(モル分率) (図 5·17)
x_D	留出物の組成(モル分率)
x_F	蒸留における原料組成(モル分率), 原料中の抽質濃度 [—] (式 5·99)
x_i	抽出における抽残液中の i 成分の組成(質量分率)
x_N	向流多段抽出における N 段目の x の値
x_S	抽剤中の抽質濃度 [—] (式 5·99)
x_W	缶出液の組成(モル分率)
Y	気相組成(濃度, モル分率など), 同伴流体(気体)のモル分率に対する着目成分(溶質)のモル分率比($=y/(1-y)$, 主に 5·3 節)
Y^*	X に平衡な気相組成
Y_i	気液界面における Y の値
y	y 方向の距離, 気相モル分率 [—]
y^*	x に平衡な y の値 (式 5·72)
y_C	気液平衡における q 線と平衡線との交点の組成(モル分率) (図 5·17)
y_i	気相と他の相との界面における気相中のある成分の濃度, モル分率 [—]
Z	充塡層高, 必要層高 [m]
Z_a	吸着帯長さ [m] (式 5·124)
z	圧縮率因子, 流束比, 高さ方向の長さ

ギリシャ文字

α	相対揮発度(時には成分を示す下付添字を用いる), 補正係数(式 3·5), 熱拡散率($=k/C_P\mu$) (4·3 節)
β	定数, 操作線の傾き, 選択度(式 5·97), 吸着係数($=q_0/C_0$), 体膨張係数
$\beta\gamma$	体積あたりの吸着係数($=\gamma q_0/c_0$) (式 5·121)
γ	活量係数 [—], かさ密度 [kg/m³]
Δ	差
δ	微小差
δ_M	境膜厚さ [m] (式 5·9)
ε	管などの表面の凸凹の高さ [m], 空間率, 固体の熱放射率(黒度) (4 章)
ε_{mf}	流動化開始時の粒子槽の空隙率 [—]
ε_P	多孔質粒子の細孔率
η	抽出率(式 5·101), 吸着剤固定層の飽和度 [—] (式 5·123), 集塵効率(式 6·57)
η_N	ニュートン効率(式 6·47)
θ	角度, 時間
λ	蒸発潜熱(蒸発のエンタルピー変化) [kJ/mol]
λ_W	湿球温度における水の蒸発潜熱 [kJ/kg]
μ	粘度 [Pa/s]
ν	動粘度($=\mu/\rho$)
π	円周率
ρ	密度, 特に流体の密度 [kg/m³]
ρ_f	流体の密度 [kg/m³]
ρ_l	液の密度 [kg/m³]
ρ_M	マノメータ封液の密度 [kg/m³] (式 3·39)
ρ_s	固体密度 [kg/m³]
σ_{AB}	分子 A, B の衝突直径 (式 5·19)
σ_e, σ_g	標準偏差
τ	せん断応力(式 3·1), 滞留時間 [s]
ϕ	会合係数(式 5·20), 相対湿度, 粒子の形状係数(式 6·3), 角度, 残留率 (式 6·62)
ϕ_C	カルマンの形状係数(式 6·4)
ψ	比較湿度(式 5·128)
ψ_{12}	総括角関係 (4 章)
Ω_D	衝突積分 [—] (式 5·19)
ω	角速度 [deg/s]

1

緒　論

　近代的工業として化学工業が多量生産の形を整えるようになったのは19世紀後半のことであった．そこに至るまでには，錬金術から脱皮して自然科学の一分野と認められるようになった化学の進展が大きな力になった．しかし，今日の化学工業で重要性を認められている化学工学が，その名称，学問体系とも世間に受け入れられるようになったのは今世紀はじめのことである．したがって化学工学は若い学問であって，他の工学と同様に工業技術を集大成する形で生まれ，化学工業の発展につれて急速に分野が広がり，研究も進展した学問である．

　本章では化学工学の歴史を概観し，つぎに化学工業のいろいろなプロセスがいくつかの単位操作の組合せで成り立っていることをフローシートによって説明し，化学工場の計画，建設，稼動の過程で化学技術者がはたす役割を述べる．

1・1　化学工業と化学工学

　化学工業は，いろいろな物質を原料(raw material)としてそれらを混合し，加熱，圧縮，触媒との接触などにより化学変化を起こさせ，得られたものを蒸留，吸収，抽出，吸着あるいは簡単なふるい分け，乾燥，沪過などによって精製して製品(product)を得ることから基本的に成り立っている．原料から製品までの生産の各段階(工程；process)における操作(operation)は，現在ではほとんどすべて密閉された装置のなかで連続的に行なわれていて，きめられた品質(quality)を維持するために計器(instrument)による制御(control)が行なわれている．それゆえ，化学工業は装置工業ともよばれる経費の大きな工業の一つになっている．

　化学工業が他の工業，たとえば機械工業や建設業などと異なる点をあげてみるとつぎのとおりである．第一に原料に化学変化を起こさせて製品をつくり，

それを他の工業に原料として提供する役割を負うのが化学工業である。したがって，原料の価格や，需要者の要望により製品価格，製品の販売価格が影響を受ける。化学工業にたずさわる技術者にはまた原料やその他の材料の性質，製法，化学変化に関する広い知識が要求される。

化学工業の第二の特徴は原料から製品を得る工程の選び方によって，原料に対する製品(目的物)の量的割合(収率；yield 通常 % で表わす)が異なることがあるということであろう。形の変化だけが起こる単純な機械加工と異なり，化学工業は製造工程を変えることにより収率が飛躍的に向上し，製品価格が下げられた例も少なくない。つまり新しい技術の開発(development)や工程の改良がつねに要求される，競争の激しい工業である。

現在多くの化学工業は製品の品質を一定に保ち経済性を高めるために，大規模な生産を行ない，かつ原料から製品まで一貫した生産を行なうようコンビナート(関連産業の集合体)をつくって繁栄をはかっている。ところで，化学工業の生産工程を細かく調べてみると，気体や液体あるいは固体状の物質の輸送，加熱または冷却，あるいは反応，蒸発と溶液からの晶析，混合液の蒸留，ガス吸収，固体や液体中の成分の他の液体による抽出，固体の粉砕と分級，気体や液体からの固体粒子の分離，液体や固体の混合，固体による気体や液体中の成分の吸着，乾燥などの操作が原料や製品によらず共通の操作となっていることがわかる。それらの操作は単位操作(unit operations)とよばれる[†]。

それぞれの単位操作を効果的，かつ経済的に遂行するためには，もっとも適した圧力や温度を定め，装置の大きさ，操作の時間，操作に必要なエネルギーなどを計算する必要がある。このような作業を操作設計とか装置設計とよぶ。そして実際に装置が製作されれば，われわれは設計どおりの操作が行なわれるように努力し，最終的に化学工業の全工程がうまく運営されるように計画をたて，それを実行する必要がある。ここに述べたすべての面にたずさわるのが化学技術者(chemical engineer)であり，化学技術者にさまざまな手法を提供する工学が化学工学(chemical engineering)であるといえる。

したがって化学工学は，化学工業の発展と深いつながりを保ちながら進んで今日に至った。ここで簡単に化学工学の歴史[1~3]をふり返ってみよう。

19世紀後半，ヨーロッパ諸国は科学のほとんどすべての分野で世界の先端に

---

† 化学変化という考えは当初から単位操作に含まれなかったようで，したがって，ここにあげた操作のうち反応は別に反応操作とよばれる。なお，ここに単位操作としてあげたものは，1915年リットルらが示したものと一致しない。

1) W. K. Lewis, *Chem. Eng. Progress*, 54(5), 50(1958).
2) E. J. Henley, H. Bieber, "Chemical Engineering Calculations", McGraw-Hill(1959).
3) 藤田重文, "化学工学 I (第2版)", 東京化学同人(1972).

1・1 化学工業と化学工学

あった。ヨーロッパの化学工業もまた，硫酸，アンモニア，硝酸などの合成を中心に飛躍的な発展を示した。イギリスのマンチェスター工業技術学校(Manchester Technical School)のデービス(G. E. Davis)は，化学工業で働く技術者を化学技術者(chemical engineer)と名付けて，従来からあった土木技術者(civil engineer)，機械技術者(mechanical engineer)とならぶ専門職をおくよう，1880年学会の設立を提唱した。そして幾多の曲折を経て The Society of Chemical Industry(化学工業会)の設立をみた。デービスはその後1901年に"Handbook of Chemical Engineering"を刊行した。この本には現在化学工学で基礎的事項となっている事柄がほとんどすべて収められている。しかし彼の考えはイギリスでは広くは受け入れられなかった。これに対してアメリカのマサチューセッツ工科大学(Massachusetts Institute of Technology; MIT)，ミシガン大学(University of Michigan)，コロンビア大学(Columbia University)などが中心となって，今日の化学工学の基礎となる教育が行なわれるようになった。1888年ころから1900年ころのことである。MITでは，化学工学専攻の学生には，化学と機械工学の両分野を学ばせることにした。ノートン教授(L. M. Norton; 1893年没)に代わり，1900年代には，リットル(A. D. Little)，ウォーカー(W. H. Walker)が化学技術者養成のためのカリキュラム編成を行なった。

1908年にアメリカ化学工学会(American Institute of Chemical Engineers; AIChE)が設立された。AIChEはウォーカー，リットル両氏に化学技術者養成に必要なカリキュラムの立案を依頼し，その後1915年リットルは，単位操作の考え(unit operations concept)を提唱した。1922年の AIChE 年会ではこの単位操作の考えが承認された。したがってこの年が化学工学の独立宣言の年ともいえる。この考えは当時新しい言葉として注目されたが，本当はデービスの考えを基本にしているといって良い。単位操作という考え方はしだいにアメリカの大学に広がった。そして1923年にはウォーカー，ルイス(W. K. Lewis)，マクアダムス(W. H. McAdams)による"Principles of Chemical Engineering"が刊行された。その後も単位操作に関する名著がいくつかアメリカで刊行されている。

イギリスでは，その後1922年になって，化学工学協会(The Institution of Chemical Engineers)が設立された。

わが国では，明治以来ほとんどすべての科学技術をヨーロッパから導入した関係から，化学技術者の教育，養成もドイツ流の応用化学(現在は工業化学ともよばれる)という分野が一部分担する形で行なわれてきた。そして，しだいに機械工学との中間的領域(講座)として，化学機械学が開講されてきた。大正

末から昭和の初期にかけて工業のいっそうの発展の重要性が認識されるとともに，高等教育の充実，拡充が企てられるようになった。このころ MIT に留学し，化学工学を修めた内田俊一，亀井三郎，八田四郎次氏の力で 1930～40 年代に，東京工業大学，京都大学，東北大学に化学工学科や化学機械学科が設置された。その後，他の大学でも化学工学の講座が開設され，昭和 30 年代に応用化学科を改組して工業化学科・化学工学科が全国の多数の大学に設置された。しかし，最近の改組により応用化学系学科は，物質，生物，システム，環境などの名を冠した学科(あるいは大学院研究科の専攻)に変わり，化学工学科という名称の学科はほとんどなくなった。けれども，これは化学工学の考え方や学問・技術体系が必要でなくなったことではない。

なお，1936 年には化学工学の研究者・技術者の団体として化学機械協会が設立されたが，その後化学工学協会となり，現在は化学工学会となっている。

最近，再び科学技術の進展に対処するために工学系の諸学科の再編成が進められているが，これは応用化学系ばかりでなく，機械系，建設系でも同様な事情である。1950 年代に米国で基礎工学(Engineering Science)の体系が提唱され，これにより化学工学の分野でも単位操作から輸送現象論，反応工学，システム工学などが勃興した。また，材料科学の重要性が提唱され，今日の半導体ブームへと進んだように思われる。その後，1980 年代には化学工学から物質・化学工学へ，また一部の大学では学科から広領域を表わすプログラムという名称(例えば Chemical & Materials Engineering Program)への改組が行われ，その考えが我が国や韓国の教育改革へ波及したように思われる。

科学技術全般の進展が著しい今日では化学工業の内容も大きく変わり，また

写真 1・1 石油精製・石油化学工業の工場配置の例
(東燃化学(株)提供)

化学技術者の役割も一層広範囲にわたるようになっている。その結果，化学工学の分野も一層拡大し，境界領域とよばれる他の分野との中間的な分野，例えばエネルギー，環境保全，情報，資源，各種の新素材生産およびバイオテクノロジーなどの分野への進出が図られ，大きな成果をあげている。その際，化学工学の基礎知識をもとに，問題解決のための種々の手法が創出された。また，分子レベルから装置規模に至る広範な分野で研究・開発を担当して，操作や装置の設計を可能とする点に特徴を持つ化学技術者(ケミカルエンジニア)の社会的評価は一層高まっている。

　ごく最近では，グローバリゼーションの名の下に世界規模の工業生産，あるいは研究・開発に携わる技術者にも教育プログラムの評価や，世界的に共通な資格認定が行なわれる情勢にある。そして，世界的に化学工学の重要性が見直されている。

1・2　化学工業の諸プロセス

　化学工業を製品別に分類すると，表1・1のようになる。表の右欄には製造工程(プロセス)に含まれる単位操作と反応操作のうち主要なものをあげた。

　つぎに，われわれの日常生活に関連深い製品が工業的にどのようにして得られるか考え，製造プロセスの組立て，原料から製品までの動きを探ってみよう。

表 1・1　化学工業の分類とそのプロセスにおけるおもな操作

工業の分類		おもな製品	おもな操作
化学工業	有機化学工業		
	石油精製工業 / 石油化学工業	石油留分，エチレン，プロピレン，各種のポリマーなど	蒸留，吸収，抽出などの分別および分離操作／反応(分解，合成)，分離操作
	高分子化学・繊維工業	プラスチック，各種合成繊維	合成反応，各種の分離操作，成形
	医薬品工業	各種の医薬品，ビタミンなど	合成反応，分離操作
	食品工業 ｛精糖工業／醸造工業／油脂工業｝	ショ糖／酒類，各種発酵製品／油脂，洗剤，界面活性剤	濾過，吸着，晶析，遠心分離／微生物による分解反応，精製操作／圧搾精製
	塗料工業	各種塗料	混合(固-液)，粉砕
	無機化学工業		
	無機薬品工業	各種の無機薬品	無機合成，晶析
	肥料工業	硫安，硝安，尿素肥料	合成，晶析
	窯業	ガラス，陶磁器，セメント，炭素材，ニューセラミックスなど	粉砕，ふるい分け，成型，焼成
	金属精錬	鉄鋼，アルミニウム，その他の金属，その他合金，焼結金属	固体取扱い，熱処理，高温反応，電解
	エレクトロニクス材料工業	半導体や光通信用材料の生産	結晶引上げや化学蒸着(CVD)

写真1·1は石油精製・石油化学工業を総合した工場の遠景である。このような工場では原油はタンカーから直接貯蔵タンクに移され，図1·1のブロックフローシート†(block flow sheet)に示した順序で蒸留，精製され，一部はさらに改質(reform)されて製品となる。ガソリン，灯油，軽油，重油，BTX††，アスファルトなどがおもな製品である。

石油化学工業では，ナフサ(沸点40～190℃の留分)を熱分解してエチレン，プロピレン，ブタジエンなどの成分をとり，それらを用いてポリエチレン，ポリプロピレン，アルコール類，メチルエチルケトン(MEK，溶剤)などを生産している。フローシートを図1·2†††に示した。

図1·1や図1·2は簡単なフローシートの例であるが，原料の量，いろいろな段階での物質の変化，ある反応器(reactor)で生成する反応の条件と反応式，水・蒸気・燃料の量，装置から排出される物質の組成と量などが記入された詳しいフローシート(プロセスフローシート)も広く用いられている。図1·3はその一例である。

さらにこのプロセスフローシートによって，必要な機械類，容器，輸送のための配管を示し，また装置材料を選び，同時に生産に必要な水，水蒸気，燃料，電力などユーティリティー(ズ)，(utilities)††††とよばれるものの量をきめて温度，操作条件などとともにフローシートに示すとプロセス設計は終了する。このようなフローシートは，エンジニアリングフローシートとよばれ，プラントの設計，製作に必要な事項が網羅されている。

エンジニアリングフローシートのうち，配管と，操作の制御(管理；control)に必要な計器のとりつけ(計装)を記した P & I ダイヤグラム(piping and instrumentation diagram)はとくに重要である。配管には管径と材質が示され，また計器は圧力(P)，温度(T)，流量(F)，レベル(長さ，厚さ，L)，組成(A)などを指示(I)，調節(C)および記録(R)などするものとして二文字以上の記号で示されている。たとえば FICR といえば流量指示調節記録計を意味する。

このほか，水・蒸気・燃料・電力の使用個所とそれらの量を記したユーティリティー(ズ)フローダイアグラム(UFD, utilities flow diagram)も装置の運転，保守管理(maintenance)には欠かせない。図1·4はその一例である。個々の装置の図面はフローシートにあるそれぞれの装置について何枚もつくられ，部厚い図面集にまとめられている。これらはふつう製作図面とよばれている。

---

† ブロック(四角い枠)をつなげた形のフローシートの名称。
†† ベンゼン，トルエン，キシレンの頭文字をとった，これら芳香族製品の総称。
††† 東燃化学(株)カタログより(一部変更)。装置のおよその形が示されている。
†††† ユーティリティーズ(用役)とは，水・蒸気・燃料・電力など生産における補助的なものの総称。

1・2 化学工業と諸プロセス

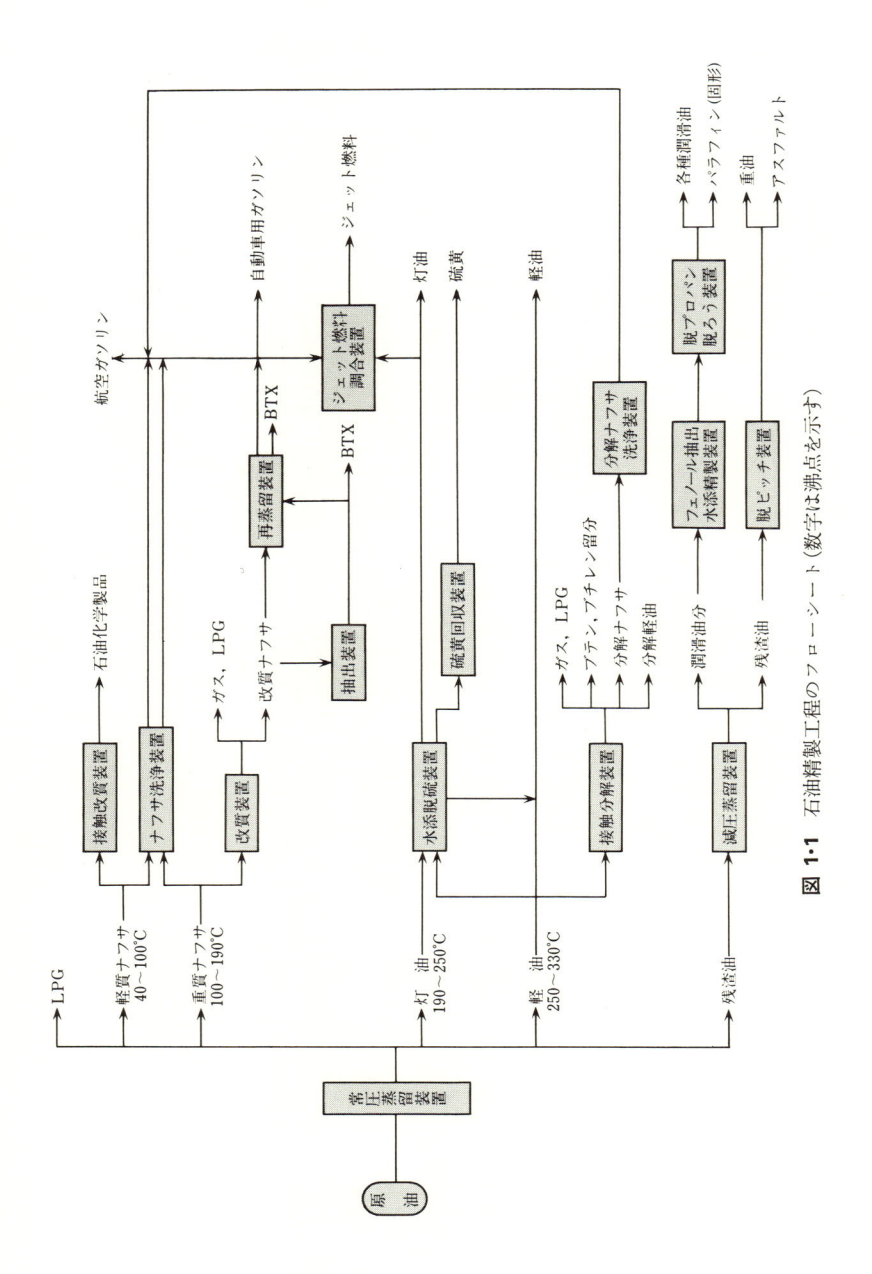

図 1・1 石油精製工程のフローシート（数字は沸点を示す）

フロー概要：

- 原油 → 常圧蒸留装置
- 常圧蒸留装置からの留分：
  - LPG
  - 軽質ナフサ 40〜100℃
  - 重質ナフサ 100〜190℃
  - 灯油 190〜250℃
  - 軽油 250〜330℃
  - 残渣油

- 軽質ナフサ → 接触改質装置 → 石油化学製品
- 軽質ナフサ・重質ナフサ → ナフサ洗浄装置
- 重質ナフサ → 改質装置 → ガス、LPG、改質ナフサ
- 改質ナフサ → 抽出装置 → 再蒸留装置 → BTX
- BTX → 自動車用ガソリン、航空ガソリン
- → ジェット燃料調合装置 → ジェット燃料

- 灯油 → 水添脱硫装置 → 硫黄回収装置 → 硫黄
- 軽油 → 接触分解装置 → ガス、LPG／プロピレン、ブチレン留分／分解ナフサ／分解軽油
- 分解ナフサ → 分解ナフサ洗浄装置

- 残渣油 → 減圧蒸留装置 → 潤滑油分、残渣油
- 潤滑油分 → フェノール抽出・水添精製装置 → 脱ろう装置 → 各種潤滑油、パラフィン（固形）
- 残渣油 → 脱ピッチ装置 → 重油、アスファルト

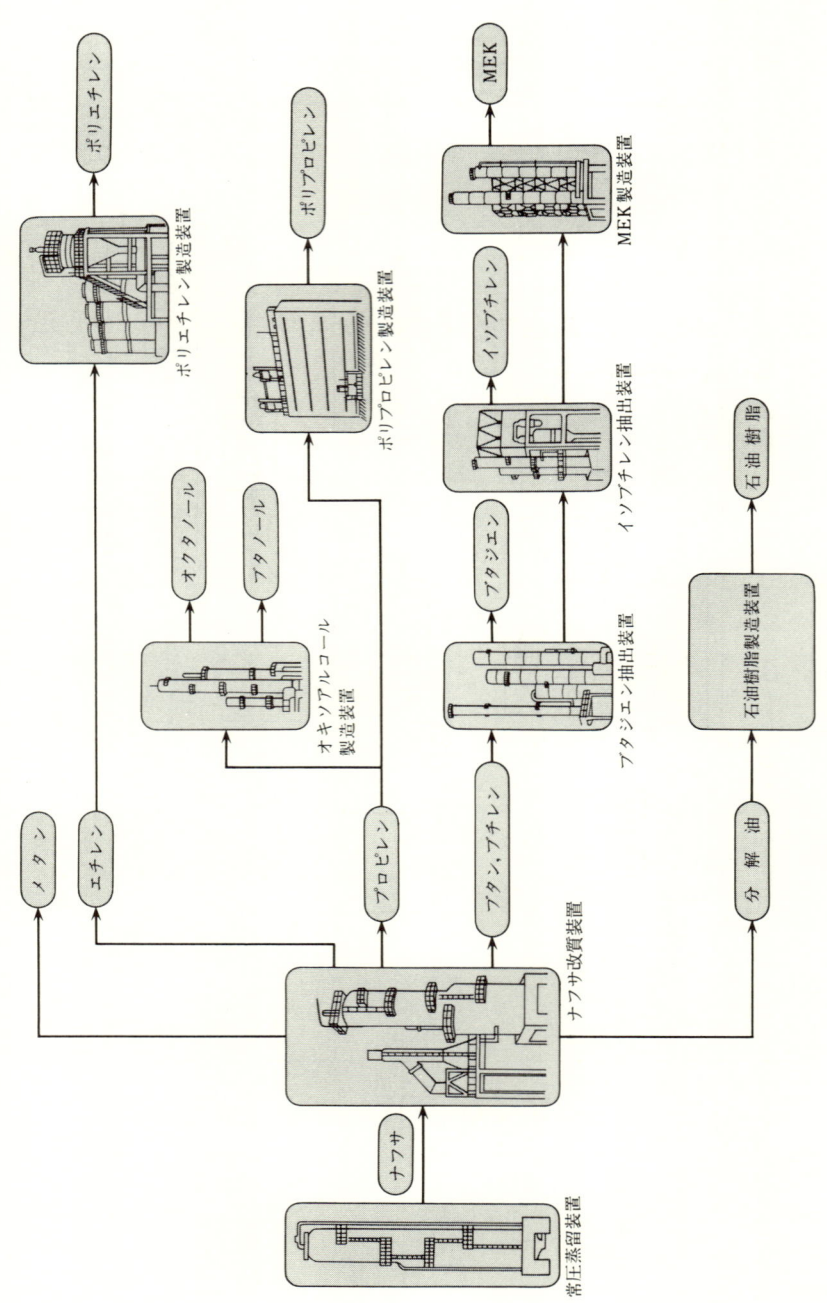

図 1・2 石油化学工業のプロセスフローシート

1・2 化学工業と諸プロセス

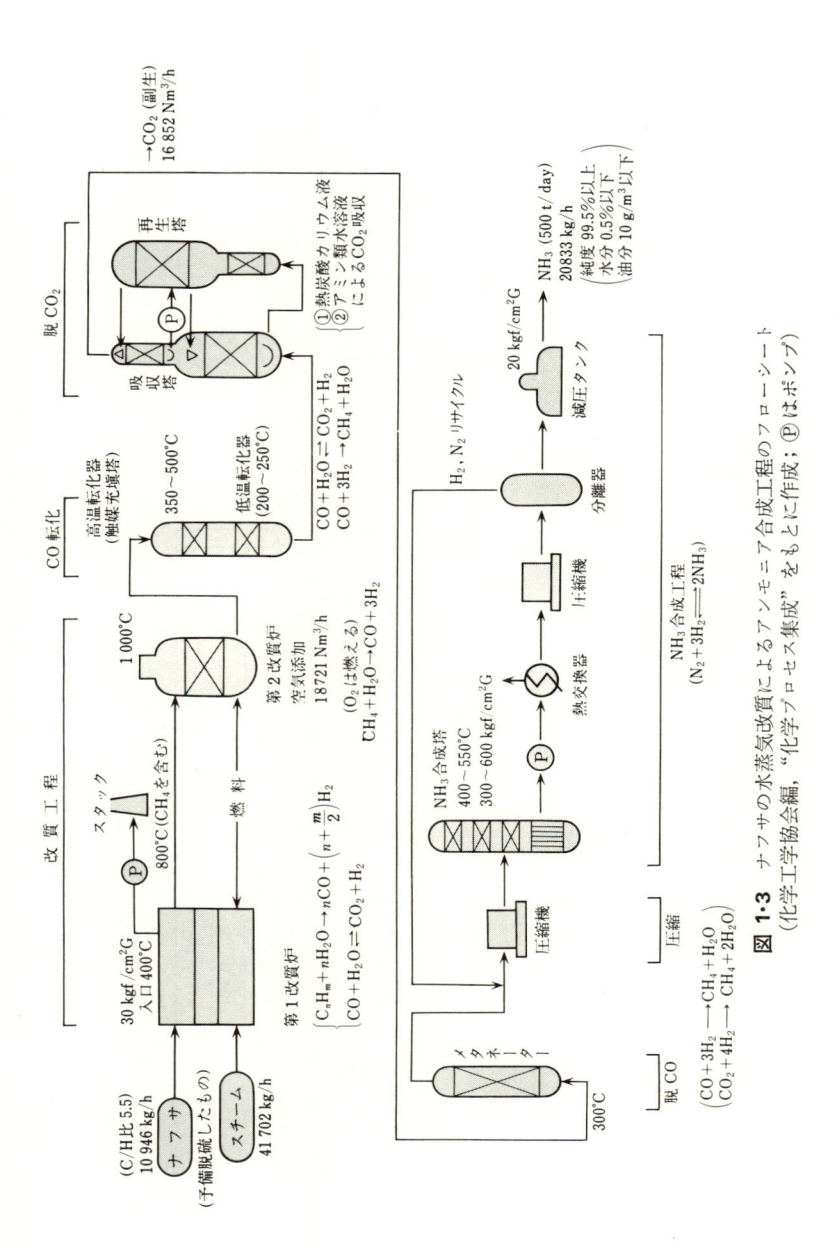

図 1・3 ナフサの水蒸気改質によるアンモニア合成工程のフローシート
（化学工学協会編，"化学プロセス集成"をもとに作成；Ⓟはポンプ）

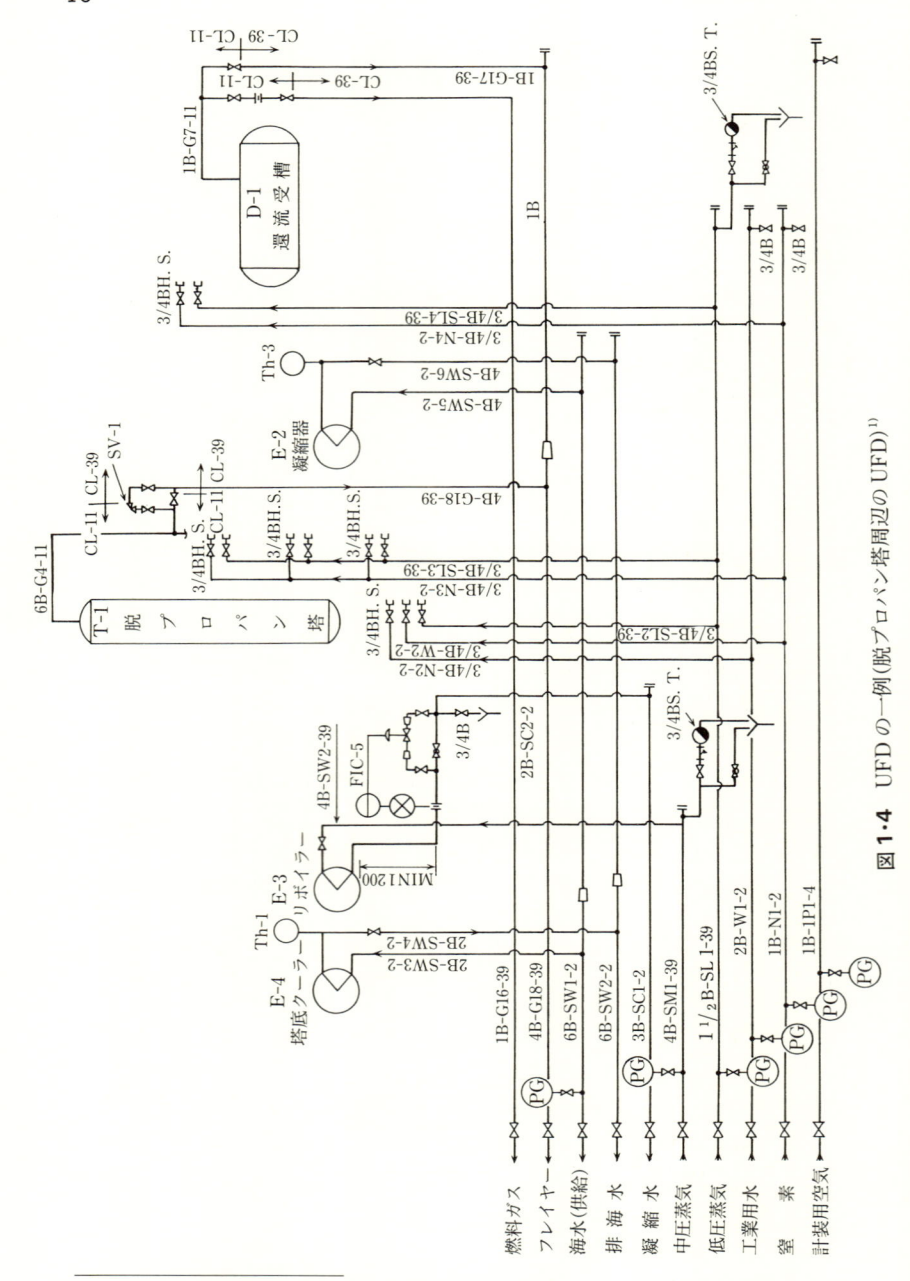

図 1・4 UFDの一例(脱プロパン塔周辺のUFD)[1]

1) 化学工学協会編:化学プロセス集成テキスト版, p.7, 東京化学同人(1971)

以上のように，フローシートや図面はそれぞれのプロセスに関する事柄を簡単かつ直接的にわれわれに提供してくれる。

したがって簡単なフローシートや図面であっても，熟練した化学技術者には生産工程で起こる化学反応や分離操作の概要を把握でき，ある製品の生産に必要な原料の量や，発生する廃棄物の量などをうかがい知ることができる。

なお，フローシートをつくるには生産工程や装置を示す一定の表わし方があるので，専門書によってそれらを学ぶとよい。

1・3 化学工場の建設と稼動

化学プロセスをフローシートに示すだけでなく，実際に工場を建設し，それを稼動して生産を行なうには，いろいろな手順が必要となる。そこでは化学技術者が化学工学の知識をもとにプロセスの計画からプラントの稼動までの，つぎに示す種々の段階で中心的役割をはたさなければならない。

（1）化学プロセスの検討
  （a）所期の目的どおりの製品が収率良く生産されるか。装置規模の拡大，縮小に関して問題はないか。
  （b）プロセスは連続的に操作できるか回分式か。操作の管理は容易か。
  （c）環境保全，安全の点で問題ないか。つまり，一見製造プロセスが簡単に見えても，廃棄物処理，大気や水汚染防止に巨額の費用を要することはないか。作業者の安全を考えた操作となっているか。
  （d）総合的に経済性の点で問題ないか。
（2）工場用地の選定
  （a）原料，資材等の入手容易な場所か。港湾，空港，高速道路等に近いか。
  （b）製品の販売を考えて市場に近い所か。
  （c）労働力の確保は容易か。市街地からの通勤に適当な距離か。
  （d）工場建設に十分なスペースを確保できるか。またエネルギー（電力，石油，天然ガスなど）の入手が容易か。そのコストは適当か。
  （e）外気の温度は年間を通じ妥当か（温帯が通常適している）。
（3）個々のプロセスの詳細設計と装置設計。
（4）建設計画にそった工場建設の推進。
（5）試運転と装置の運転手引（マニュアル；manual）の作製。
（6）定常的稼動における装置各部の点検。
（7）計画の再確認と生産コストの計算。

これらの事柄のうち，二三の重要な事柄をここで説明する。

（1）(a)の装置規模の拡大(スケールアップ；scale up)，縮小(スケールダウン；scale down)は，たとえば実験室でフラスコの規模で得られた反応の収率が直径2mという大きさの実装置でも得られるかということである。発熱による収率低下や大型の容器の場合に，液体の混合が不十分のため反応時間が長くなるなどという問題が生じる。普通は　実験室規模 → ベンチ規模 → （中間試験プラント）→ パイロットプラント　という3～4段階の試験により実装置の設計資料が得られている。

（1）(b)の連続操作(continuous operation)，容器に入れただけ処理するという回分式操作(batch operation)のいずれを用いるかということは重要な問題である。気体や液体を取り扱うプロセスでは連続操作を行なうことは容易であるが，固体粒子を扱う場合，たとえば吸着操作や晶析操作，その他沪過，遠心分離などでは回分式操作を行なうことも少なくない。全体として操作が円滑に行なわれ，経済性も優れていれば，回分式でもさしつかえない。

なお，(3)～(5)に関連した事柄は，プロジェクトエンジニアリング(project engineering)とよばれる分野に属する。これは，計画を間違いなく無駄なく遂行するための管理手法である。また，(1)の項目を全体としてプロセス設計とよぶ。装置設計という言葉が反応器，蒸留装置などの個々の装置の大きさ，形，構造などを規定する作業をさすのに対して，プロセス設計は，物質収支，操作条件，装置規模，経済性などを考えてプロセス全体の最適な内容決定を行なう作業をさしている。それゆえ，プロセス設計，プロジェクトエンジニアリングはともに技術の総合化を目指している。このように，化学工学の体系には個々の操作を追求しつつ，総合的に全体の計画を推進する手法も含まれている。

1・4　化学工学の内容と分類

化学プロセスでは，物質に化学変化を起こさせたのち必要な物質を分離することが基本であるから，個々の化学プロセスに共通した事柄をまとめて取り扱う化学工学の立場から考えると，化学，とくに物理化学(おもに相平衡と反応速度論)の知識が必要となる。また，化学変化の速さや混合物の分離の速さおよび熱の移動，物質を輸送するための所要エネルギーなどの計算を行なうには，数学や物理学の知識が要求される。これらの知識は，いわば化学工学を学ぶための基礎知識であるが，応用化学や物質工学といわれる分野ではややもするとそれが"化学工学"である，と考えられているように思われる。本書ではこれらの化学工学の基礎的事柄を第2章で述べる。

化学工学の内容はけっして確定しているわけではなく，現在でも拡大しつつ

1・4 化学工学の内容と分類

表 1・2 化学工学の分類とおもな項目（単位操作）

(a) 物質の輸送と変化に関する分野

状態＼目的	輸送	加熱，冷却（熱の移動）	反応	分離（または混合）	
気体混合物（蒸気も含む）	圧縮および流体輸送（ブロワー，ポンプ使用）	熱交換	非触媒反応触媒反応	深冷分離，蒸留，凝縮調湿，吸収，吸着	混合物の（成分）分離（拡散的）分離
溶液（固体溶質を含む）液体どうしの混合物	流体輸送（ポンプ使用）	熱交換	槽型反応器などによる反応	抽出，溶解，蒸発，蒸留晶析，吸着など（撹拌による混合）	
固体（粉粒体）	粉粒体輸送（コンベアー使用）	直接加熱，冷却，気体による熱交換	気体や液体と接触	ふるい分け，分級，沪過，集塵，遠心分離など（各種の混合機使用。粒度調整は粉砕による）	機械的分離と混合

(b) 操作・装置の設計，運転制御などに関する分野
　　プロセス設計，プロジェクトエンジニアリング，プロセス制御，プロセスシステム工学，コスト推算
(c) 物性の測定と推算
　　物質の状態，圧力，温度，組成などが与えられたときの物性，相平衡，移動速度などのデータ

あるが，物質の状態に着目して分類すると，表1・2のようになる。
　目的とする物質を輸送(transport)する操作は，気体および液体（まとめて流体(fluid)という）と粉粒体では異なり，とくに流体では質的変化を考えずに運動エネルギーと位置エネルギーの変化に着目した取扱いができる。輸送のためのポンプ，ブロワーなどの説明も含めて第3章で述べる。
　物質の加熱については，加熱炉で得た熱風やボイラーからの水蒸気による熱交換が多くの場合に用いられ，伝導，対流，放射伝熱いずれもが寄与している。熱の流れ（伝熱）は第4章にまとめられている。
　化学反応は，化学のなかでもっとも興味をもたれる事柄であるが，実験室規模の研究成果を応用した反応装置の設計，操作，制御を行なうため，化学反応工学(chemical reaction engineering)が化学工学の一分野をなしている。しかし，本書は，従来単位操作とよばれてきた混合流体の分離プロセスを扱うことを主眼とし，反応については第2章で簡単に扱うにとどめる。
　分離操作は大別すると流体の成分分離，粉粒体どうしまたは流体からの粉粒体の分離の二つとなる。気体や液体混合物から特定の成分を他の相に移して回収(recovery)または精製(purification)する操作は，相平衡(phase equilibrium)と相間の物質移動(mass transfer)が基本になっている。本書では第5

章で蒸留，吸収，液液抽出をとりあげ，かなり詳細に説明し，他の操作については関連した事柄を簡単に示した。粉粒体の取扱いは，分離・混合・粒度調整（粉砕）など，個々にやや独立した操作と考えられるので，第6章で説明する。また流体中に分散した固体粉末の分離については，沈降，沪過などの操作をとりあげてこの章で説明する。環境保全のため，これらの操作の重要性が高まっている。

近年，大気，水および土壌の汚染防止と廃棄物の再利用のため，多くの化学技術者が関わり，大きな成果があがり，技術の進展がみられた。そして，それをもとに，最近では環境マネージメント（Environmental Managemnt）が進められている。

その他表1·2(b)は，すでに1·2，1·3節で簡単に述べた。また表(c)の項目は以下の章で順に説明する。

なお，近年，計算機が急速に発達し普及したため，操作のシミュレーション（模擬）の手法を用いた化学反応や分離の諸プロセスの予測技術が大きく進歩した。これらについてはそれぞれの項目で触れられる。

問　題

1·1 化学工業は一種の製造業であり，また広い意味でプロセス工業と呼ばれるが，その理由を述べなさい。また各種の製造プロセスのうち，二三の例を挙げてどのような操作が組み合わされているか説明しなさい。

1·2 表1·1に示す種々の化学工業では，製造プロセスがどのように組み立てられているか。ブロックフローシートで示しなさい。

1·3 化学工業において成分分離操作，たとえば蒸留，吸収，抽出，吸着はどのような場合に用いられているか調べなさい。

1·4 スケールアップを行なうにはどのような事柄を考慮して行なうべきか。

1·5 化学工場の建設にあたり，用地選定はどのようにすべきか。わが国における化学工業の発展の過程を考えなさい。

1·6 化学技術者が社会にいかに貢献できるか考えなさい。

1·7 最近，製造物責任（Próduct Liability，略してPL）や，環境アセスメント，環境マネージメントなどという言葉が新聞に登場しているが，それらの言葉の背景となる事例を調べて簡単にまとめなさい。

2

化学工学の基礎事項

　化学プロセスの合理的な設計を行ない,製造装置を効率良く稼働させるには以下の事項を知る必要がある。
　(1) 化学プロセスに加えられ,あるいはそれから取り出される色々な物質の間の量的関係(物質収支)と特に目的とする物質の収率,(2) 化学プロセスや装置内で発生し,あるいは吸収される熱やその他のエネルギー量(エネルギー収支),(3) 化学プロセスにおいて原料から製品までの変化に係わる化学変化や相変化に関する平衡関係(化学平衡と相平衡),(4) 装置規模や操作時間などの決定に必要な物質や熱の動く速さ,あるいはそれらの変化する速さ,(5) 製造コスト,製品の価格などの計算法。
　これらの事柄は化学工学ではもっとも基礎的あるいは共通的事項となっているので,単位系の説明と単位の換算,測定データのまとめ方など,工学の初歩的,共通的事項とあわせて本章で述べる。

2・1　物質収支と熱収支

2・1・1　物 質 収 支

　物質収支(mass balance)を知るには,それぞれのプロセスで物質がどのような変化を起こすかを化学反応式で表わしたり,フローシートを書いて装置やプロセス全体に流入したり流出する物質の量,組成を調べることが第一歩となる。つぎに,着目する物質あるいは状態を定めて,質量保存の法則に基づいて変化の過程を調べてみる。そのさい,反応や相変化に関係しない不活性の物質,たとえば,燃焼のさいの空気中の窒素などの量はそれぞれのプロセスで変わらないとして,それをもとに他の物質の組成,量をきめるという方法をとることもできる。
　例として蒸留,蒸発あるいは反応などの操作を行なう一つの装置について考

えてみよう。はじめに簡単に，ある時間内にこの装置にある量の物質が供給され，別なある量だけの物質が取り出されたとすると，質量保存の法則により次式が得られる。

$$\begin{pmatrix} 装置への \\ 入量 \\ (\text{input}) \end{pmatrix} - \begin{pmatrix} 装置から \\ の出量 \\ (\text{output}) \end{pmatrix} = \begin{pmatrix} 装置内における \\ 蓄積量 \\ (\text{accumulation}) \end{pmatrix} \quad (2\cdot 1)$$

上式は装置内で起こる変化を考慮していないが，とにかく物質の総量に関する式である。なお化学変化が起こらないときは，流入物中のそれぞれの成分に関して成立する式でもあり，元素について考えれば式(2·1)はつねに成立する。

連続操作に関する式(2·1)は，単位時間あたり動く物質量あるいは変化の速度をとってつぎのように書き直すことができる。

$$(流入速度) - (流出速度) = (蓄積速度) \quad (2\cdot 1')$$

さらに，操作が定常状態(steady state)，つまり時間的に装置内の状態が変わらないで進行している場合は，当然蓄積速度は 0 となり

$$(流入速度) = (流出速度) \quad (2\cdot 1'')$$

となる。

さて，装置内で起こる変化を考慮して式(2·1)をさらに一般化すれば，一つの成分(j で表わす)の収支はつぎのように表わすことができる。ここで考えている部分は単一の装置のみでなく，装置を集めたプラントでもよいし，実験室のフラスコでもよいので，広く用いられる系[†](system)という用語を用いておく。

$$\begin{pmatrix} ある系へ \\ の成分 j \\ の入量 \end{pmatrix} - \begin{pmatrix} その系か \\ らの成分 \\ j の出量 \end{pmatrix} \pm \begin{pmatrix} 系内での成分 \\ j の生成量ま \\ たは消失量 \end{pmatrix} = \begin{pmatrix} その系にお \\ ける成分 j \\ の蓄積量 \end{pmatrix} \quad (2\cdot 2)$$

生成，消失に関しては当然プラス，マイナスの符号を用いる。また，連続あるいは定常操作の場合，上述の式(2·1′)，(2·1″)と同様に考えればよい。

---

† 系とは種々の物質が含まれている空間の一部を他の部分から切り離して考えたもので，物理化学でよく用いられる用語である。したがって，装置は簡単に系と置き換えて考えられる。系の外側は外界(surrounding)とよばれる。外界との間に物質の授受のある系は開いた系(open system)とよばれる。したがって，式(2·1)，(2·2)は，開いた系，あるいは物質の流入，流出のある系に関する一般式である。なお，外界と物質の授受のない系を閉じた系(closed system)という。

相平衡は一般に閉じた系で，圧力，温度，容積などを定めたときの相間の濃度，圧力，組成などの関係を示すが，この関係は一般には系の大きさ(物質の総量)に関係なく成立するので，大きさという考えは不用であろう。化学平衡についても同様である。しかし，装置というと，形や大きさを連想するので，開いた系，閉じた系とことわらずに系という用語を装置群を表わすために用いたりする。いずれにしても系とかシステムという語は広い意味をもつようである。しかし，ここでは，物理化学で用いる意味にかぎって系という用語を使っている。

2・1 物質収支と熱収支

例題 2・1 ある反応器に 60.0 kg/h の割合で純粋なエチレンを供給し,別に加えた空気により酸化エチレンを得ている。その量は,計算上エチレンより得られる量(理論量)の 70% であるとして生成速度を求めなさい。

【解】 反応式は式 (2・3) で示されるので,分子量から比例計算で簡単に求められる。

$$C_2H_4 + \tfrac{1}{2}O_2 = C_2H_4O \tag{2・3}$$
分子量　28.0　　　　44.0

酸化エチレンの理論量　$x = 60.0 \times 44.0/28.0 = 94.3$ kg/h
ゆえに,生成速度は　　　$94.3 \times 0.70 = 66.0$ kg/h

例題 2・2 濃度 10% のショ糖溶液 1000 kg を蒸発缶に入れ減圧蒸発したところ濃度 40% の液が得られた。残った液の量 [m³],蒸発により除かれた水の量 [kg] を計算しなさい。ただし 40% ショ糖溶液の密度を 1.16 g/cm³ とする。

【解】 ショ糖の量は蒸発の前後で変わらないで液に残っているので,それを手がかりに計算する。

(蒸発前)　　　　　　　　　　　　　(蒸発後)
　ショ糖の量 $= 1000 \times 0.10 = 100$ kg　　ショ糖の量 $= 100$ kg
　水の量　　$= 1000 \times 0.90 = 900$ kg　　水の量　　$= 100$ kg $\times (0.60/0.40) = 150$ kg
　合　計　　$= 1000$ kg　　　　　　　　　合　計　　$= 100 + 150 = 250$ kg
水の収支:　$900 - 150 = 750$ kg (蒸発量)　　$250/(1.16 \times 10^3) = 0.216$ m³ (残った液の量)

通常の工業プロセスでは,化学反応は理論どおりに進行せず,副反応が生じたりする。そこで反応物質を生成物質から分離したのち,装置へ再循環(リサイクル; recycle)する。化学平衡にすみやかに到達させるため触媒を用いたり,加熱,圧縮を行なうのが普通である。このような場合の収支計算は大へん複雑になるが,簡略化したつぎの例で手がかり物質(着目成分,かぎ成分ともいう; key substance)の決め方,収支計算を示そう。

例題 2・3 図 1・3 (第 1 章) に示したナフサの分解による NH_3 製造プロセスの収量を考えてみよう。文献[1]によれば,ナフサ(C/H 比約 5.5)中の炭素に対してモル比で 3 倍の水蒸気を加えて H_2 を得ている。一方 N_2 は空気の混入により燃焼が起こって O_2 が消費された残りとして反応混合物中に存在する。そして CO, CO_2, CH_4 などが除かれた後,つぎの反応式に従って NH_3 が生成する。

$$N_2 + 3H_2 \rightleftharpoons 2NH_3 \tag{2・4}$$

この反応は可逆反応であって,NH_3 の転化率は 20% 程度であるから,N_2, H_2 はリサイクルされ,不活性ガス(Ar など)を除くため一部分のガスが放出されるだけで,それ以外は最終的に NH_3 に変わると考えられる。

---
[1] 化学工学協会編,"化学プロセス集成",東京化学同人 (1971).

いま，ナフサの主成分をオクタン(C_8H_{18})と考え，つぎの2段の反応

$$C_8H_{18} + 8H_2O \longrightarrow 8CO + 17H_2 \tag{2·5}$$

$$x(CO + H_2O \rightleftharpoons CO_2 + H_2) \tag{2·6}$$

が起こり，H_2 が生成するとする。式(2·6)の反応(約800℃)は平衡に達しており，その平衡定数 $K_p=1.0$ とすれば，1000 kg/h のナフサ(C_8H_{18})供給により何 kg/h の NH_3 が得られるか計算しなさい。

【解】 式(2·4)〜(2·6)をまとめて考えてみる [式(2·6)で $x=8$(式(2·5))とならないのは，混入空気中の O_2 の除去に H_2 が一部消費されるためと考えられる]。

$$\left.\begin{array}{r} C_8H_{18} \longrightarrow (17+x)H_2 \\ (17+x)N_2 + 3(17+x)H_2 \longrightarrow 2(17+x)NH_3 \end{array}\right\} \tag{2·7}$$

1000 kg/h のナフサ供給速度に対応する NH_3 の生成速度 [kg/h] はつぎのとおりである。

$$1000 \times (2/3)(17+x) \times (NH_3 \text{の分子量}=17.0)/(C_8H_{18} \text{の分子量}=114.2)$$

式(2·6)において $K_p=1.0$ であるが，それは等モル反応であるから $K_p=K_C{}^\dagger$ として，各成分のモル数(濃度に比例)を求めてみる。H_2O は $8C$ に対し3倍量(題意)，そのうち1倍量は式(2·5)で使われるので，$8\times 2 - x$ となる。また H_2 は式(2·5)，(2·6)の生成量の和である。

成分	CO	H_2O	CO_2	H_2
モル数	$8-x$	$8\times 2-x$	x	$17+x$

$$\therefore\quad x(17+x)/(8-x)(16-x)=1.0 \quad \text{これより} \quad x \cong 3.1 \cong 3$$

したがって

$$NH_3 \text{の生成速度(生産量)} = (1000)(2/3)(20)(17.0)/(114.2) \cong 1980 \text{ kg/h}$$

写真 2·1 スチームクラッキング装置(30万トン)

---

† K_p(圧平衡定数)$=(p_{CO_2}p_{H_2})/(p_{CO}p_{H_2O})$，$K_C$ は同一容積中にある各成分のモル数の比で表わせるので K_C(濃度平衡定数)$=C_{CO_2}C_{H_2}/C_{CO}C_{H_2O}$ である。ここに p_i はそれぞれの成分の分圧，C_i はそれぞれの成分の濃度である。

2・1 物質収支と熱収支　　　　　　　　　　　　　　　　　　　　　　　19

この値は，図1・3に示した値に近い関係にある。

なお，次式によりCOよりCO₂が，またH₂からH₂Oが生成するので，実際の平衡の計算は面倒である。

$$\left.\begin{array}{l} H_2 + \tfrac{1}{2}O_2 = 2\,H_2O \\ CO + \tfrac{1}{2}O_2 = CO_2 \end{array}\right\} \quad (2\cdot 8)$$

しかし x はおよそ 3～4 に近いと思われる。

2・1・2　熱収支

ある系について熱収支(heat balance)の計算を行なうには，その系に出入りする物質の量，系内で起こる化学変化や相変化などの知識が必要となるので，順序としては物質収支をとってから熱収支を行なうことになる。

ある時間内に系に出入りする物質により系に加えられたり，取り去られる熱量を考えると，式(2・1)と同形の式(2・9)が得られる。

$$\begin{pmatrix} \text{ある系に加え} \\ \text{られる熱量} \end{pmatrix} - \begin{pmatrix} \text{系から取り去} \\ \text{られる熱量} \end{pmatrix} = \begin{pmatrix} \text{系に蓄積さ} \\ \text{れる熱量} \end{pmatrix} \quad (2\cdot 9)$$

ただしこの式は，系と外界との境界(壁)からの熱の出入りを考えない，つまり断熱壁に囲まれた系で物質の出入りを考えている。熱量の計算には普通は，系に流入する物質あるいは系に存在する物質のはじめの温度を基準にしてそれと最終温度との差，物質の組成と熱容量などが必要となる。厳密にいえば熱量の代わりにエンタルピー変化を用いるほうがよい。また，圧力変化が起こるときは，熱と仕事の変換が起こるので，基準の圧力にそろえて計算する必要がある。

連続操作のときは，式(2・9)はつぎのように書ける。

$$\begin{pmatrix} \text{ある系における} \\ \text{熱の供給速度} \end{pmatrix} - \begin{pmatrix} \text{系から熱が取り} \\ \text{去られる速度} \end{pmatrix} = \begin{pmatrix} \text{系における熱} \\ \text{の蓄積速度} \end{pmatrix} \quad (2\cdot 9')$$

また，定常操作のときは，物質収支の場合と同様に上式の右辺は 0 となる。

一般の(開いた)系† について，系内で起こる変化を考えると，式(2・2)と同様にして式(2・10)が成立する。

$$\begin{pmatrix} \text{ある系へ} \\ \text{の流入物} \\ \text{が持ちこ} \\ \text{む熱量} \end{pmatrix} - \begin{pmatrix} \text{その系か} \\ \text{らの流出} \\ \text{物が持ち} \\ \text{去る熱量} \end{pmatrix} \pm \begin{pmatrix} \text{系内で発} \\ \text{生または} \\ \text{吸収され} \\ \text{る熱量} \end{pmatrix}^{††} \pm \begin{pmatrix} \text{系内へ外壁を} \\ \text{通して外界か} \\ \text{ら流入または} \\ \text{流出する熱量} \end{pmatrix}^{†††} = \begin{pmatrix} \text{系にお} \\ \text{ける蓄} \\ \text{積熱量} \end{pmatrix}$$

$$(2\cdot 10)$$

---

† 壁と外界との熱の授受がある系を考える。また，系に物質の出入りもある。
†† 発生は ＋，吸収は － とする。
††† 流入は ＋，流出は － とする。

系で生成または消費される熱量にはつぎのようなものがある。
（1） 化学反応熱：化学反応により発生または吸収される熱。たとえば燃焼熱，中和熱，希釈熱，電離熱など。
（2） 相変化，つまり一つの相から他の相への物質の状態変化に伴って発生，吸収される熱（これを潜熱(latent heat)という）。たとえば蒸発（凝縮）潜熱，溶解熱，吸着熱など。
（3） 系の加熱，冷却，膨張，圧縮などにつれて，温度変化に伴って吸収または発生する熱量（顕熱；sensible heat）。

なお，実際の装置を考えるとき，外壁を通して起こる熱の放散（損失）や，装置自身の加熱，冷却により吸収または放出される熱量などが思いのほか大きいこともあるので，熱収支は物質収支に比べて計算が面倒で，また実際の結果との誤差も大きいことが少なくない。

例題 2·4 重油ボイラーで圧力 $11.0 \text{ kgf/cm}^2 (11.0 \times 0.098066 = 1.079 \text{ MPa})$（絶対圧[†]）の飽和蒸気を 1000 kg/h の割合で発生させている。原料に 293.2 K の水を用い，総括の熱効率[††](heat efficiency)は 40.0 % であるとする。燃料として発熱量 38000 kJ/kg の重油を用いるとしてその使用量を計算しなさい。

【解】 原料の水と 1.079 MPa の飽和水蒸気のエンタルピーは，それぞれ $20.03 \times 4.187 \times 18.01 = 1508 \text{ kJ/kmol}$, $663.7 \times 4.187 \times 18.01 = 50050 \text{ kJ/kmol}$（巻末の水蒸気表より。表には温度対圧力(kPa)と各温度におけるエンタルピーが表示されている。ここでは，SI に換算して用いた。）

これより 1000 kg/h(1000/18.01=55.52 kmol/h)の水に加えるべき熱量は
$$(50050-1508) \times 55.52 = 2695000 \text{ kJ/h}$$

したがって求める重油の必要量は
$$(2695000/38000)/0.4 = 177.3 \text{ kg/h}$$

例題 2·5 ある燃料油（炭素 85.7 %，水素 14.3 %）を燃焼させ熱風をえたい。(1) 完全燃焼に必要な空気量（理論空気量），(2) 理論空気量と同じ量の過剰空気量を供給する（過剰空気率 100 %）として燃焼ガスの温度，組成を求めなさい。ただし燃焼ガスは 1 atm で得られ，それぞれの成分のモル比熱容量は CO_2；54.31, H_2O；41.22, 空

[†] 容器内の圧力はいろいろな形の圧力計(pressure gauge)を用いて測定されるが，一般に大気圧との差が示されるので，表示された値をゲージ圧とよび，この値に大気圧を加えたものが容器内の真の圧力（絶対圧）であって，$\text{kgf/cm}^2 \cdot \text{abs.}$ と記される。大気圧はおよそ 1 気圧で，$1.033 \text{ kgf/cm}^2 \cdot \text{abs.} \fallingdotseq 1.0 \text{ kgf/cm}^2 \cdot \text{abs.}$ であるから，kgf/cm^2 で表わされた高圧の気体のゲージ圧に 1.0 を加えた値がおよその絶対圧を表わす。真空（減圧）の場合は，ゲージ圧は負の値であるが，絶対圧の計算は高圧の場合と同様である。圧力の単位は次第に，国際単位系(SI)に統一されてきたが，まだ従来の重力単位系も用いられる。

[††] 加えられた熱量のうち何%が有効に使われたかを表わす数値。燃焼の効率と熱設備の放熱，排気の持ち去る熱量などを考慮して有効利用された熱量を表わすもの。

気(組成によらず一定);30.34(単位はいずれも J/K・mol で 1000 K での値),燃料油の発熱量 33500 kJ/kg,空気の組成は $O_2=21.0\%$,$N_2=79.0\%$ とする。

【解】 それぞれの成分のモル比熱容量 C_p[J/K・mol] は,CO_2,H_2O および空気について与えられている。O_2 では 20.92,N_2 では 32.70。いずれも 1000 K 付近の値より 1 対 4 の混合比率とした平均値(バーローの物理化学 第 5 版(東京化学同人刊)より引用)。

この燃焼反応の式は式(2・10)で表せる。

$$C_nH_m+[n+(m/4)]O_2 = nCO_2+(m/2)H_2O \tag{2・10}$$

したがって,燃料油 1 kg あたり生成する CO_2 および H_2O の量はつぎのとおりである。

CO_2;$0.857\times(44.0/12.0)=3.142$ kg または $0.857/12.0=0.07142$ kmol$(=n)$

H_2O;$0.143\times(18.0/2)=1.287$ kg または $0.143/2=0.07150$ kmol$(=m/2)$

(1) 理論空気量;式(2・10)より 理論酸素量$=0.0714+(0.0715/2)=0.107$ kmol であるから

$$0.107/0.21=0.510 \text{ kmol/kg}-燃料油=11.4 \text{ Nm}^3/\text{kg}-燃料油$$

ここに Nm^3 とは,1 atm,273.2 K における気体の体積を表わす。

(2) 過剰空気率 100 % の燃焼ガスの組成は(mol%=vol% より),CO_2;0.07142 kmol,H_2O;0.07150 kmol,残りは O_2 と N_2 $0.5105\times2-0.107=0.9138$ kmol であるから

$$CO_2\%=0.07142\times100/(0.0714+0.0715+0.9138)=6.8\%$$
$$H_2O\%=7.15/1.0567=6.8\%,\quad (残り)=86.4\%$$

この組成の気体のモル比熱容量 $C_{p,mol}$ は与えられた数値から

$$C_{p,mol}=(54.31\times0.068)+(41.22\times0.068)+(30.34\times0.864)=32.71 \text{ J/K・mol}$$

常温の空気,燃料油の燃焼により ΔT[K] だけ高い温度の熱風が生成したと考えると,損失を考慮しない時の温度上昇は次式で求められる。

$$(熱風の得た熱量)=(比熱容量)(物質量)(温度差)=(発熱量) \tag{2・11}$$
$$\therefore \Delta T=33500/(34.71)(1.057)=969\text{[K]}$$

(なお,温度差はケルビン温度(K)で表わしても摂氏(℃)で表わしても変わらない。常温 20 ℃ として熱風の温度は約 990 ℃ となるので,比熱容量に 1000 K(727 ℃)の値を用いたのはおよそ正しいといえるであろう。)

2・2 物性と平衡

2・2・1 物 性

物質収支,熱収支,相平衡および熱や物質の移動速度などを考えるためには物質の化学的構造ばかりでなく物理的性質(略して物性;physical properties),たとえば密度,熱容量,粘度などの数値が必要となる。とくにいろいろな温度,圧力および組成における気体や液体混合物の物性はしばしば必要とされる。物性は測定が簡単で正確に求められるのであれば直接測定した値を用いるこ

とが望ましいが，通常，測定はあまり簡単でない。そこで便覧やデータ集から拾ったり，適当な方法で推算する方法がとられる。

一般には物性は（1）表，（2）グラフ，（3）ノモグラフ，（4）推算式などによって表わされているが，物性は一種の物理量であって(数値)×(単位)として表わされているので，利用にさいしては単位には十分注意することが必要である。

信頼できる便覧またはデータ集にはつぎのものがある。

（1） 化学工学会編，"化学工学便覧"（改訂六版），丸善(1999).
（2） J. H. Perry, C. H. Chilton, ed., "Chemical Engineer's Handbook", 5 th ed., McGraw-Hill(1973).
（3） 化学工学会編，"物性定数；1～5"，丸善(1963～1973), "化学工学物性定数；vol. 6～19"，化学工業社(1974～1998).
（4） 日本化学会編，"化学便覧；基礎編，応用編"，丸善(1975, 1980).
（5） E. W. Washburn, ed., "International Critical Tables of Numerical Data, Physics, Chemistry and Technology", McGraw-Hill(1926～1939). (略して International Critical Tables という)
（6） "Physikalische-Chemischen Tabellen", Springer(1923～1936).

このほか最近は物性を中心に報告する論文集，たとえば *Journal of Chemical and Engineering Data* がある。

図2・1は種々の温度におけるアルコール水溶液の粘度をアルコールの質量%に対して表わしたものである。液体の粘度 μ は組成，温度の関数であるから，

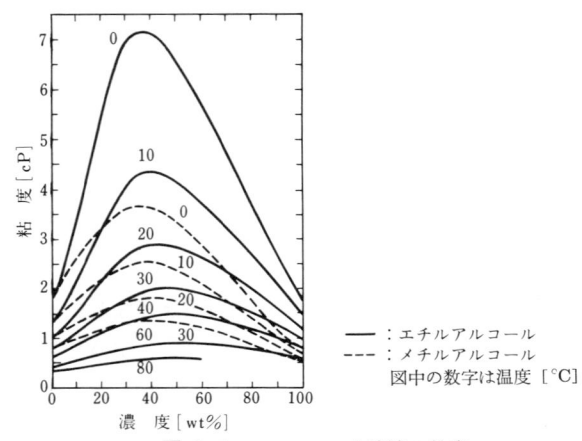

図 2・1 アルコール水溶液の粘度

いずれか一つを一定としてはじめて直交座標グラフに表わせる。

ノモグラフは，ある関係式を満足する変数の値が同一の直線（または曲線）上に乗るように工夫された一種の共線図表である。付録7.に気体および液体の粘度推算のノモグラフを示した。たとえばメチルアルコール（100%）では，$X=12.4$，$Y=10.5$ の点と，左側の目盛り $0°C$ を直線で結ぶと，右側の目盛りで $\mu=0.8\,cP$（センチポアズ）となる。この値は図 2·1 の結果と一致する。

推算式とは，実験結果を整理して，物質やその状態に特有のパラメーターを用いて温度，圧力，組成などから混合物の物性が求められるように表わされた式である。例として，純粋な液体が示す蒸気圧を温度の関数として表わした式（2·12）があげられる。この式をアントワン（Antoine）の式[1] という。ここでは，提案された当時のままの形で表わした。圧力の単位は mmHg，温度は °C であるが，Pa や K を使って表わすこともできる。また，自然対数でなく常用対数を用いている。

$$\log_{10} P\,[\text{mmHg}] = A - [B/(C+t\,[°C])] \tag{2·12}$$

エチルアルコールでは $A=8.04494$，$B=1554.3$，$C=222.65$ であるから，$t=78.4°C$（沸点）における蒸気圧 $P(=760\,\text{mmHg})$ を式（2·12）により求めてみると $P=762.1\,\text{mmHg}$ となる。相対誤差は 0.3% であり，十分な精度をもつ式である。

気体や液体の物性は第 3～5 章の該当する節で再び述べるが，ここでは高圧下

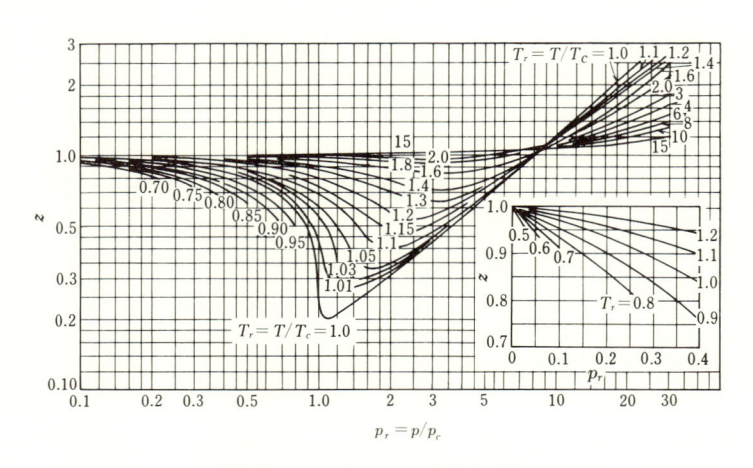

図 2·2 p_r，T_r と z の関係（z 線図）

---

1) C. Antoine, *Compt. Rend.*, **107**, 681, 778 (1888).

の気体のの容積を求める方法を示す。実在気体は高圧,低領域では式(2・13)の理想気体の状態方程式(state equation)からずれを生じる。

$$pV = nRT \tag{2・13}$$

ここに p は圧力, V は容積, n はモル数, R は気体定数, T は絶対温度である。そこで,このずれを修正するために圧縮係数(compressibility factor) z を用いる方法がある。

$$pV = znRT \tag{2・13'}$$

この z は, 対臨界圧力 $p_r = p/p_c$, 対臨界温度 $T_r = T/T_c$ に対して図2・2[1]の関係にある。p_c, T_c はそれぞれ臨界圧力,臨界温度である。

例題 2・6 図2・2を用いてエチレンの66 ℃(339.15 K), 150 atm(つまり, 150×101.3 kPa=15195 kPa=15.195 MPa) におけるモル容積を求めなさい。ただし, $p_c = 5.116$ MPa, $T_c = 282.85$ K とする。

【解】 $p_r = 15.195/5.116 = 2.97$ $T_r = 339.15/282.85 = 1.20$
図2・2より $z = 0.55$
式(2・13')より $V/n = V/(1) = (0.55)(0.082)(339.15)/(150) = 0.10 \; l/\text{mol}$

2・2・2 平衡と状態図

平衡とは,ある系が二つ以上の状態[†]をとりうるとき,いずれの側にもかたよらずにその状態が共存していることを表わす。平衡の条件は,系の各部分の温度が一定(熱的平衡),圧力一定および各相または反応系,生成系の化学ポテンシャル(部分モル自由エネルギー)が等しいことである。なお相とはそのなかのどの部分をとっても組成や物性が等しい部分全体をさす。化学平衡は平衡定数によって成分間の関係が表わされるが,二つまたはそれ以上の相の間に平衡が成立しているとき,それぞれの成分の濃度に関する関係は相平衡(phase equilibrium)とよばれる。これは成分分離のために重要な関係である。

(a) 相 律 相律(phase rule)とは式(2・14)で表わされる関係を表わし,系に存在する相の数に増減を起こさせることなく系の状態を変えられる変数の数 F(自由度; degree of freedom)を定めたもので,相平衡を表わすのに重要な式である。正しくはギブス(Gibbs)の相律という。

$$F = C - P + 2 \tag{2・14}$$

ここに P は相の数, C は成分の数である。ただし $CaCO_3 \rightleftharpoons CaO + CO_2$ の

[†] 物理的な平衡の場合は二つの相を考えてみるとよい。また,化学平衡の場合は,たとえば$(N_2 + 3H_2)$と$2NH_3$という状態を考えてみるとよい。

[1] O. A. Hougen, K. M. Watson, "Chemical Process Principles", 1st ed., p. 489, John Wiley(1948); 化学工学会編, "化学工学便覧(改訂6版)", p. 47, 丸善(1999)

ように一つの成分が他の成分どうしの差として表わせるときは，考えられる成分数より一つ引く。式(2·14)の2は圧力，温度を数えたものである。

なお，固体表面への吸着では，界面(interface)を考えて自由度が一つ多い式(2·14′)が用いられる。

$$F = C - P + 3 \quad (\text{吸着の場合}) \qquad (2·14′)$$

（b） 成分分離における自由度と平衡の表わし方　混合物をそれぞれの成分に分けたり，一部の微量成分を除いて精製する操作は化学工業の各方面で広く用いられている。分離の基本は，（1）相平衡を考えて圧力，温度を変え，ときに第3成分を加えて分離，（2）化学反応を起こさせたり，溶媒や固体粒子などに結合，吸着を起こさせて分離することにある。それぞれの場合の平衡は第5章で説明することにし，ここでは種々の操作(単位操作)の相平衡がどのような条件によりきまるか考えてみよう。たとえば水の蒸発は，ボイラーなどにより一定圧の水蒸気を得る操作であるが，式(2·14)より $C=1$（1成分系），$P=2$，$F=1$，つまり温度 T をきめると蒸気圧 p が，また p により T が一義的にきまる。したがって平衡は T と p の関係として表わせる。なお，不純物はこの場合考えていない。他の操作でも同様にして表2·1のように自由度 F がきめられる。

表2·1の備考欄に示した因子を用いて相の状態を示した図は状態図(state diagram)または相図(phase diagram)とよばれる。図2·3に状態図の例を示した。図上で線上の点はすべて平衡が成立しているもので，線を外れた部分の相の組成は平衡となっていないことを示す。

3成分系では，状態図を3次元的に示さないかぎり不完全である。そこで，図2·4に示した三角座標を用いて平面上に平衡を投影する形をとったり，底面

表 2·1 種々の分離操作における自由度（平衡関係を表わすために指定すべき因子の数）

操作名(相平衡)の名称	成分数(C)	相の数(P)	自由度	備考(とり上げるべき因子)
蒸発(蒸気圧)	2（最低）	2（蒸気，液）	2	蒸気圧，温度，液濃度のうち2
晶析(溶解度)	2（最低）	3（蒸気，液，結晶）	3	蒸気圧，温度，組成
蒸留(気液平衡)	2（最低）	2	2	圧力，温度，組成より2
吸収(溶解度，吸収平衡)	3（最低）	2	3	圧力，温度，組成
液液抽出(液液平衡)	3（最低）	2	3	圧力，温度，組成（ただし溶解度の温度による変化は一般には小さい。圧力変化も影響は少ない）
固体乾燥(蒸気圧, 含水量)	2	2	2	蒸気圧，温度，含水量のうち2
｛吸着(吸着平衡)　　気体の脱湿(蒸気圧)	2（最低）	2（気相または液相と吸着相）	3[a]	｛圧力，温度，組成，ただし吸着剤——吸着物質を指定

a) $F = C - P + 3$ より。その他は $F = C - 2 + P$

図 2・3 状態図の例

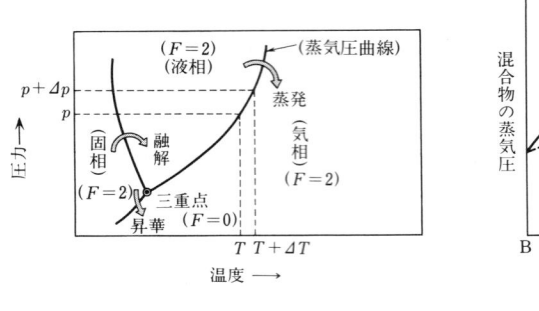

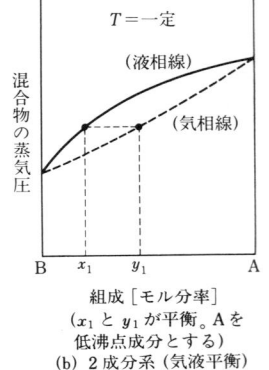

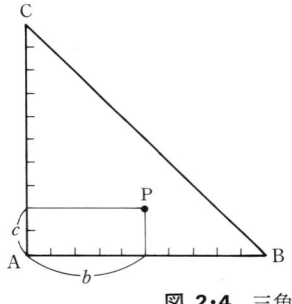

(a) 1 成分系

(b) 2 成分系（気液平衡）
(x_1 と y_1 が平衡。A を低沸点成分とする）

図 2・4 三角図の例

成分 B, C の組成（分率）を b, c のようにとる。また A の組成 a（分率）$= 1 - b - c$

に組成を示し，三角柱の縦軸に平衡な物性をとって立体的に示す方法が用いられる。三角座標は 5・4 節の液液抽出で広く用いられ，3 成分系の蒸留でもときによって用いられる。図 2・4 で点 P は成分 A, B, C が (0.30, 0.50, 0.20) の組成をもつことを表わしている。直角三角形ばかりでなく，正三角形の三角図も用いられている。

なお，相平衡を表わすには，二つまたはそれ以上の相について統一した組成の表わし方を用いるほうが都合がよい。気相の組成は各成分の分圧からモル分率を算出して表わすとよい。液相の組成は，質量％(重量％)やモル濃度を用いて表わすことも多いが，モル分率がもっとも合理的である。固相の組成は質量％よりもモル分率を用いて表わすほうがやはり合理的である。モル分率とは，ある相を構成する成分のモル量をその相にある全成分のモル量で割った値であり，分子の数の割合に対応する。

たとえば，エチルアルコール100 g と水100 g の混合溶液中のエチルアルコール

のモル分率は, $x=(100/46.07)/[(100/46.07)+(100/18.02)]=0.281$ であり, 水のモル分率は $1-0.281=0.719$ である. ここに 46.07, 18.02 はエチルアルコールおよび水の分子量である.

（c） 蒸気圧曲線の傾き 1 成分系平衡で蒸気圧曲線の傾きは重要な意味をもつ. 曲線上の近い 2 点 (T, p), $(T+dT, p+dp)$ では, いずれも蒸気と液は平衡にあるので, 2 点間の自由エネルギー差をとると, V は体積, S はエントロピー, 気, 液は g, l で表わして

$$dG_l = V_l dp - S_l dT \tag{2・15}$$

$$dG_g = V_g dp - S_g dT \tag{2・16}$$

と書けるが, $dG_l = dG_g$ であるから

$$(V_g - V_l) dp = (S_g - S_l) dT \tag{2・17}$$

一般に $V_g \gg V_l$ また $S_g - S_l = \Delta S$ として

$$dp/dT \cong \Delta S / V_g \tag{2・18}$$

エントロピー変化 $\Delta S = \Delta H^{vap}/T$ (2・19)

$\Delta H^{vap}(\equiv \lambda$(蒸発潜熱), ΔH^{vap} は蒸発のエンタルピー変化†) と書くと

$$dp/dT = \Delta H^{vap}/V_g T \tag{2・20}$$

を得る. これがクラペーロン-クラジウス (Clapeyron-Clausius) の式とよばれる関係である.

蒸気は, 式 (2・13) に従うとし, 式 (2・20) に代入して (T_1, p_1), (T_2, p_2) の間で $\Delta H^{vap}=$ 一定として積分を行なうと次式が得られる.

$$\ln(p_2/p_1) = -(\Delta H^{vap}/R)[(1/T_2) - (1/T_1)] \tag{2・21}$$

式 (2・20), (2・21) により蒸発潜熱を求めたり, 異なる温度の蒸気圧を推算することができる.

例題 2・7 100 °C (373.15 K) 近辺の飽和水蒸気圧はつぎのとおりである. これより, 95 °C (368.15 K) 近辺の蒸発潜熱を式 (2・21) により求めなさい. また, 65 °C (338.15 K) の蒸気圧を推算しなさい.

【解】 90〜95°C では

$\lambda = (8.314) \ln(634.0/525.9) / [(1/363.15) - (1/368.15)] \cong 41.56$ kJ/mol

95〜100°C では

$\lambda = (8.314) \ln(760/634.0) / [(1/368.15) - (1/373.15)] \cong 41.40$ kJ/mol

温度 [°C](K)	90(363.15)	95(368.15)	100(373.15)
蒸気圧 [mmHg]	525.9	634.0	760

---

† 潜熱とエンタルピー変化とは符号が異なるが, 数値は変わらない.

平均は 41.48 kJ/mol であるから，これを用いて 90°C を基準にして 65°C(338.15 K) の蒸気圧 p を求めると，

$$\ln(p/525.9) = -\frac{41.48 \times 10^3}{8.314}\left(\frac{1}{338.15} - \frac{1}{363.15}\right)$$

$$\therefore \quad p \cong 193 \text{ mmHg}$$

文献によれば $p=187.6$ mmHg であるから相対誤差は 3% であって，実際とよく一致しているといえる。（ここでは，圧力の単位に mmHg を用いたが，以後は kPa を用いるので換算に注意し，SI を用いる習慣をつけて頂きたい。）

このような関係は溶解，吸着などにもあてはまり，それぞれ溶解熱，等量吸着熱が求められる。なおデューリング(Dühring)線図については第 4 章で触れる。

2・3 単位と次元

2・3・1 単位系

長さ，質量，時間のように測定値の大きさを示すための基本となる量を基本量という。速度や密度は基本量を組み合わせて表わせる。基本量について，長さを L，質量を M，時間を T という記号で表わし，ある量が基本量とどのような関係にあるか示したものを次元(dimension；正しくいえば次元式)とよぶ。たとえば密度の次元は $[ML^{-3}]$ であり，加速度は $[LT^{-2}]$ である。なお数値×単位で表わすとき物理量と定義する。これはある単位を用いてはかった量の大きさを表わす。単位，次元という言い方は大きさを問題にしていない。したがって 4°C における水の密度=1.000[g cm^{-3}] は物理量である。

基本量の単位を組み合わせ，他のさまざまな単位を誘導してできる単位の集りを単位系(unit system)という。単位系には，長さ，質量，時間のような普遍的な量を基本単位とする絶対単位系(LMT 系)のほか，質量の代わりに重量(力)を用いる重力単位系(LFT 系)，長さ，時間のほかに質量と力の両者をともに基本量とする工学単位系(LMFT 系)などがある。

絶対単位系には基本単位の選び方により，CGS(cm, g, s), MKS(m, kg, s), MKH(m, kg, h), FPS(foot, pound, second, 英国制単位系ともいう)などの単位系がある。工学単位系は，たとえば m, kg, kgf(キログラムフォース(force)と読む)[†]，h を基本単位としている。

1875 年に成立したメートル条約は第 2 次大戦後，次第に普及し，1954 年の第 10 回国際度量衡委員会(CIPM)では，条約加盟国のすべてが採用可能な実用

[†] キログラムフォースはキログラム重(kg weight)とほとんど変わらない。

2・3 単位と次元

的計量単位系の確立を勧告された。1971年1月から，国際標準化機構(ISO)は，ISO 1000 を制定公刊した。それが国際単位系(Le Systeme International d'Unites ; SI と略記)である。これは，世界中同一の単位系を使うことにより商取引上のトラブルをなくし[†]，科学や工学における情報交換や論文発表における単位換算の不便さをなくす意図からであった。欧米の動向を勘案し，我が国では最終的に 1974 年 4 月 1 日付で通商産業大臣名で日本工業規格(JIS)[††]として SI が採用された。20 数年を経た今日ではこの単位系は普及したといえるが，経験により決められた単位たとえば圧力(我々はほぼ一気圧下に住んでいること)や，水の沸点や凝固点から定められた摂氏(セルシウス)温度も捨てがたいので使用が禁止された訳ではない。

SI は表 2・2 に示すように 7 個の基本単位と 2 個の補助単位を組み合わせて種々の誘導単位(組立単位)を定義した首尾一貫した単位系である。一口で言えば SI は MKS 単位系に近いので使いやすいが，重量(力)，熱量などの単位でなじみの深い kgf，カロリーなどを認めていないので不便でもあり，単位が小さすぎたり大きすぎて使いにくい場合も少なくないので，表 2・3 の接頭語を用

表 2・2 SI の基本単位，補助単位といくつかの誘導単位

(a) 基本単位(7個)と補助単位(2個)

物理量	SI 単位の名称		単位の記号
長さ	メートル	metre	m
質量	キログラム	kilogramme	kg
時間	秒	second	s
電流	アンペア	ampere	A
熱力学温度	ケルビン	kelvin	K
物質の量	モル	mole	mol
光度	カンデラ	candela	cd
平面角	ラジアン	radian	rad
立体角	ステラジアン	steradian	sr

(b) いくつかの誘導(組立)単位(個有の名称をもつもの)

物理量	単位の名称	記号	SI 基本単位，組立単位による定義
力	newton	N	$m \cdot kg/s^2 = J/m$
圧力	pascal	Pa	$kg/m \cdot s^2 = N/m^2 = J/m^3$
エネルギー	joule	J	$m^2 \cdot kg/s^2 = N \cdot m = Pa \cdot m^3$
仕事率	watt	W	$m^2 \cdot kg/s^3 = J/s$

[†] フートポンド制のトン(ショートトン)と MKS 単位系のトン(ロングトン)は 1 割ちがうという驚くべきこともあった。

[††] JIS Z 8203-1974(昭和 49 年 4 月 1 日，日本規格協会発行)

表 2·3 SI 接頭語

大きさ	接頭語	記号	大きさ	接頭語	記号
10^{-1}	デシ	d	10	デカ	da
10^{-2}	センチ	c	10^2	ヘクト	h
10^{-3}	ミリ	m	10^3	キロ	k
10^{-6}	マイクロ	μ	10^6	メガ	M
10^{-9}	ナノ	n	10^9	ギガ	G
10^{-12}	ピコ	p	10^{12}	テラ	T
10^{-15}	フェムト	f	10^{15}	ペタ	P
10^{-18}	アット	a	10^{18}	エクサ	E

表 2·4 いくつかの誘導単位

物理量	SI による呼び方	単位記号
速度	メートル毎秒	m/s
角速度	ラジアン毎秒	rad/s
動粘性率、拡散係数	平方メートル毎秒	m²/s
モルエントロピー、モル熱容量	ジュール毎（ケルビン・モル）	J/K·mol
濃度	モル毎立方メートル	mol/m³

表 2·5 よく用いられる物理量の次元と種々の単位系による単位の表わし方

| 物理量 | 絶対単位系 | | | 記号 | 重力単位系 | | 記号 |
	次元	CGS	（メートル制）MKS(SI)		次元	（メートル制）MFS	
質量	M	g	kg	m	$FL^{-1}T^2$	kgf·s²/m	(m)
重量(力)	MLT^{-2}	dyn (g·cm/s²)	kg·m/s²	F	F	kgf	w
圧力	$ML^{-1}T^{-2}$	dyn/cm² (g/cm·s²)	kg/m·s²		FL^{-2}	kgf/m²	P
密度	ML^{-3}	g/cm³	kg/m³	ρ	$FL^{-4}T^2$	kgf·s²/m⁴	
粘度	$ML^{-1}T^{-1}$	poise (g/cm·s)	kg/m·s	μ	$FL^{-2}T$	kgf·s/m²	
エネルギー (仕事)	ML^2T^{-2}	erg (g·cm²/s²)	J, kJ (kg·m²/s²)		FL	kgf·m	W
熱量[a]	Q	cal, J	kJ, J	Q	（単位の換算は付録1.参照）。重量は kgf, 秒はsと略記する。工学単位系(LMFT系)で用いる次元と単位のおもなもの。		
熱容量[a]	$Q\Delta\Theta^{-1}$	cal/K, J/K	kJ/K, J/K				
比熱(容量)[a]	$QM^{-1}\Delta\Theta^{-1}$	cal/g·K, J/g·k	kJ/kg·K	c			
拡散係数[a]	L^2T^{-1}	cm²/s	m²/s	D_{AB}			
濃度[a]	ML^{-3}	mol/cm³	kmol/m³	C			

[a] 熱量の単位は絶対単位系に含まれないが，参考までに載せた。

2·3 単位と次元　　　　　　　　　　　　　　　　　　　　　　　　　　　31

いる。表2·4にはいくつかの誘導単位のよび方を示した。

なお，国際的商取引では同じ単位を用いないと問題が生じることもあるのでSIは便利であろうが，研究や技術開発は新規な成果を得るために行なうものであるから，結果を表わす時に単位が必要になるだけといえるであろう。そこで，本書では時代の趨勢によりSI単位系を用いるが，身近な問題については使い慣れた常用単位を用いて表わすことにする。そして，単位の換算についていくつかの例題を示す。

2·3·2　単位の換算

表2·5は化学工学で常用される物理量の次元と，種々の単位系によって表わされたときの単位をまとめて示した。この表と付録1の単位換算表を用いれば，単位の換算は間違いなく行なえるであろう。以下例題により説明しよう。

例題 2·8　　気体定数 R は SI ではどのように表わせるか求めなさい。
【解】　$R=0.08205\, l\cdot\mathrm{atm/mol\cdot K}$ は良く知られている。 $1\,\mathrm{atm}=1.01325\times10^5\,\mathrm{Pa}$, $1.00\,l=10^{-3}\,\mathrm{m}^3$ である。mol および K は SI でも変わらないから
$$R=0.08205\times1.01325\times10^5\times10^{-3}=8.314\,\mathrm{m}^3\cdot\mathrm{Pa/mol\cdot K}=8.314\,\mathrm{J/mol\cdot K}$$

例題 2·9　　50°Cでは飽和水蒸気圧 $p_s=92.51\,\mathrm{mmHg}$ である。これは何Paか求めなさい。
【解】　$1\,\mathrm{atm}=760\,\mathrm{mmHg}$ を Pa に換算すると
$$76.0(\mathrm{cm})\times13.59(\text{水銀の密度}\,[\mathrm{g/cm}^3])\times980.665(\text{重力の加速度}\,[\mathrm{cm/s}^2])$$
$$\cong 1\,013\,250\,\mathrm{g/cm\cdot s}^2=101\,325\,\mathrm{kg/m\cdot s}^2=101\,325\,\mathrm{Pa}$$
$$\therefore\quad p_s=92.51\,\mathrm{mmHg}=(101\,325)(92.51)/(760.0)\cong12\,330\,\mathrm{Pa}$$

一つの変量と他の変量の関係を実験によって確かめ，それを式に表わしたとき，その式を実験式(empirical equation)とよぶ。これは科学の原理あるいは法則から誘導された"理論式"に対置されるもので，普通は比較的簡単な形で表わされるが，複雑な指数関数で示される場合もある。

実験式は変量を示す単位で変わる定数を含むので，無次元(dimensionless)の形で表わされているもの以外は単位を変えるさいに注意して定数も変えなければならない。

例題 2·10　　液体の標準沸点(1気圧下における沸点)を絶対温度 T_B [K] で表わし，その温度における蒸発潜熱を λ_m [cal/mol] とすれば次式が成り立つ。
$$\lambda_m/T_B\cong21.0\,\mathrm{cal/mol\cdot K} \tag{2·22}$$

この式はトルートン(Trouton)の規則とよばれる有名な実験式(経験法則ともいう)であって,非極性物質では蒸発のモルエントロピーが物質によらずほぼ一定の値を示すことを表わしている。蒸発潜熱として λ [J/mol] を用いるとこの式はどのように表わせるか求めなさい。

【解】 T_B は変わらないので λ_m を簡単に換算係数 4.184 J/cal を用いて表わせばよい。ゆえに

$$\lambda_m'/T \cong 21.0 [\text{cal/mol·K}] \times 4.184 [\text{J/cal}] \cong 88 \text{J/mol·K} \tag{2·22'}$$

例題 2·11 気液接触のさいの充塡塔における圧力損失はつぎの実験式で表わせる[1]。

$$\Delta p/Z = \alpha \cdot 10^{\beta L/\rho_L}(G^2/\rho_G) \tag{2·23}$$

ただしガス流速は第5章で述べるローディング速度以下とする。ここに Δp は圧力損失 [kgf/m²], Z は吸収塔高さ [m], L は液の空塔質量速度 [kg/m²·h], G はガスの空塔質量速度 [kg/m²·h], ρ_L, ρ_G は液・ガスの密度 [kg/m³], また α, β は充塡物の寸法, 形状に関する定数である。

いま,水と空気(25°C, 1 atm)を1インチのラシヒリング($\alpha = 3.45 \times 10^{-6}, \beta = 1.42 \times 10^{-2}$)の充塡塔を用いて接触させ,微量の SO_2 を吸収させる場合を考える。液およびガス流量は空塔線流速(充塡物の存在を考えずに容積流量を塔断面積で割った値)でそれぞれ 20.0 cm/min, 10 cm/s とする。$Z = 3.00$ m としたとき圧力損失 Δp を Pa で示しなさい。

【解】 式(2·23)は次元的に不健全である。つまり,α, β は明らかに単位を含み,したがって単位系によってその値が異なる。与えられた数値を式に代入してみるとつぎのようになる。すなわち $\rho_L \cong 1.00 \times 10^3$ kg/m³,空気の分子量 29.0 として $\rho_G = (29.0/22.4) \times (273/298) = 1.19$ kg/m³, (質量速度)=(密度)(線流速)より

$$L = (1.00 \times 10^3)(0.20 \times 60) = 1.20 \times 10^4 \text{ kg/m}^2\cdot\text{h}$$

$$G = 1.19 \times 0.10 \times 3600 = 4.28 \times 10^2 \text{ kg/m}^2\cdot\text{h}$$

$$\Delta p/(3.0) = (3.45 \times 10^{-6}) \cdot 10^{(1.42 \times 10^{-2} \times 1.2 \times 10^4/1.00 \times 10^3)} \times (4.28 \times 10^2)^2/(1.19) = 0.786$$

$$\therefore \quad \Delta p = 2.36 \text{ kgf/m}^2 = 2.36 \times 10^{-4} \text{ kgf/cm}^2$$

1 kgf/cm² = 98 066 Pa であるから

$$\Delta p \cong 23.1 \text{ Pa}$$

2·4 数値の取扱いとグラフ表示

科学や工学の研究を行なうためには,理論を組み立ててそれを検証するために実験を行なったり,あるいは,結果の予測が立たない場合でも,まず実験を行ないその結果をまとめて現象を把握し,つぎに精密な実験の計画を立てたり,そのまま一つの結論を得るという手順が用いられる。

---

1) M. Leva, *Chem. Eng. Symposium Series*, 50(10), 51(1954).

2・4 数値の取扱いとグラフの表示

このような場合，一般には実験によって得られた値（データや測定値という）をまとめて表や図に示し，さらに一つの変量 x と他の変量 y の関係を調べて式で表わし実験式にまとめる。ここでは，そのような場合に必要な事項を記す。

2・4・1 測定値と誤差

実験によって得られた値は一般に誤差を含むので，与えられた実験条件のもとでどれほど正確な測定が行なわれたかをまず検討する必要がある。真の値と測定値の差を絶対誤差といい，絶対誤差を真の値で割った値を相対誤差とよぶ。相対誤差1％以下というのは工学ではたいへん優れた測定といえる。たとえば流量測定では，時間は正確にはかれるので，ある時間内に動く流体の量を正しくはかることが測定の精度を高めるために必要となる。一般に測定値には偶然に生じる誤差も含まれるので，数回の測定の平均のほうが信頼できる値を与えると考えられる。

測定の原理が正しく，測定器も正しいとき，熟達した者の測定により真の値に近いものが得られると考えられる。そのとき測定値が有効数字（significant figure）何桁まで正しいかということを知るには，誤差の検討を行なう必要がある。いま数回の測定値の平均として 40.0 を得たとする。相対誤差を1％とすると，測定値は 40.0 ± 0.4 と表わされる。しかし 40.0 の小数第1位は誤差を含むので，これを 40 とまるめてしまうと，こんどは1の位の値，つまり 0 がどのていど信頼できるかわからなくなる。最近 計算機が普及したが，多くの場合浮動小数点方式を用いたものが多いため，40.0 は 40 と表示される。両者の違いは，有効数字の信頼性を考えれば明らかであろう。

2・4・2 測定値のグラフ表示と実験式の作成

（a）　グラフの使用　　測定値をグラフで表わすと表で示すよりも正確でないにしても，一つの変量 x と他の変量 y との関係が一見してわかるので便利である。

その際，x と y との間の関数関係により，普通目盛り，半対数，両対数のグラフが用いられる。普通目盛りのグラフ（方眼紙）は読みとりも容易で，x と y の関係が正負の領域でどのようにでも表わせるのでもっとも良く用いられる。また測定値のバラツキなどもグラフから推察できる。しかし，式(2・24)の直線関係以外は数学的意味は少ない。

$$y = A + Bx \tag{2・24}$$

ここに A は切片，B は傾きを表わす。普通目盛りは，正しくは等分目盛りとよばれる。

例題 2・12　活性炭にベンゼン蒸気を吸着させ，平衡吸着量 q^* と濃度 C の関係を調べた．濃度は測定温度 20℃ における空気 $1\,\mathrm{m}^3$ 中のベンゼン蒸気の量 [g/m³-空気] で表わされ，吸着量は [g/g-活性炭] で表わしている．結果を表 2・6 に示した．q^* は式 (2・25) で表わされるとして，a, b の値を求めなさい．

$$q^* = abC/(1+aC) \quad (a, b\ \text{は定数}) \tag{2・25}$$

表 2・6　吸着平衡データ（20℃）

平衡濃度 C [g/m³]	5.00	10.0	15.0	20.0	25.0
平衡吸着量 q^* [g/g]	0.230	0.280	0.310	0.330	0.350
C/q^*	21.7	35.7	48.4	60.6	71.4

【解】　式 (2・25) は $C=0$ で $q^*=0$，$C\to\infty$ で $q^*=b$ となる．逆数をとって整理し，

$$(C/q^*) = (1/ab) + (1/b)C \tag{2・25'}$$

が得られる．方眼紙に C 対 (C/q^*) の関係を示すと直線となり，切片，傾きから $(1/ab)$，

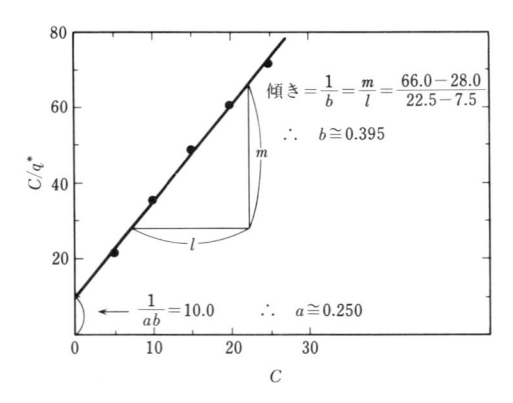

図 2・5　式 (2・25') の検証と a, b の決定

$(1/b)$ が求められる．図 2・5 より

$$a \cong 0.250, \qquad b \cong 0.395$$

これらの値を式 (2・25) に入れて C から q^* を求めると表 2・6 の値とほぼ一致する．

参考までに，最小二乗法による 1 次式の求め方を示し，この例について計算してみよう．$y_1, y_2, \cdots$ はそれぞれ $x_1, x_2, \cdots$ の従属変数とし，

$$Y = A + B(x - \bar{x}) \tag{2・26}$$

とおく．Y は式から推算される値で，A, B は定数，$\bar{x}$ は平均値である．データにもっとも良く合う式は $\sum_{i=1}^{n}(Y - y_i)^2$ を最小とするので（以下 $\sum_{i=1}^{n}$ を $\sum$ と略記し）

$$\sum(Y_i - y_i)^2 = \sum[A + B(x_i - \bar{x}) - y_i]^2 \tag{2・27}$$

を A, B で偏微分し，0 とおく．これより

2·4 数値の取扱いとグラフの表示

$$\frac{\partial[\sum(Y_i-y_i)^2]}{\partial A}=0 \quad \text{より} \quad A=\frac{\sum y_i}{n}=\bar{y} \tag{2·28}$$

$$\frac{\partial[\sum(Y_i-y_i)^2]}{\partial B}=0 \quad \text{より} \quad B=\left(\sum x_iy_i-\frac{\sum x_i \sum y_i}{n}\right)\Big/\left[\sum x_i^2-\frac{(\sum x_i)^2}{n}\right] \tag{2·29}$$

式(2·28), (2·29)から A, B を求め, 式(2·26)に代入した結果と, $x\equiv C$ とした式(2·25′)を比較すると

$$\frac{1}{b}=\frac{\sum C_i(C_i/q_i^*)-(1/n)\sum C_i \sum(C_i/q_i^*)}{\sum C_i^2-(1/n)(\sum C_i)^2} \tag{2·30}$$

$$\frac{1}{ab}=\frac{\sum(C_i/q_i^*)}{n}-\frac{1}{b}\cdot\frac{\sum C_i}{n} \tag{2·31}$$

となる。表2·6から $\sum C_i=75.0$, $\sum C_i^2=1\,375$, $(\sum C_i)^2=5\,625$, $\sum(C_i/q_i^*)=237.8$, $\sum C_i(C_i/q_i^*)=4\,188.5$ であるから

$$1/b=2.49, \quad 1/ab=10.2 \quad \therefore \quad a\cong 0.244, \quad b\cong 0.402$$

となる。グラフから求めた値はこれらの値に近いことがわかる。

(b) 対数グラフの使用 測定値の変域が最大数10倍から10000倍以上の範囲にわたる場合は、全対数(両対数)または半対数(片対数)グラフ上に変量 x, y の関係を示すと都合よい。

x と y がつぎの関係

$$y=ax^b \tag{2·32}$$

表 2·7 種々の関数を直線表示するための値のとり方

関数の形	グラフの目盛	両軸にとるべき値	傾き	備考
1) $y=a+bx$	等分	$y:x$ または $(y-a):x$	b	y 切片は a
2) $y=ax^n$	全対数	$\log y:\log x$	n	$x=1$ のとき $\log y=\log a$
3) $y=a+bx^n$	全対数	$\log(y-a):\log x$	n	① $x=0$ のときの y の値より a を求める ② または y から順にある数を引いた数の対数と $\log x$ をとるとき直線となる
4) $y=ae^{bx}$	半対数	$\log y:x$	b	
5) $y=a+(b/x)$	等分	$(y-a):(1/x)$	b	
6) $y=x/(a+bx)$	等分	$(x/y):x$ または $(1/y):(1/x)$	b	$(1/y):(1/x)$ では $1/a$ が傾き
7) $y=a+bx+cx^2$	等分	$(y-y_n)/(x-x_n):x$	c	(x_n, y_n) は実験データをプロットしてスムーズな線をひいたとき、線上の任意の点の座標。y 切片は cx_n+b
8) $y=bx+cx^2$	等分	$(y/x):x$	c	y 切片は b
9) $y=\dfrac{x}{a+bx}+c$	等分	$\dfrac{x-x_n}{y-y_n}$	$\dfrac{b}{a}(a+bx_n)$	(x_n, y_n) のとり方は 7) に同じ。y 切片は $(a+bx_n)$

のときは全対数グラフを，また
$$y = Ae^{-bx} \tag{2.33}$$
の場合は半対数グラフ上に測定値を示す†と直線が得られる．すなわち
$$\underline{\log y} = \log a + b \underline{\log x} \tag{2.32'}$$
$$\left.\begin{array}{l} \ln y = \ln A - bx \\ \underline{\log y} = \log A - (b/2.303) x \end{array}\right\} \tag{2.33'}$$
したがって，それぞれ $x=1$，$x=0$ のときの y の値から a，A が，また直線の傾きからそれぞれ b，B が求められる．

表 2・7 には，種々の形の初等関数をグラフに表わすとき，x，y の関係が直線となるような表わし方を示してある．

例題 2・13　3/4 B のガス管にオリフィス盤をはさみ，流量を変えて水銀柱の差圧 Δh[mm] を測定し，表2・8の結果が得られた．流量 v と Δh の関係式を求めなさい．

表 2・8

Δh [mmHg]	10	15	30	50	70	100	120	130
v [l/s]	0.0816	0.099	0.139	0.182	0.217	0.262	0.284	0.289

【解】　Δh と v を両対数グラフにとる（つまり，$\log \Delta h$ と $\log v$ を普通目盛りのグラフにとる）と図2・6のように傾き 1/2 の直線が得られる．これより，$\Delta h=10$ で $v=81.6 \times 10^{-3}$ を基準としてつぎの結果が得られる．

$$\log v - \log(81.6 \times 10^{-3}) = (1/2)[\log \Delta h - \log 10] \quad \text{つまり} \quad v/(81.6 \times 10^{-3}) = \sqrt{\Delta h/10}$$
$$v \text{ [}l\text{/s]} = 0.0258\sqrt{\Delta h} \quad [\text{mmHg}] \tag{2.34}$$

第3章で述べるように，この条件では $v \propto \sqrt{2g\Delta h}$（$g$ は重力の加速度）となる．

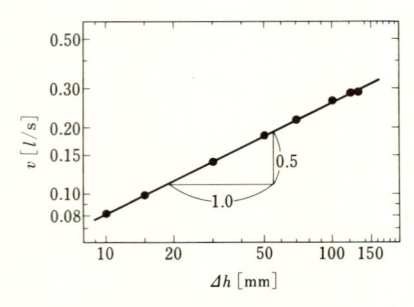

図 2・6　流量 v と差圧の関係

---

† 常用対数 $\log_{10} y = \log y$，自然対数 $\ln x$（log natural または natural logarithm，エルエヌ x と読む）．

2・4・3 図微分と図積分

二つの変数 x, y が $y=f(x)$ の形でグラフに表わされているとき，一般に関数形がわかればそれを微分することができる．また，多くの場合積分も行なえる．しかし，関数形がわからないとき，普通目盛りのグラフに表わした x と y の関係から

$$(dy/dx)_{x=x_i} = \lim_{\Delta x \to 0}(\Delta y/\Delta x)_{x=x_i} \tag{2・35}$$

によっていろいろな x_i における微係数を求め，それをグラフ上にプロットして微分曲線が求められる．

同様にして $a\sim b$ を n 等分し，曲線下の面積 S を求めると，式(2・36)に示したように積分を行なったことになる．

$$S = \int_a^b f(x)\,dx \cong \sum_{i=1}^n f(x_i)\Delta x \tag{2・36}$$

ここで，x_i は x_{i-1} と x_{i+1} の中間の値である．この方法を図積分(graphical integration)という．

例題 2・14 表2・9 に 1 atm(101.3 kPa)におけるメタンのモル比熱容量が示されている．これよりメタンを 298 K から 2000 K に加熱するさいのモルエンタルピー変化 $\Delta H_{0,m}$ を求めなさい．

表 2・9 1 atm におけるメタンのモル比熱容量

温度 T [K]	0	298	500	1000	2000	3000
$C_{P,m}$ [J/K・mol]	0.00	35.6	46.3	71.8	94.4	101.4

「バーロー新物理化学(第5版)」東京化学同人による．

【解】 1 atm におけるモルエンタルピー変化 $\Delta H_{0,m}$ はモル比熱容量 $C_{p,m}$ と温度変化から次式で求められる．

$$\Delta H_{0,m} = \sum C_{p,m} dT \tag{2・37}$$

表の値を用いて温度 T 対 $C_{p,m}$ の関係を示した図 2・7 により図積分を行なう．適当な区間(250 K を取った)に分けて矩形に近似してその面積の総和を求めると

$$\Delta H_{0,m} = 102430 \text{ J/mol}$$

参考までにこの区間の $C_{p,m}$ を表わす式は，便覧に次の式で与えられている．

メタン；$C_p = 19.252 + 5.213\times 10^{-2}\,T + 1.197\times 10^{-5}\,T^2 - 1.132\times 10^{-8}\,T^3$ [J/K・mol]

そこでこの式を積分し，与えられた数値を用いると次の値が求まる．これと図積分の結果はおよそ一致しているといえるであろう．

(データのチェック；

$T=298$ では

$C_p = 19.252 + 5.213\times 10^{-2}\times 298 + 1.197\times 10^{-5}(298)^2 - 1.132\times 10^{-8}(298)^3 = 35.54$

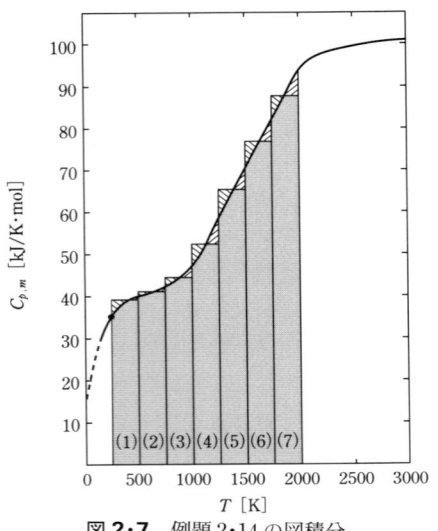

図 2・7 例題 2・14 の図積分

$T=1000$ では
$C_p = 19.252 + 5.213 \times 10^{-2} \times 1000 + 1.197 \times 10^{-5}(1000)^2 - 1.132 \times 10^{-8}(1000)^3 = 72.03$
となり，およそ表 2・9 の値と合っている。)

積分の結果
$$\Delta H_{0,m} = 19.252 \times (2000-298) + (5.213 \times 10^{-2}/2)(2000^2 - 298^2)$$
$$+ (1.197 \times 10^{-5}/3)(2000^3 - 298^3) - (1.132 \times 10^{-8}/4)(2000^4 - 298^4)$$
$$= 121270 \text{ J/mol}$$

なお，ここでは式(2・38)との対応を知るため，熱量には cal も用いたが以下の章では熱量の単位として主に kJ を用いる。

2・4・4 数値積分

変数 x および y の関係が普通目盛りのグラフ（方眼紙）に示されたとき，$y = f(x)$ の関数の式がわからないまま曲線下の面積を方眼の計算によって行なって $I = \int_a^b f(x)dx$ に相当する値を求める図積分を 2・4・3 項に示した。それはもっとも初歩的なまた面倒な方法であるから，手間も少しは省けて精度も高い方法と考えられる数値積分 (numerical integration) の手法を説明しよう。とくにそのなかでよく用いられる簡単な二つ，すなわち台形則とシンプソン則を用いる方法をあげてみる。

（a）台形則による数値積分　これは区間 (a, b) 内のある 2 点 (x_i, x_{i+1}) の間の $y = f(x)$ の曲線を，その曲線上の 2 点 (x_i, y_i), (x_{i+1}, y_{i+1}) を結ぶ直線で近似し，台形 $(x_i, 0)(x_i, y_i)(x_{i+1}, y_{i+1})(x_{i+1}, 0)$ の面積を求め，それを順に $x = a$ か

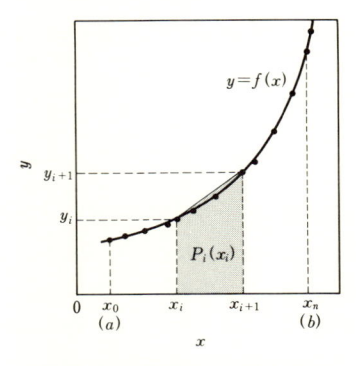

2·4 数値の取扱いとグラフの表示

図 2·8 台形則による数値積分

ら $x=b$ まで加え合わせる方法である.すなわち,図 2·8 に示すように a, b 間を n 等分し, a, b および分点を $x_0(=a), x_1, x_2, \cdots, x_i, x_{i+1}, \cdots, x_n(=b)$ とする.それぞれの点における $f(x)$ の値を $y_0, y_1, y_2, \cdots, y_i, y_{i+1}, \cdots, y_n$ とすれば $(b-a)/n=h=x_{i+1}-x_i$, ここに i は整数で $0 \leq i \leq (n-1)$ として次式が成り立つ.

$$\int_a^b f(x)\,dx \cong \frac{h(y_0+y_1)}{2} + \frac{h(y_1+y_2)}{2} + \cdots + \frac{h(y_i+y_{i+1})}{2} + \cdots + \frac{h(y_{n-1}+y_n)}{2}$$

$$= (h/2)[y_0 + 2(y_1+y_2+\cdots+y_i+y_{i+1}+\cdots+y_{n-1}) + y_n]$$

$$\cong \sum_{i=0}^{n-1} p_i(x_i)\,dx \tag{2·39}$$

これを台形則(trapezoidal rule)または台形公式という.この場合の数値積分の精度は,きざみ幅 h の大きさによることは明らかで,精度を高めるには h をできるだけ小さくすればよいことになる.

(b) シンプソン則 これは区間 (a, b) 内の2点間の $y=f(x)$ の変化(曲線)を直線で近似する代わりに,2点の中点をとってそれらの3点を通る放物線で $y=f(x)$ を近似し,その放物線の下の面積を求め,順に a から b の全域にわたり加えていく方法である.一般に台形則よりもよい近似を与える.

いま区間 (a, b) を $2n$ 等分し,両端および分点を順に $x_0=(a), x_1, x_2, \cdots, x_{2n-1}, x_{2n}(=b)$ とする.各分点における関数 $y=f(x)$ の値を $y_0, y_1, y_2, \cdots, y_{2n-1}, y_{2n}$, また $(b-a)/2n=x_{i+1}-x_i=h$,ここに $0 \leq i \leq (2n-1)$,とおくと(a)の場合と同様にして次式が得られる.

$$\int_a^b f(x)\,dx \cong \frac{h}{3}[y_0 + 4\underbrace{(y_1+y_3+\cdots+y_{2n-1})}_{\text{奇数項の } y_i} + 2\underbrace{(y_2+y_4+\cdots+y_{2n-2})}_{\text{偶数項の } y_i} + y_{2n}]$$

$$\tag{2·40}$$

これをシンプソン則(Simpson's rule)またはシンプソンの公式という.

第5章で説明する移動単位数の計算には，図積分や数値積分を用いることが多い。

2・5 生産コスト

化学プロセスは第1章で述べたように製品によって異なるが，基本的には原料を処理したのち，混合したりあるいは化学反応を起こさせ，そのあとで目的とする製品を精製・分離することから成り立っている。

そこで，ここでは化学製品(化学品とか化成品(chemicals)とよばれる)の価格がどのようにしてきまるかを考えてみよう。

実際に化学プラントを稼動させるには，図2・9に模式的に示すいろいろな費用が必要である。しかしこれらは直接生産(production)に関係するものであるから，直接生産費(direct production cost)とよばれる。

製品の製造原価は，このほかに，土地・建物などの固定資産税，装置の減価償却費(depreciation cost)，保険料，賃貸料などをまとめた固定費(fixed charges)と，貯蔵設備，安全管理費，従業員の娯楽，保養の施設費などを総合した工場管理費(plant overhead cost)によってきまる。

さらにまた，本社費とか一般管理費(general expense)とよばれる費用を製造原価(工場原価)に加えたものが全製品原価(total product cost)となる。一般管理費といわれるものは，本社の人件費，維持費などの管理費と総称されるものと，広告料，技術サービス料，種々の販売費，セールスマンの給与などをま

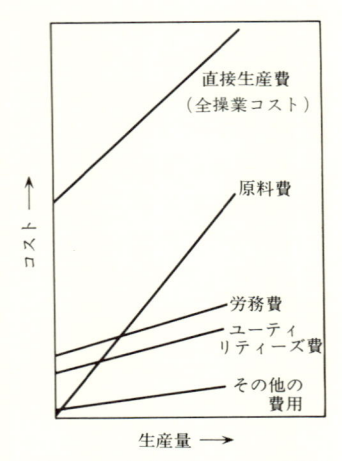

図 2・9 生産量とコストの関係

2・5 生産コスト

表 2・10 化学製品の原価構成[a]

分類と内容			備考	
[I] 製造費	1) 直接生産費	a) 原料費	総原価の 10～50%	総原価の約60%
		b) 触媒, 薬品費（副原料費）		
		c) ユーティリティーズ費（電力, 用水, ガス, 燃料, 水蒸気などの費用）	総原価の 10～20%	
		d) 運転に伴う消耗品費（潤滑油, 記録紙など）	総原価の 0～15%	
		e) 労務費（工場で働く作業者, 技術者の給与）	総原価の 10～20%	
		f) 年払いのロィヤリティー費（特許使用料など）	総原価の 0～6%	
		g) 保守, 管理費（修繕費）		
	2) 固定費	a) 減価償却費		総原価の約10～20%
		b) 固定資産税	建設費の 0.1～4%	
		c) 保険料	建設費の 0.4～1%	
		d) 借地, 借用料	土地建物取得費の 8～10%	
	3) 工場管理費	工場の事務部門, 医療部門, 検査部門などの人件費と諸経費	総原価の 5～15%	
[II] 一般管理販売費	4) 一般管理費（本社費, 経営者, 総務・調査・企画・労務部門の人件費など諸経費）		総原価の 2～5%	
	5) 販売費（広告費, 製品輸送費, 技術サービス, 商社マージン, 倉庫料など）		総原価の 2～20%	
	6) 研究開発費（cost for research and development）		総原価の 0～5%	
	7) 課税準備費（法人税, 地方税）			

a) [I]+[II]=総原価

とめた販売費に研究開発費，利益分，課税準備金などが含まれる。

　減価償却費とは，プラント，装置あるいはそれらを収容する建物などの購入および建設に要した費用（設備費，建設費）を，何年間かのうちに返還（償却）していくための費用である。償却によってプラントや建物はしだいに経済的価値が減じ，廃棄，更新などが可能になる。いったん購入したらその器具を使い捨てするだけで利益を得る必要はないと考える家庭経済と，企業の経済の考え方の相違がここにある。固定費とは，生産量の多少に関係なく支払わなければならない費用を意味する。表2・10[1]は化学製品の価格構成を示したものである。

　なお建設費（設備費）とは，(1) 用地費，(2) 敷地整備費，(3) 装置購入費，(4) 装置据付費，(5) 計装設備費，(6) 配管費，(7) 電気関係の機器購入，工事費，(8) 各種の建物建設，空調費などをまとめた直接費と，間接費として (9) 設計，製図，調査などのエンジニアリングフィー，(10) 建設管理費と工事請負費，(11) 予備費などを含めたものから成っている。

　ところである化学製品を生産している企業の収入と支出金額が生産量によってどのように変わるかを模式的に図2・10[1]に示した。この図は，損益分岐線図

1) M. S. Peters, K. D. Timmerhaus, "Plant Design and Economics for Chemical Engineers", 3rd ed., McGraw-Hill(1980).

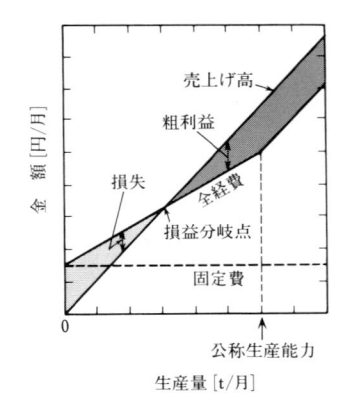

図 2·10 化学製品の製造に関する損益分岐線図

(break-even chart)とよばれる。生産量によって全経費は変わるが，製品の販売価格を一定として販売量(＝生産量)から計算される売上げ高との差が粗利益(gross earning)または欠損となる。そして収益ゼロの点を損益分岐点(break-even point)とよぶ。

なおこのような価格の算出には，材料や原料の価格，ユーティリティーズとよばれる電力，用水，燃料，スチームなどの単価を知る必要がある。しかし本章で述べた物質収支，熱収支の計算に習熟し，さらに第3章で述べる機械的エネルギー所要量，4章で述べる熱伝達などを総合すれば，ある化学製品の生産に関して少なくとも表 2·10 の a, b, c, d などの項目を推算することは可能であろう。それらの項目が全経費に対して占める割合はかなり大きいことは表から明らかであろう。

問　題

2·1 天然の海水は約 3 %(質量 %，以下同じ)の食塩を含む。それを蒸発装置により濃縮して 25 % としたい。原料 100 kg あたりの水分蒸発量 V[kg] および濃縮液量 L[kg] を求めなさい。

2·2 メタノール水溶液を蒸留しメタノールを濃縮したい。メタノール 15 質量%の溶液を蒸留塔に供給し，塔頂より 90 質量% の液を得る。一方，供給原液中のメタノールの 5 % に相当する量が塔底から排出される。(1) 供給原液 100 kg あたり得られる塔頂製品量，(2) 塔底製品中のメタノールの質量% はいくら求めなさい。

2·3 溶剤にエチルエーテルを用いて「たら肝」から肝油を抽出する。原料は肝油 33 %，不溶性物質 67 % からなる。溶剤はリサイクルして使用されるため 1 % の肝油を含んでいる。原料 100 kg に 200 kg の溶剤を加えて抽出したところ，肝油 19 %，エ

ーテル 81 % の液 182 kg が得られた。廃棄物の組成(肝油, エーテルおよび不溶性物質)を求めなさい。ただし % は質量 % である。

2・4 SO_2 (8.0 vol %) を含む 20 ℃, 1 atm の空気 100 m³/h を充填塔で水に吸収させ, SO_2 0.05 %(vol) としたい。出口では平衡に達したと考え, 最小必要な水量を求めなさい。ただし SO_2 の水に対する溶解度は次式で表わせるとする。

$$x = 0.010\,7p + 0.001\,0\sqrt{p} \qquad (2 \cdot 41)$$

ここに p は圧力 [atm], x は SO_2 の液相モル分率 [—] である。[ヒント:$x \ll 1$ より $x/(1+x) \cong x$ として式(2・41)より x を求め, 水量を知る]

2・5 つぎの反応によりメタノールが合成される。

$$CO + 2H_2 \longrightarrow CH_3OH \qquad (2 \cdot 42)$$

CO と H_2 がモル比で 1:2 の原料ガスが反応器へ供給され, 供給原料中の CO の 20% に相当する量がメタノールに転化するとする。メタノールを除いた残りの未反応ガスは反応器へリサイクルされる。(1) メタノール 10 m³/h を得るに必要な原料ガス量(25℃, 1 atm 基準), (2) リサイクルされるガス量を求めなさい。ただしメタノールの密度は 0.791 g/cm³ とする。また気体は理想気体とする。

2・6 例題 2・3 で副生する CO_2 量, 改質工程で加えるべき空気量(理論量)を計算しなさい。ただし空気中の O_2 は $H_2 + 1/2\,O_2 \longrightarrow H_2O$ の反応で除かれるとし, CO_2 の 2.0 % はパージされて失われるとする。[ヒント:$x = 3.0$ として式(2・5)〜(2・7)を用いて計算する]

2・7 プロパン C_3H_8 30 %, ブタン C_4H_{10} 70 % からなる気体燃料を完全燃焼させている炉がある。乾き燃焼ガス(つまり水蒸気を除いたもの)中の CO_2 の濃度を測定したところ 12 % であった。この気体燃料 1 kmol あたり燃焼に必要な空気量(理論空気量) [Nm³], 湿り燃焼ガス量 [kmol] を求めなさい。ただし, 空気は酸素 21 %, 窒素 79 % の混合ガスとし, 窒素は全く反応に関与しないものとする。

2・8 ヨウ化メチルの製造プロセスではヨウ化水素に過剰のメチルアルコールが添加される。その反応式はつぎの通りである。

$$HI + CH_3OH \longrightarrow CH_3I + H_2O \qquad (2 \cdot 43)$$

ヨウ化水素は, 1000 kg/day の供給速度で反応器に入り, 未反応のガスはリサイクルされるとする。生成物は 81.6 質量 % の CH_3I と未反応のメチルアルコールを含み, 廃液には 82.6 質量 % の CH_3I と 17.4 質量 % の水が含まれる。次の量を計算しなさい。(1) 一日あたり添加されるメチルアルコールの質量と廃液の量 (2) リサイクルされる物質の総量

2・9 400 kJ/s の割合でボイラーに熱が加えられている。これがすべて水の加熱蒸発に使われるとして, 290 K の水から得られる 460 K の水蒸気量 [kg/h] を求めなさい。また, その水蒸気のゲージ圧はどれくらいか。[ヒント;付録 6. の水蒸気表を参照。ゲージ圧は蒸気の飽和圧力に 1 atm 分を加算する]

2・10 メタノールの蒸気圧は 60℃, 70℃ でそれぞれ 629.9, 927.2 mmHg である。アントワンの式(2・12)の係数 A, B を求め, 40℃, 100℃ におけるメタノールの蒸気圧を求めなさい。ただし定数 C は 230.0 と与えられているものとする。

2・11 付録7.のノモグラフを用いてベンゼンの粘度を10〜80℃(沸点は80.1℃)の範囲で推定し，$\log\mu$ と $1/T$ (T は絶対温度)を図示し，μ と T の関係を式で表わしなさい。

2・12 内容積 $0.040\,\mathrm{m}^3$ の圧力容器に 293.15 K，14.71 MPaG (150 kgf/cm²G)(ゲージ圧)の窒素が封入されている。式(2・13′)により窒素の質量を求めなさい。ただし，窒素の臨界定数 p_c，T_c はそれぞれ 3.393 MPa，126.1 K とする。[ヒント；図2・2より z を求め，$PV = z(w/M)RT$ より質量 w を計算する。]

2・13 例題2・12に示した20℃の吸着平衡データと，式(2.21)の関係(クラペーロン-クラジウスの式)を用いて25℃の平衡を推算しなさい。ただし，等量吸着エンタルピー変化 $\Delta H_a^{st} = 50.24\,\mathrm{KJ/mol}$(一定)とする。[ヒント：式(2・21)の ΔH^{vap} の代わりに ΔH_a^{st} を用い，同一吸着量を与える p_1，p_2 を T_1，T_2 について求める]

2・14 式(2・12)で圧力を Pa，温度を絶対温度で表わせば A, B, C はエチルアルコールについてどのようになるか。ただし p [mmHg], t [℃] としたときのアントワン定数は $A = 8.04494$，$B = 1554.3$，$C = 222.65$ である。

3

流体の流れと流体輸送装置

　力を加えると流れ出す性質が共通していることから，気体と液体をまとめて流体とよんでいる。この性質を利用して流体を配管内に流したり，また流速（流量）を測定することができる。装置内を流れる流体の様子は，流体自身の性質と装置の形状および流速によって異なるためにこれらの変数を制御する必要がある。化学工業が対象とする物質の多くは流体であって，ポンプや配管群によって必要な量の流体をある装置に供給して反応や分離を行わせている。このように，流体の性質と流体の輸送に関する基礎的な知識は，化学工業では大変重要であるといえよう。そこでここでは，流体の性質，流れの様子と特性，流体輸送装置などの基礎的な事柄を述べる。

3・1　流体とその流れ

3・1・1　流　　体

　気体と液体をまとめて流体(fluid)とよぶが，その特徴は力を加えると容易に変形することである。流体は容器によってその形を自由に変え，多くの流体は流れやすい点で固体とは異なっている。しかし，気体と液体は全ての点で同じではない。気体は自由に体積を変えることができ，圧縮すれば体積が減り，密閉容器の中ではその全空間を占める。つまり，気体は圧縮性流体(compressible fluid)である。これに対して，液体の体積は決まっているので表面をもち，一般に圧縮しても容易に体積が変わることはないことから，非圧縮性流体(incompressible fluid)とよばれる。

　流体は変形しやすいが，動かそうとする力に対して抵抗を示す。この性質を粘性(viscosity)とよぶ。図3・1に示すように，片方が固定され，他方が右方向に動く2枚の平行平板の間にはさまれた流体では，板に接する部分は板と同じ速さをもち，中間の部分は板からの距離に比例する速さで動く。つまり，板か

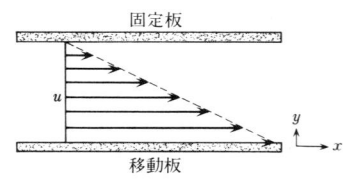

図 3・1 相対運動を行なう二つの平行板間の流体の速度分布

らの距離によってずれが生じており、流体はせん断(shear)作用を受けて変形しているとみなせる。このとき、多くの流体に対して働くせん断応力と流体の変形速度(せん断速度)の間には、ニュートンの法則とよばれる比例関係が成り立っている。

$$\tau_{yx} = -\mu \frac{du_x}{dy} \quad (3\cdot1)$$

ここで、τ_{yx} は x に平行な単位面積あたりのせん断力、すなわちせん断応力 $[Pa]=[kg/m\cdot s^2]$、du_x/dy は x 方向に流れている流体の速度 u_x の y 方向の速度勾配、すなわちせん断速度 $[m/s\cdot m]=[1/s]$ である。比例係数 μ は粘度(viscosity)、粘性係数(viscosity coefficient)または粘性率とよばれ、流体のもつ基本的な物性の一つである。化学工業でよく用いられる流れは円管などの流路内の流れであって、その場合は、流れの方向とせん断力の作用する方向が一義的に決まるので、式(3・1)のように添え字をつけるまでもなく次式で十分である。

$$\tau = -\mu \frac{du}{dy} \quad (3\cdot1')$$

式(3・1)または(3・1')(以下では両式とも式(3・1)と表わす)は粘度の定義式であって、同式から粘度の次元は(応力)×(時間)または(力/面積)×(時間)となり、SI 単位系では $Pa\cdot s(=kg/m\cdot s)$ であることが導かれる†。

式(3・1)の τ と $-(du/dy)$ の関係は図 3・2 に模式的に示すように物質によって異なる。図 3・2 の(a)では μ は τ によらず一定で、このような流体をニュートン流体(Newtonian fluid)とよび、全ての気体と多くの液体がこれに属する。

μ が一定でない物質は非ニュートン流体(non-Newtonian fluid)とよばれ、τ と $-(du/dy)$ の関係は図 3・2(b)のように物質によってさまざまであって、そ

---

† Pa(パスカル$=kg\cdot m/s^2$)は圧力の単位である。CGS 単位系では粘度の単位は $g/cm\cdot s$ で、poise(ポアズ)とよばれ記号 P で表わされる。この 1/100 を cP(センチポアズ)と表わす。水の常温での粘度は約 1 cP であり、多くの液体もこの程度の値をもつ。1 cP は 1 mPa に等しい。化学工業でよく用いられる物質の粘度の値は、付録 6 のノモグラフによって知ることができる。

3・1 流体とその流れ　　　　　　　　　　　　　　　　　　　　　　　　47

(a) ニュートン流体　　　　　　　　(b) 非ニュートン流体

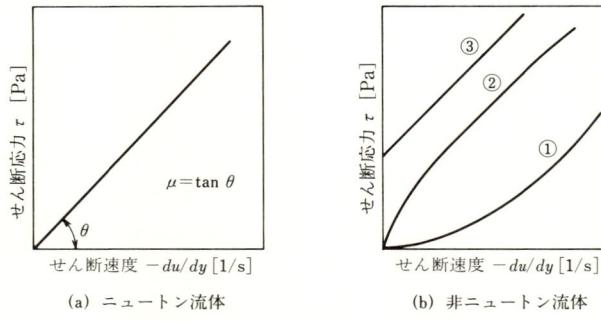

図 **3・2**　いろいろな流体の示す流動特性

の関係を流動特性とよんでいる。①はダイラタント流体の特性で固体微粒子を含む懸濁液(スラリー)にみられる。②は擬塑性流体(pseudo-plastic fluid)とよばれ高分子溶液などにみられるもの，③は原点を通らずに直線的変化を示す流体で塑性変形を示す粘土などにみられ，ビンガム流体(Bingham fluid)とよんでいる。

　非ニュートン流体のなかでとくに流動性の低い粘弾性体(visco-elastic material)は固体に近い性質をもっている。非ニュートン流体および粘弾性体の力学的挙動はレオロジー(rheology)という学問体系で扱われており，高分子の成形加工などの分野の基礎となっている。非ニュートン性の挙動を示す流体には，上述の固体懸濁液のほかに，気体と液体，気体と固体，あるいは気・液・固相の三つの相が混合した流れ(混相流(multi-phase flow))も含まれる。しかし，ここではニュートン流体のみについて説明する。

　式(3・1)の左辺の次元は，

　　(力)／(面積)＝(質量×加速度)／(面積)＝(質量×速度)／(時間)／(面積)
　　　　　　　　＝(運動量)／(面積・時間)

となって運動量流束(単位面積・単位時間あたりの運動量移動量)に等しいことがわかる。このことは，式(3・1)は流体に加えた力が運動量の流れとなって流体内を移動することを意味している。このとき，右辺の速度勾配に流体の密度 ρ[kg/m^3] を掛けたものは，運動量濃度勾配 $d(\rho u)/dy$(単位体積あたりの運動量の勾配)を表わすことから，このときの比例係数を ν とすれば，式(3・1)は

$$\tau = -\nu \frac{d(\rho u)}{dy} \qquad (3 \cdot 2)$$

と書き直すことができる。この比例係数 ν は式(3・1)と比較すると明らかなように μ/ρ に等しく，これを動粘度(kinematic viscosity)とよぶ。その次元は面

積/時間で SI 単位系では m²/s である†。上式の物理的な意味は，運動量濃度の勾配に比例して運動量が移動することを表わしており，運動量の動きを熱や物質の移動現象と比較する際に重要な物理量である。

3・1・2 流　量

装置内を流体が流れているとき，単位時間あたりに流体が流れる量を流量(flow rate)とよび，体積で表わしたものを体積流量(volumetric flow rate) v [m³/s]，質量で表わしたものを質量流量(mass flow rate) w [kg/s] という。単に流量といえば普通は体積流量をさす。

いま，一定の断面積をもつ管の中を一定の流量で流体が流れているとき管壁に接している流体の速度は 0 であるので，半径方向のいろいろな位置によって流れの速さは異なり，管の中心で流速(velocity of flow)は最大になっている。そこで，体積流量を管の断面積 A [m²] で割ったものを平均流速または単に流速 $\bar{u}$ [m/s] とよび，その流れの代表速度としている。流速に密度 ρ [kg/m³] を掛けたものを質量速度(mass velocity) G [kg/m²·s] という。これら各流速と流量の間にはつぎの関係がある。

$$w = \rho v = \rho \bar{u} A = GA \tag{3・3}$$

3・1・3　流体の保有するエネルギー(ベルヌーイの定理)

流体のもつ機械的エネルギーには，運動エネルギー，位置(ポテンシャル)エネルギーおよび圧力によるエネルギーの形態がある。これらの総和は，他の形態のエネルギーたとえば熱エネルギーへの転換が起きないかぎり一定に保たれる(エネルギー保存則)。この関係を非圧縮性流体について式で表わしたものがベルヌーイ(Bernoulli)の定理である††。すなわち，温度一定のとき単位質量あたりの流体がもつエネルギー([J/kg]=[m²/s²])はつぎの式で与えられる†††。

$$\frac{p}{\rho} + gh + \frac{u^2}{2} = 一定 \tag{3・4}$$

管内の流れにベルヌーイの式を適用すると，平均流速 $\bar{u}$ を用いて，

---

† CGS 単位系では動粘度の単位は cm²/s で，これをストークス(stokes)とよび St と表記する。その 1/100 はセンチストークス(cSt)とよばれる。
†† 100 m/s 以下の速度では圧縮性流体に適用してもさしつかえない。
††† 工学単位系では圧力の単位として P [kgf/m²] を用い，重力換算係数 $g_c = 9.81$ kg·m/kgf·s² によって SI 単位系の圧力 p [Pa] に置き換えられる。すなわち $p = g_c P$。このとき，式(3・4)は，

$$\frac{P}{\rho} + \frac{gh}{g_c} + \frac{u^2}{2g_c} = 一定$$

となる。すべての項が(長さ)×(g/g_c) の単位で表わされ，また $g = 9.81$ m/s² であるので数値的に $g/g_c = 1$ であることから各項は高さの意味をもつため，頭またはヘッド(head)とよんでいる。したがって，上式の第1項は圧力頭，第2項はポテンシャル頭，第3項は速度頭とよばれている。

3・1 流体とその流れ

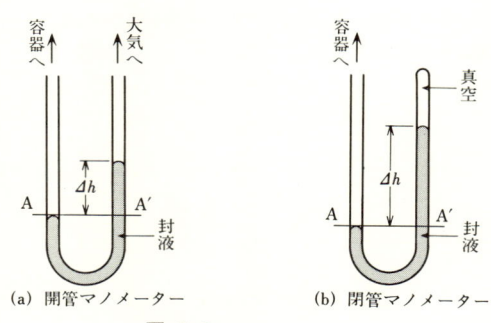

図 3・3 マノメーター
(a) 開管マノメーター
(b) 閉管マノメーター

$$\frac{p}{\rho} + gh + \frac{1}{2}\alpha \bar{u}^2 = 一定 \tag{3・5}$$

と表わせる。α は管内に速度分布があることによる補正因子で，後で述べるように層流では $\alpha=2$，乱流では近似的に $\alpha=1$ とおける。実際に，工業では乱流となっていることが多く，以下では乱流を前提とするときは α を省略する。式(3・4)または式(3・5)は速度や流量の測定原理として重要である。

静止流体ではベルヌーイの式中の速度の項は省けるので，点1と点2の間ではつぎの関係が得られる。

$$\frac{p_1}{\rho_1} + gh_1 = \frac{p_2}{\rho_2} + gh_2 \tag{3・6}$$

図3・3のマノメーターはこの関係を利用して，圧力差を液柱の高さの差に変えて測定するものである。ただし $\Delta h = h_2 - h_1$ で左側を点1，右側を点2と考える。動いている流体では式(3・6)に運動エネルギーの項が加わる。その式を利用する例に，3・4節で述べるオリフィスメーターなどの流量測定装置がある。

例題 3・1 大気圧(101.3 kPa)の大気の圧力が 100.0 kPa に低下し，その圧力変化した分のエネルギーが全て運動エネルギーに変わったとすると，風速は何 m/s になるかを求めなさい。ただし温度は20℃とし，高さの変化はないものとする。

【解】 式(3・5)から，大気圧では速度 $\bar{u}_1 = 0$ m/s として以下の式がなりたつ。

$$p_1 - p_2 = \rho_2 \bar{u}_2^2 / 2$$

これに数値を代入すると，

$$p_1 - p_2 = 1.3 \text{ kPa} = 1.3 \times 10^3 \text{ Pa}$$
$$\rho_2 = 29.0 \times 10^{-3} \cdot (1/22.4 \times 10^{-3}) \cdot (1000/1013) \cdot (273/293) = 1.19 \text{ kg/m}^3$$

これより，

$$\bar{u} = \sqrt{2(p_1 - p_2)/\rho_2} = (2 \times 1.3 \times 10^3 / 1.19)^{1/2} = 46.7 \text{ m/s}$$

例題 3・2 図3・4(a)のように水を入れたタンクの水面から深さ1mの点にある孔から流出する水の速度を求めなさい。

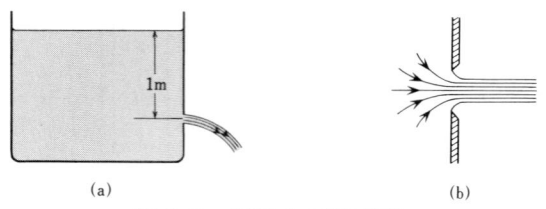

図 3・4 水槽からの液の流出

【解】 水面を点1，深さ h の孔の位置を点2とすれば，式(3・5)から，

$$\frac{p_1}{\rho_1}+gh_1+\frac{\bar{u}_1^2}{2}=\frac{p_2}{\rho_2}+gh_2+\frac{\bar{u}_2^2}{2}$$

が得られる。ここで，$p_1=p_2$ (=大気圧) $h_1-h_2=h$ の関係を用い，さらに液面の低下速度 $\bar{u}_1$ は流出速度 $\bar{u}_2$ に比べて十分小さいとすると，$gh=\bar{u}_2^2/2$ となる。
したがって，

$$\bar{u}_2=\sqrt{2gh}=\sqrt{2\times9.81\times1.0}=4.4 \text{ m/s}$$

これは，ものが高さ h の点から自由落下する場合の速度と同じで，トリチェリーの定理といわれているものである。実際には粘性の影響のために噴出する水の平均速度は $\sqrt{2gh}$ よりわずかに低くなる。また，(b)のように孔の角がとがっている場合は，縮流(vena contracta)といって流れの断面積は孔の面積より小さくその0.6倍程度となっているので補正が必要である。

3・1・4 流体のエネルギー保存則

流路に沿った任意の2ヶ所を通過する流体のもつエネルギーは，その間で加えられた熱 q や仕事 W' を考慮すれば保存されている。図3・5に示すような流路についてこのことは次式で表わされる。

$$\underbrace{\frac{p_1}{\rho_1}}_{\substack{\text{圧力の}\\\text{エネルギー}}} + \underbrace{gh_1}_{\substack{\text{位置の}\\\text{エネルギー}}} + \underbrace{\frac{\bar{u}_1^2}{2}}_{\substack{\text{運動}\\\text{エネルギー}}} + \underbrace{E_1}_{\substack{\text{内部}\\\text{エネルギー}}} + \underbrace{q}_{\substack{\text{加えた}\\\text{熱エネルギー}}} + \underbrace{W'}_{\text{なした仕事}}$$

$$=\frac{p_2}{\rho_2}+gh_2+\frac{\bar{u}_2^2}{2}+E_2 \quad (3\cdot7)$$

式(3・7)の各項はいずれも単位質量あたりの流体エネルギー量[J/kg]の単位をもっている。この式を利用しやすい形に変えるためにつぎのように考える。系に加えられた熱エネルギー q と粘性の作用によって熱エネルギーに変わったエネルギーの量 F（これを(内部)摩擦による損失，摩擦損失という）の和は，流体

3・1 流体とその流れ

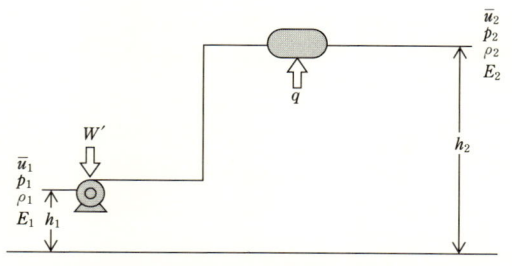

図3・5 ポンプ(W')と熱交換器(Q)をもつ流路

の内部エネルギーの増加と膨張による仕事の和に等しいことから，

$$q + F = (E_2 - E_1) + \int_{v_1}^{v_2} p\, dv \tag{3・8}$$

が導かれる。ここで $v\,[\mathrm{m^3/kg}]$ は比容積で密度 ρ の逆数に等しい。これを式(3・7)に代入して，$p_2 v_2 - p_1 v_1 = \int_{v_1}^{v_2} p\, dv + \int_{p_1}^{p_2} v\, dp$ の関係を用いるとつぎの機械的エネルギーの収支式が得られる。

$$gh_1 + \frac{\bar{u}_1^2}{2} + W' = gh_2 + \frac{\bar{u}_2^2}{2} + \int_{p_1}^{p_2} v\, dp + F \tag{3・9}$$

非圧縮性流体に対しては ρ を一定として，

$$\frac{p_1}{\rho} + gh_1 + \frac{\bar{u}_1^2}{2} + W' = \frac{p_2}{\rho} + gh_2 + \frac{\bar{u}_2^2}{2} + F \tag{3・10}$$

と書き表わせる。そこで式(3・10)から W' を計算してそれに質量流量 $w\,[\mathrm{kg/s}]$ を掛ければ，輸送に必要な動力 $W'w\,[\mathrm{J/s}] = [\mathrm{W}]$ が求められる。

例題 3・3　図3・6のようにポンプを用いてタンク A からタンク B へ密度 1.2×10^3 kg/m³ の液を汲み上げている。汲み上げる高さは 10 m で，内径 30 mm の管を用いている。管内の平均流速を 3.5 m/s としたとき，F は 150 m²/s² であったとすると，ポ

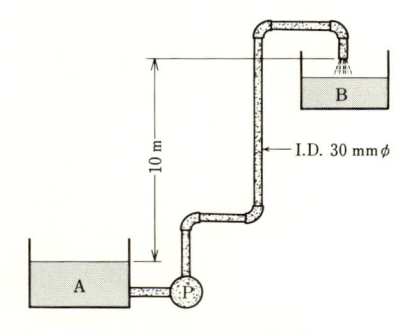

図3・6 例題3・3の説明図

ンプによって液に与えられた動力はいくらになるか求めなさい。

【解】　式(3·10)に，$p_1=p_2$(＝大気圧)，$\rho=1.2\times10^3$ kg/m^3，$h_2-h_1=10$ m，$F=150$ m^2/s^2，$\bar{u}_1\fallingdotseq 0$，$\bar{u}_2=3.5$ m/s を代入して，

$$W'=10\times9.8+\frac{3.5^2}{2}+150=2.54\times10^2 \text{ m}^2/\text{s}^2$$

質量流量は $w=(\pi/4)(0.030)^2(3.5)(1.2\times10^3)=2.97$ kg/s であるので求める動力は，

$$W'w=(2.54\times10^2)(2.97)=7.54\times10^2 \text{ W}$$

3·1·5　流れの性質

　配管内の流体の平均速度の決定方法をつぎに考える。式(3·5)では流れの速度分布が一様でないことによる補正因子が導入されたように，管内を流れる流体の様子はこれまで述べてきたエネルギー収支に大きな影響を与えている。

　イギリスの工学者レイノルズ(O. Reynolds)は，図3·7に概略を示したように大きな水槽の中にガラス製の円管を置いて，その中を流れる水の速さと流れの様子を観察した。水の流速は装置の右側に見える管を傾斜させて水の出口高さを変えることで制御し，流れの様子は注入したインクを観察することで行なった。流速が低いときは図3·8(a)のようにインクは細い線となってまっすぐに流れるが，流速がある値を越えると(b)のようにインクは乱れて広がる。(a)の流れは層流(laminar flow)，(b)の方は乱流(turbulent flow)とよばれる。この流れの状態を決める条件についてレイノルズは流体の種類，管径，流速をいろいろに変えて実験した結果，

　　　(管径:D)×(平均速度:$\bar{u}$)×(密度:ρ)/(粘度:μ)　　($=D\bar{u}\rho/\mu$)

で与えられる無次元量によって支配されることを確かめた。この無次元量をレイノルズ数(Reynolds number)とよび，Re と略記する。

　層流から乱流またはその逆の乱流から層流への遷移が生じるレイノルズ数を臨界(critical)レイノルズ数とよび，管の形状や表面の粗さが同じならば，臨界レイノルズ数は一定の値をとり，平滑な円管の場合はつぎのようになる。この関係は気体，液体を問わずニュートン流体に対して成り立つ。

$$Re<2100 \text{ で 層流}$$
$$Re>4000 \text{ で 乱流}$$

　Re が2100と4000の間は遷移域(transition region)とよばれ，乱れの発生が不安定な領域であるが，流れは層流か乱流のいずれかの様子を示す。

　レイノルズの実験でみたように，層流では流体の流れは平均の流れの方向に平行に並んでいるのに対し，乱流では乱れて渦が発生し様々な方向の速度成分がみられる。管内の各部分の速度，すなわち流れの進行方向の平均の速度成分と半径方向の位置との関係は，図3·9のような分布を示す。(a)の層流では速

3·1 流体とその流れ

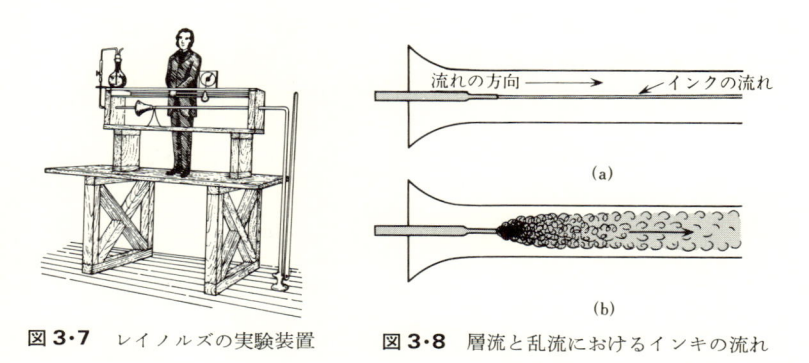

図 3·7 レイノルズの実験装置

図 3·8 層流と乱流におけるインキの流れ

(a) 層流　　$\bar{u} = \frac{1}{2} u_{max}$

(b) 乱流

乱流部
遷移層
層流底層
固体壁

図 3·9 層流と乱流の速度分布と固体壁近傍の流れの様子

度と半径方向の位置との関係は3·2節で導かれるように放物線で描かれ，もっとも速い中心での流速 u_{max} は平均速度の2倍である．これに対して，(b)の乱流では中心部分に速度分布はなく，平均速度は中心部の U_{max} の 0.81～0.83 倍程度となっている．

　乱流では，流体の微小部分は渦となって半径方向にも動いて他の部分の流体と混合しあっている．しかし壁の近くではこのような乱れがなく，流れは壁に平行である．この壁面に沿った流体の薄い層を層流底層(laminar sublayer)といい，模式的に示すと固体壁付近の流れの状態は(c)のようになっていて，大きな速度変化が生じている．

例題 3·4　　大気圧下で，内径 10.0 cm の円管内を毎分 2.0 m³ 流れる 25 ℃ の空気の流れは乱流か層流か判定しなさい．ただし 25 ℃ の空気の粘度は 1.83×10^{-5} Pa·s である．

【解】 レイノルズ数は無次元数であるから，統一した単位を用いればどのような単位系によって計算してもよい．SI 単位系では理想気体として，
$$\rho = (29/0.0224)(273/(273+25)) = 1.19 \text{ kg/m}^3$$
また，
$$\bar{u} = (流量)/(断面積) = (2.0/60)/\pi/(0.10/2)^2 = 4.24 \text{ m/s}$$
したがって，レイノルズ数は
$$Re = \frac{D\bar{u}\rho}{\mu} = \frac{0.100 \times 4.24 \times 1.19}{1.83 \times 10^{-5}} = 2.76 \times 10^4 \quad (>4000)$$
であるので，流れは乱流である．

3・2 管内の流れと摩擦損失

3・2・1 円管内層流

ニュートン流体が円管内を層流で流れるときの流速と圧力降下 Δp との関係は重要である．ある圧力差のもとで同一太さの水平管内を流れる非圧縮性流体を想定すると，式(3・10)は次のように簡略化できる．
$$F_f = p_1/\rho - p_2/\rho = \Delta p/\rho \tag{3・11}$$
すなわち，圧力降下に相当する量のエネルギーが摩擦によって熱エネルギーに変わったことを示している．ただし，式(3・8)では熱エネルギーに変換するすべての機械的エネルギーを F とおいたが，ここでは管壁との摩擦による機械的エネルギーの損失のみを考えているので記号を F_f としている．この場合の流量と圧力降下の関係を流体に作用する力の差から導いてみよう．

流体内に図 3・10 のような半径 r 長さ L の体積要素をとり，これに作用する力(=応力×面積)を考える．この体積要素に作用する力はつぎの二つである．

（1） 圧力差によって流体に加えられる力　　$(p_1-p_2)\pi r^2 = \Delta p \pi r^2$
（2） 粘性による流体を止めようとする力　　$2\pi r L \tau$

定常的な流れではこの二つの力はつり合っているので，
$$\Delta p \pi r^2 = 2\pi r L \tau \tag{3・12}$$

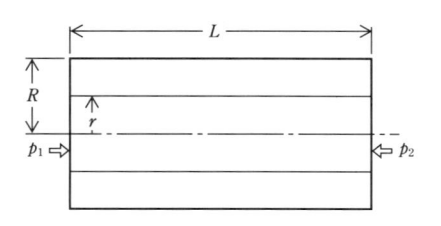

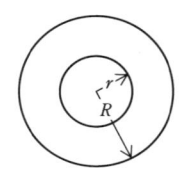

図 3・10　円管内層流の解析

3・2 管内の流れと摩擦損失

すなわち，

$$\tau = \frac{r\Delta p}{2L}$$

管内の任意の半径位置 r での速度を $u(r)$ とすると，式(3・1′)より $\tau = -\mu(du(r)/dr)$ であるから，これを式(3・12)に代入して整理すると，

$$-\mu \frac{du(r)}{dr} = \frac{r\Delta p}{2L} \tag{3・13}$$

となり，$r=R$(壁面)で $u=0$ の境界条件を用いると，

$$u(r) = \frac{\Delta p}{4\mu L}(R^2 - r^2) = u_{max}\left(1 - \left(\frac{r}{R}\right)^2\right) \tag{3・14}$$

の速度分布式が得られる。これは先に述べたように，円管内を層流で流れる流体の速度分布は放物線状であることを示している。ここで最大速度は $r=0$ のところ(管の中心位置)で与えられるので，これを u_{max} とおいてある。

$$u_{max} \equiv \frac{\Delta p R^2}{4\mu L} \tag{3・15}$$

式(3・14)から体積流量 v [m³/s] を求めると，

$$v = \int_0^R 2\pi r u(r) dr = \frac{\pi R^4}{8\mu} \frac{\Delta p}{L} = \frac{\pi R^2 u_{max}}{2} \tag{3・16}$$

平均速度はこれを断面積(πR^2)で割って得られるので，

$$\bar{u} = \frac{R^2}{8\mu} \frac{\Delta p}{L} = \frac{\Delta p D^2}{32 \mu L} = \frac{1}{2} u_{max} \tag{3・17}$$

すなわち中心における最大流速 u_{max} の半分となっている。式(3・17)を直径 D ($=2R$) で表わし，式(3・11)に代入して整理すると，円管内層流における圧力降下(圧力損失)を表わすつぎのハーゲン-ポアズイユの式(Hagen-Poiseulle's equation)が得られる。

$$F_f = \frac{\Delta p}{\rho} = \frac{32\mu L \bar{u}}{D^2 \rho} \tag{3・18}$$

例題 3・5 内径 2.0 cm の円管を用いて，0 ℃のエチレングリコールを毎分 15 l の流量で 30 m 輸送するときの圧力損失 [Pa] を求めなさい。ただしエチレングリコールの密度は 1.12×10^3 kg/m³ とする。

【解】 付録7.のノモグラフを用いると，0 ℃におけるエチレングリコールの粘度は (48 cP であるから) 4.8×10^{-2} Pa・s。

また平均速度は $\quad 15 \times 10^{-3}/60 \pi/(0.01)^2 = 0.796$ m/s

レイノルズ数は $\quad Re = 0.002 \times 0.796 \times 1.12 \times 10^3/(4.8 \times 10^{-2}) = 371$

これより流れは層流であるから，式(3・18)を用いて圧力降下を計算できる。

$\quad \Delta p = 32 \mu L u/D^2 = 32 \times 4.8 \times 10^{-2} \times 30 \times 0.796/0.02^2 = 9.17 \times 10^4$ Pa

例題 3·6 図3·11のように，垂線となす角度 θ で斜めにおいた平板上を単位幅あたり流量 v で液体を流下させるとき，平板上の液の厚さ Y を表わす式を誘導しなさい。

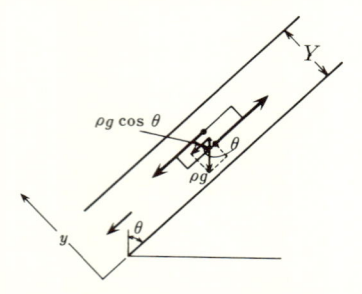

図 3·11 平板斜面上を流下する流体の流れと力の釣合い

【解】　図の長方形の微小体積要素 $\Delta x \Delta y \Delta z$ に作用する力は，重力の流れ方向成分と体積要素の上面と下面に働くせん断応力の差でこれらがつり合っているので，

$$\Delta x \Delta y \Delta z (\rho g \cos\theta) = \Delta x \Delta z \tau|_y - \Delta x \Delta z \tau|_{y+\Delta y} \tag{1}$$

微分の定義から，

$$\rho g \cos\theta = -\lim_{\Delta y \to 0} \frac{(\tau|_{y+\Delta y} - \tau|_y)}{\Delta y} = -\frac{d\tau}{dy} \tag{2}$$

$y = Y$ の液表面で液は空気と接触しているので，空気から受けるせん断応力は無視できるとして，式(2)を積分すると，

$$\tau = \rho g \cos\theta (Y - y) \tag{3}$$

ここで，式(3·1′)を代入すると，

$$\frac{du}{dy} = \frac{\rho g \cos\theta (Y-y)}{\mu} \tag{4}$$

これを，$y=0$ で $u=0$ の境界条件を用いて積分すると，次の速度分布式が得られる。

$$u = \frac{\rho g \cos\theta}{\mu}\left(Yy - \frac{y^2}{2}\right) \tag{5}$$

この場合も円管内の層流と同じく，放物線状の速度分布をもっていることがわかる。

液膜の厚さを知るには，単位幅あたりの体積流量 v がわかっていることを利用する。体積流量は速度分布を厚さ方向に積分すればよいので，

$$v = \int_0^Y u\,dy = \frac{\rho g \cos\theta}{\mu}\left[\frac{Yy^2}{2} - \frac{y^3}{6}\right]_0^Y = \frac{\rho g \cos\theta}{3\mu} Y^3$$

これから，$Y = \left(\dfrac{3\mu v}{\rho g \cos\theta}\right)^{1/3}$ となって，液膜の厚さは体積流量の他に動粘度 (μ/ρ) と傾斜角 (θ) によって決まることを表わしている。

3·2·2　円管内乱流

（a）管摩擦係数　円管内の乱流では，流体の大部分はほぼ同じ速さで流れている。経験的にこの速度分布は1/7乗則とよばれる次式で表わせることが

知られている。

$$u(r) = U_{max}\left(1-\frac{r}{R}\right)^{1/7} \qquad (3\cdot19)$$

このとき，平均速度は，

$$\bar{u} = 0.817\,U_{max} \qquad (3\cdot20)$$

で与えられ，管中心部の最高速度の約82％であって層流の場合とは異なっている。

さて，乱流では摩擦によるせん断応力 τ [Pa] は平均速度の2乗にほぼ比例することが経験的に知られている。したがって無次元となるように次式で管摩擦係数(friction factor)f [—] を定義する。

$$f = \frac{\tau}{\frac{1}{2}\rho\bar{u}^2} \qquad (3\cdot21)$$

すなわち，単位表面積あたりに作用する力と単位体積あたりの運動エネルギーの比として定義されている。このとき，式(3・12)で $r = R$ とおいて，

$$\tau = \frac{\Delta p R}{2L} \qquad (3\cdot22)$$

これに式(3・11)の関係 $F_f = \Delta p/\rho$ を代入して，

$$\tau = \frac{F_f \rho R}{2L} = \frac{F_f \rho D}{4L}$$

これと式(3・21)を等しいとおいて整理すると次のファニングの式(Fanning's Equation)が得られる。

$$F_f = 4f\left(\frac{\bar{u}^2}{2}\right)\left(\frac{L}{D}\right) \qquad (3\cdot23)$$

この式とハーゲン-ポアズイユの式(式(3・18))から層流では，

$$f = 16/Re \qquad (3\cdot24)$$

を導くことができ，実験結果とよく合うことが知られている。

さて，乱流では f の値は実験的に定められ，レイノルズ数の関数であるばかりでなく管の表面の粗さによっても影響される。f の実測値に基づく相関を図 3・12 に示す。乱流域では管の表面が平滑なほど f の値は小さい。例えばガラス管や銅管は平滑間とみなしてよく，この場合図中の曲線の代わりに，f の相関式として次のブラジウス(Blasius)の式も用いられる。

$$f = 0.0791 Re^{-1/4} \qquad (3\cdot25)$$

鋼管や鋳鉄管では表面に凹凸があってやや粗く，粗面管と呼ばれ，Re が同じ時は平滑管より f の値が大きい。表面の粗度(roughness)は表面の凹凸の高さを ε，管径を D とするとき，ε/D で表わされる。ガス管とよばれる配管用

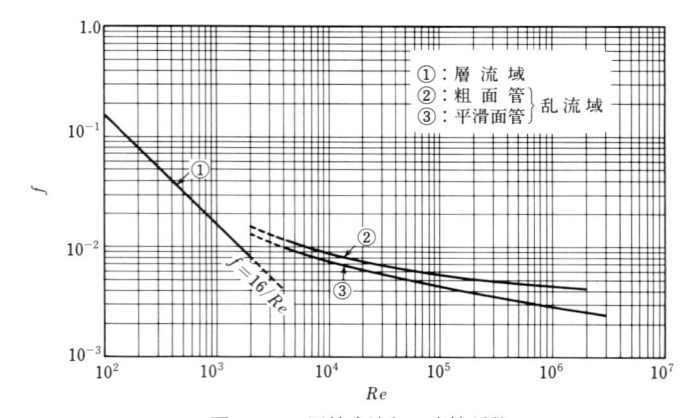

図 3・12 円管内流れの摩擦係数

普通鋼管では ε の値はほぼ 0.05 mm である。層流の場合は，ε/D の値がきわめて大きい場合以外は，摩擦係数に及ぼす ε/D の影響はない。

例題 3・7 直径 10 cm の平滑管内を，大気圧，20 ℃ の空気が平均流速 1.2 m/s で流れるとき，管長 100 m あたりの圧力損失はいくらになるかを求めなさい。
【解】 20 ℃ の空気の物性値は，$\mu=1.81\times10^{-5}$ Pa·s，$\rho=1.21$ kg/m³ であるから，$D=0.10$ m として
$$Re=0.10\times1.2\times1.21/(1.81\times10^{-5})=8.02\times10^3$$
これより流れは乱流である。図 3.12 から平滑面管の f の値を読むと，
$$f=0.0080$$
式(3・23)を用いて，
$$F_f=4f(\bar{u}^2/2)(l/D)=4\times0.0080\times(1.2^2/2)\times(100/0.1)=23.0 \text{ J/kg}$$
従って，$\Delta p=F_f\rho=23.0\times1.21=27.9$ Pa

（b）相似則 流体は他から外力が働かなければ慣性によって流れ続け，機械的エネルギーは保存されるはずであるが，実際には摩擦すなわち粘性の働きによって流体のもつ運動エネルギーは次第に失われ，熱エネルギーに変わってゆく。流速が大きいときすなわち慣性力が大きいときには，流体に粘性力が働いてもその効果は比較的小さい。レイノルズ数 Re の物理的意味はこの慣性力と粘性力の比の大小を表わすといえる。このことは Re を変形してみると導き出せる。
$$Re=\frac{\rho u D}{\mu}=\frac{\rho u u}{\mu \dfrac{u}{D}}$$

$$= \frac{\text{単位体積あたりの流体がもつ単位面積あたりに作用する慣性力}}{\text{単位面積あたりの粘性力}} \quad (3\cdot26)$$

二つの幾何学的に相似な流れ,すなわち流路の形が相似な流れについてレイノルズ数が等しいということは,それらの流れについては慣性力に対する粘性力の効果が等しいということを意味する。このとき二つの流れは力学的相似にあるという。幾何学的に相似な流れでは流体の種類,物性の違いにかかわらず,同一の臨界レイノルズ数で層流から乱流への遷移が生じ,また同一のレイノルズ数では同じ摩擦係数の値をとる。

相似則は工学上きわめて重要な法則で,これを利用すれば,(1)水や空気のような身近な流体を用いた実験から,他の流体を用いる場合の圧力損失などが計算でき,(2)小規模な模型実験から大規模装置の計算ができる。これはスケールアップの基本概念である。この手法を用いれば大規模な装置の開発に必要な時間を短縮し,経費を節約することが可能なことが実証されている。しかし,実際のプラントでは流体の輸送の他に加熱や化学反応が起こるので,流体の流れについての力学的相似だけではなく,伝熱速度や物質移動速度,反応速度を考慮した装置設計が必要となる。このために,数段階に分けてスケールアップを行ない,最終的に実規模の装置を設計する必要がある。

3・2・3 管路内の流れにおける各種の圧力損失と輸送動力

(a) 管路の形状変化による損失 実際の装置やプラントでは配管はまっすぐとは限らず,太さが変わったり流路が曲がったりしている。このようなところでは流れに渦(vortex)が発生して機械的エネルギーが失われる(最終的には熱エネルギーに変換する)が,ファニングの式を導いた際にはこのことは考慮していなかった。一方,機械的エネルギーの式の誘導に際しては,機械的エネルギーから熱エネルギーへのすべての変化を考えた。すなわち,式(3・9)中の F は管壁での摩擦による機械的エネルギーの損失(F_f)のほかに,上述の原因による機械的エネルギー損失(F_i)を加え合わせたものであるということができるので,配管系の計算にはこのことを考慮しなくてはならない。したがって,

$$F = F_f + \sum F_i \quad (3\cdot27)$$

F_i には図3・13に示すような管路の急激な縮小(a)によるエネルギー損失 F_c や,拡大(b)によるエネルギー損失 F_e があり,それぞれ次式で表わされる。

$$F_c = K(u_2^2/2) \quad (3\cdot28)$$
$$F_e = (u_1 - u_2)^2/2 \quad (3\cdot29)$$

ここに K の値は,管路の断面積比(A_2/A_1)によって図3・14に示すように変化する。

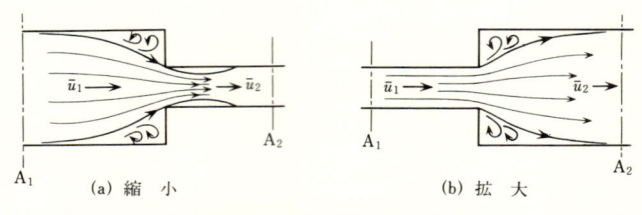

図 3・13 管路断面積の急激な変化

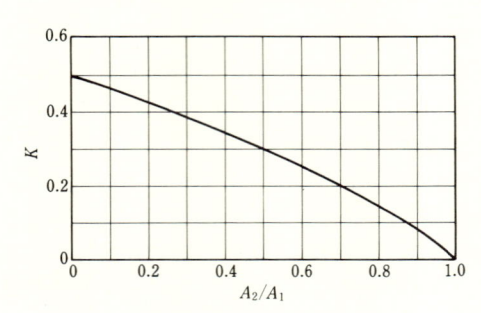

図 3・14 縮流係数 K

式(3・29)の誘導　管路の急激な拡大によるエネルギー損失は次のように導くことができる。図3・13(b)の断面 A_1, A_2 についてみるとこの間で摩擦による圧力損失がないとするとベルヌーイの式により，

$$p_2 = p_1 + \rho(\bar{u}_1^2 - \bar{u}_2^2)/2 \tag{1}$$

となるが，実際には p_2' となるとしよう。さて断面 A_1, A_2 の間で運動量の収支をとると，

$$\rho_1 A_1 \bar{u}_1^2 - \rho_2 A_2 \bar{u}_2^2 = \rho_2 A_2 \bar{u}_2(\bar{u}_1 - \bar{u}_2) \tag{2}$$

だけ減少している(連続した流れでは流量 $\rho A u$ は一定であることを用いている)。運動量の時間的変化は力に等しいことから，単位断面積あたりでは，

$$p_2' = p_1 + \rho \bar{u}_2(\bar{u}_1 - \bar{u}_2) \tag{3}$$

となり，式(1)と式(3)から，

$$p_2 - p_2' = \rho(\bar{u}_1 - \bar{u}_2)^2/2 \tag{4}$$

となり，式(3・11)の関係を用いると式(3・29)の関係式が得られる。

　管路の圧力損失は，図3・15に示すような継手や弁などの管挿入物によっても生じる。この場合，生じる損失に等しい損失を与える直管の相当長さ L_e を用いて表わす方法がある。すなわち，管内径を $D[\mathrm{m}]$ とすると

$$L_e = nD \tag{3・30}$$

表3・1に示した係数 n の値を用いて管路に含まれる挿入物の全相当長さの和を

3・2 管内の流れと摩擦損失

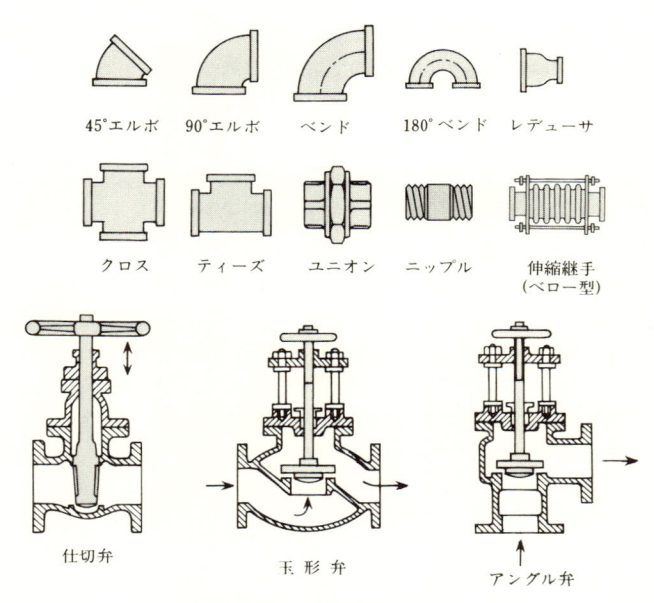

図 **3・15** 管継手および弁

表 **3・1** 管付属品の n 値 $(n=L_e/D)$

管付属品	n	管付属品	n
45°エルボ	15	仕切弁(全開)	~7
90°エルボ	20~32	仕切弁(半開)	200
リターンベンド	50~75	玉形弁(全開)	300
ティーズ	60~90	アングル弁(開)	170
ユニオン	~0	流量計(容積形)	300~600

求めてファニングの式に代入し,対応するエネルギー損失 F_a を算出する。

このとき,式(3・27)は

$$F_f + \Sigma F_i = F_f + F_c + F_e + F_a \tag{3・31}$$

となる。これより計算にあたっては,$F_f + F_a$ すなわち摩擦によるエネルギー損失と管挿入物による損失の両者の和を,相当長として全管長と足し合わせた上でファニングの式に代入し,一括して算出することができる。

なお実際の装置の設計にあたっては,流体輸送のため管径を大きくすると圧力損失は小さくなるが,設備費が増す。一方管径を小さくすると摩擦損失が大きくなるために輸送動力が増すことになる。したがって,これらを考慮して総

経費がもっとも低くなるように管径を選ぶ必要がある。また，流体は摩擦係数が小さな乱流域で輸送するのが一般的である。

　（b）輸送動力　3・1・4で述べたように，機械的エネルギーの各項の値がわかれば，式(3・10)からW'[J/kg]を求めて，質量流量w[kg/s]との積から，輸送に必要な動力[J/s]＝[W]を算出することができる。

例題 3・8　2B配管用鋼管で20℃の水を10 mの高さにあるタンクへ毎時10 t輸送したい。相当長さを含めて300 mを輸送するときの理論所要動力を求めなさい。また，ポンプおよびモーターの総合効率を65％としたときの必要動力を求めなさい。

【解】　配管用鋼管の規格は表3・2に与えられている。2B管は内径がおよそ2インチであることに由来するよび名であり，実際の内径Dは52.9 mmである。また，水の密度と粘度はそれぞれ1000 kg/m³，0.0010 Pa·sとしてよい。このとき，式(3・10)は，$p_1=p_2$，$h_1=0$ m，$h_2=10$ m，$\bar{u}_1=\bar{u}_2$であるので，

$$W'=gh_2+F$$

となる。体積流量は10 m³/h＝2.78×10^{-3} m³/sであるので，平均流速はこれを断面積で割って，

$$\bar{u}=2.78\times10^{-3}/\{(\pi/4)(52.9\times10^{-3})^2\}=1.26 \text{ m/s}$$

と求められ，また，質量流量は$w=2.78$ kg/sである。このとき，

$$Re=6.67\times10^4$$

であって，乱流であるから図3・12の粗面管の曲線によって$f=0.0059$と求められるので，式(3・23)より

$$F=4\times0.0059(1.26^2/2)(300/52.9\times10^{-3})=1.06\times10^2 \text{ J/kg}$$

表 3・2　配管用炭素鋼鋼管（ガス管）規格　（JIS G 3452）

管のよび方		外 径 [mm]	厚 さ [mm]	近似内径 [mm]	重 量 [kg/m]
(A)	(B)				
6	⅛	10.5	2.0	6.5	0.419
8	¼	13.8	2.3	9.2	0.652
10	⅜	17.3	2.3	12.7	0.885
15	½	21.7	2.8	16.1	1.31
20	¾	27.2	2.8	21.6	1.68
25	1	34.0	3.2	27.6	2.43
32	1¼	42.7	3.5	35.7	3.38
40	1½	48.6	3.5	41.6	3.89
50	2	60.5	3.8	52.9	5.31
65	2½	76.3	4.2	67.9	7.47
80	3	89.1	4.2	80.7	8.71
90	3½	101.6	4.2	93.2	10.1
100	4	114.3	4.5	105.3	12.2

が得られる．したがって，
$$W' = 9.81 \times 10 + 1.06 \times 10^2 = 2.04 \times 10^2 \text{ J/kg}$$
理論動力は，
$$W'w = 2.04 \times 10^2 \times 2.78 = 5.67 \times 10^2 \text{ W}$$
効率65％のときの必要動力 $= 5.67 \times 10^2 / 0.65 = 8.7 \times 10^2$ W

3・3 装置内の流れ

3・3・1 非円形断面の流路内の流れ

　流体の輸送は円管を用いて行なわれることが多いが，断面が長方形の矩形ダクトや環状の流路などの非円形断面の流路が用いられることもある．また，いろいろな操作が行なわれる化学装置類は複雑な形をしており，それらについて圧力損失を計算する必要がある．ここでは断面形状が円形でない場合の流路の圧力損失について述べる．

　円形でない断面をもつ流路では，円管における直径の代わりに式(3・32)によって定義される相当直径(equivalent diameter) D_e を用いてレイノルズ数を計算すれば，円管に関する式をそのまま用いることができる．

$$D_e = 4 \frac{\text{流路の断面積}}{\text{ぬれ辺長}} \tag{3・32}$$

ここで，ぬれ辺長または浸辺長(wetted perimeter)とは流路の断面で流体の接している壁の長さを表わす．D_e の1/4，すなわち，(断面積)/(ぬれ辺長)を動水半径(hydraulic radius)とよび，r_H で表わす．これも D_e に代わってしばしば用いられる．

例題 3・9　図3・16に示した非円形断面をもつ流路の相当直径を求めなさい．

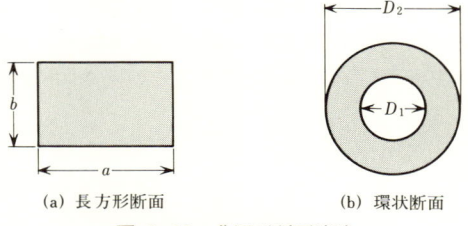

(a) 長方形断面　　(b) 環状断面

図 3・16　非円形断面流路

【解】　式(3・32)を用いて，(a)の長方形では断面積が ab，全面が流体に接しているとすれば，ぬれ辺長はすべての辺の長さの和であるから，$2a + 2b$ であるので，
$$D_e = 4 \times (ab) / (2a + 2b) = 2ab/(a+b)$$

また，(b)の環状路では同様に断面積とぬれ辺長を求めて，次式が得られる。

$$D_e = 4 \times \{(\pi/4)(D_2^2 - D_1^2)\}/\{\pi(D_2 + D_1)\} = D_2 - D_1$$

乱流域における摩擦係数の算出やファニングの式(式(3・23))の適用に際しては，こうして求められた相当直径が用いられる。

3・3・2　充塡層内の流れ：修正レイノルズ数

化学プロセスでは，充塡塔(packed column)はガス吸収塔，蒸留塔，吸着塔，固定層接触反応器などに広く用いられ，塔内の流体の流速分布とか圧力損失は大きな問題となっている。沪過においても沪さい(ケーク)層を通る流体の圧力損失が重要な問題である。ここでは装置内の流れの代表例として粒子群充塡層内の流れについて述べる。

無次元式，例えばレイノルズ数，中の D は流路断面の代表長さの意味をもつものである。円管の場合は代表長さは内径であり，非円形断面では相当直径とすることができる。しかし充塡塔の場合は，流体は充塡粒子のすき間を流れるわけであるから，代表長さとしては塔の内径よりもすき間の大きさあるいは充塡粒子の大きさをとるほうが適切である。代表長さとして粒径 d_p をとったレイノルズ数を粒子レイノルズ数とよび，$Re_p(=d_p u_0 \rho/\mu)$ で表わす。ここで，u_0 は充塡物の存在を考えずに流量を断面積で割った空塔速度(superficial linear velocity)である。

粒子群の充塡層では任意の位置での流路断面は図3・17の網カケの部分である。このような複雑な形状をもつ流路の代表長さに相当直径の考え方を適用すると

$$D_e = \frac{4 \times 断面積}{ぬれ辺長} = \frac{4 \times 充塡層単位体積あたりの空隙容積}{充塡層単位体積あたりの表面積} = \frac{4\varepsilon}{a_t} \quad (3・33)$$

と表わせる。充塡層内の流れに関しては代表長さだけでなく，流速についても選択の余地がある。この場合の速度として，空塔速度のほかに，充塡物のすき間を流れる流体の平均速度(間隙速度(interstitial velocity))を定義することができる。ε を空間率(void fraction)とするとこのとき間隙速度は u_0/ε で表わ

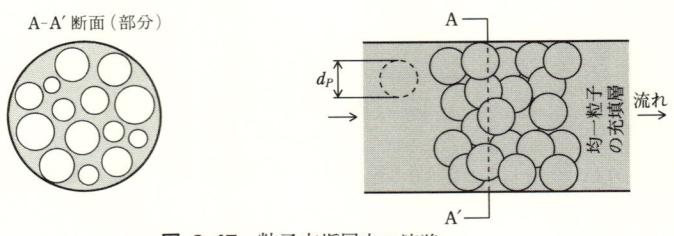

図 3・17　粒子充塡層内の流路

3・3 装置内の流れ

される。均一球形粒子のランダムな密充填では，ε はほぼ 0.37～0.40 である。そこで，代表長さとして動水半径（すなわち $D_e/4$），流速として u_0/ε をとったレイノルズ数をカルマン（Carman）のレイノルズ数（$(Re)_c$）という。

$$(Re)_c = u_0 \rho / a_t \mu \tag{3・34}$$

粒子群の比表面積 a_t は球形粒子では，

$$a_t = 6(1-\varepsilon)/d_p \tag{3・35}$$

で与えられるが，非球形粒子ではカルマンの形状係数 ϕ_c を用いて，

$$a_t = 6(1-\varepsilon)/\phi_c d_p$$

と表わせる。ただし，球形粒子では定義により $\phi_c = 1$ である（6章参照）。

また，充填層の場合の臨界レイノルズ数はつぎのようになる。

中実粒子（球，鞍型，破砕固体）：　$(Re)_c < 2.0$　で　層流
中空粒子（ラシヒリングなど）：　$(Re)_c < 0.25$　で　層流

ファニングの式（3・23）において D を $D_e = 4\varepsilon/a_t$ に，u を u_0/ε に置き換えると

$$F_f = \Delta p/\rho = f(u_0^2/2)(a_t L/\varepsilon^3) \tag{3・36}$$

したがって，層流域の摩擦係数は次式で表わされる。

$$f = 10/(Re)_c \tag{3・37}$$

式（3・36），（3・37）をコゼニー-カルマン（Kozeny-Carman）の式という。層流域では相当直径の考えは適合しないため，f は $4/(Re)_c$ にならない。

例題 3・10　粒径 0.50 mm の活性炭粒子を充填した長さ 4.0 m のカラム（充填空間率 $\varepsilon = 0.43$）に空間速度 2.0 h^{-1} で 20 °C の水を流したときの圧力損失はいくらになるか求めなさい。ただし粒子の形状係数 $\phi_c = 0.70$ とする。

【解】　空間速度（space velocity：SV）は体積流量を v，装置容積を V とするとき，SV $\equiv v/V$ で定義され，単位時間あたりに装置容積の何倍の流体が流れるかを表わすもので，反応器へ供給される流量としてよく用いられている。SV $= v/V = u_0/L$ の関係から，

空塔速度　　$u_0 = L \times$ SV $= (4.0)(2.0)$ m/h $= 2.22 \times 10^{-3}$ m/s
比表面積　　$a_t = 6(1-\varepsilon)/\phi_c d_p = 6 \times (1-0.43)/(0.7 \times 5.0 \times 10^{-4})$
　　　　　　　$= 9.77 \times 10^3$ m^{-1}　　（[m^2/m^3]）

水の粘度（$\mu = 1.0 \times 10^{-3}$ Pa·s）を用いて，

$(Re)_c = (2.22 \times 10^{-3})(1.0 \times 10^3)/((9.77 \times 10^3)(1.0 \times 10^{-3}))$
　　　$= 0.227 < 2.0$　（層流）
$f = 10/(Re)_c = 44.1$
$F_f = \Delta p/\rho = f(u_0^2/2)(a_t L/\varepsilon^3)$
　　　$= (44.1)\{(2.22 \times 10^{-3})^2/2\}(9.77 \times 10^3 \times 4.0/0.43^3)$
　　　$= 53.42$ m^2/s^2
$\therefore \quad \Delta p = 53.4 \times 1.00 \times 10^3 = 5.34 \times 10^4$ Pa

流路内のレイノルズ数のほかにも，装置内の流れに対して様々な慣用的なレイノルズ数が定義されている。たとえば，撹拌槽内の流れでは，撹拌翼径 D_s と回転数 n を用いて $D_s{}^2 n\rho/\mu$ で定義される撹拌レイノルズ数が用いられる。これは流速として撹拌翼先端が単位時間あたりに描く軌跡，つまり周速度 $\pi D_s n$ の代わりに $D_s n$ をとって表わしたものである。

3・3・3 流 動 層

充填塔では充填物自体は静止して固定層(fixed bed)をなし，その間隙を流体が流れている。流体は圧力損失を受けるが，反作用によって充填粒子は流体から抵抗を受ける。そこで流体を上向きに流し，流速を次第に増してゆくと粒子が流体から受ける力が重力を上回ったとき粒子は浮いて活発に運動し始め，層は膨張する。この状態の層を流動層(fluidized bed)という(図3・18)。

流動層は（1）粒子―流体間の物質移動速度が大きい。（2）伝熱速度が大きい。（3）固体がよく混合し一様である。（4）固体粒子の連続的な取り出しが容易，などの特徴があり，反応，乾燥，燃焼，吸着などの大型の装置に利用されている。

固体粒子が流動化し始める流速を最低流動化速度 u_{mf} という。固定層の圧力損失がコゼニー-カルマンの式(式(3・37))に従うものとすれば，u_{mf} はそれから導くことができ，次式で表わされる。

$$u_{mf} = \frac{(\phi_c D_p)^2}{180} \frac{\rho_s - \rho}{\mu} g \frac{\varepsilon_{mf}^3}{1 - \varepsilon_{mf}} \tag{3・38}$$

ここに ρ_s は固体密度，ρ は流体密度，ε_{mf} は流動化開始時の空間率である。

コゼニー-カルマンの式は層流に関する式であって，レイノルズ数の小さい範囲で適合する。したがって，実際に u_{mf} を計算するには式(3・38)による値に実験的に得られた補正係数をかけるのがよい。

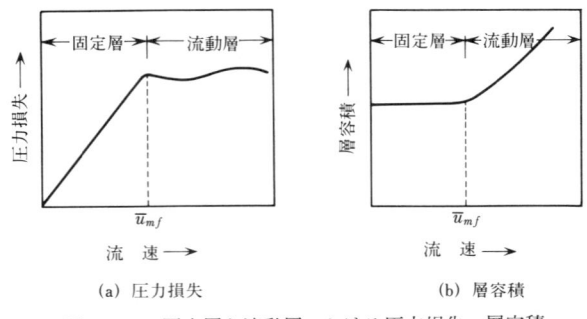

(a) 圧力損失

(b) 層容積

図 3・18　固定層と流動層における圧力損失，層容積

3・4 流量測定

3・4・1 オリフィス(流量)計

　一定の品質の製品を得るため,または所定温度に保つためなどの目的で装置に送られる流体の流量を計測し,所定の値に保つよう管理することが重要であり,そのためにいろいろな流量計が用いられている。このうち,オリフィス(流量)計(orifice flow meter)は図3・19に示すように,中心に円形の穴をあけた円板(オリフィス板)を流路に挿入し,オリフィス板の前後の圧力差から流量を測定するもので,簡単な構造の流量計であるが,広く用いられている。

　オリフィス板を通過した直後の流体の流れは絞られて流速が大きくなり,ベルヌーイの定理によって圧力の減少をもたらすので,オリフィス下流の圧力は低下する。上流側と下流側の圧力差(マノメータの読み Δh)と体積流量 v との間には次の関係が成り立つ。

$$v = C\sqrt{2g\Delta h} = \frac{C_0 A}{\sqrt{1-m^2}}\sqrt{2g\left(\frac{\rho_M - \rho}{\rho}\right)\Delta h} \qquad (3\cdot39)$$

ここに C および C_0 は流量係数(流出係数), ρ_M はマノメータ封液の密度, ρ は

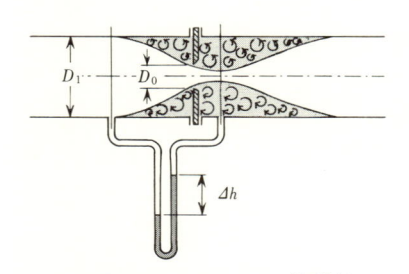

図 3・19 オリフィス流量計

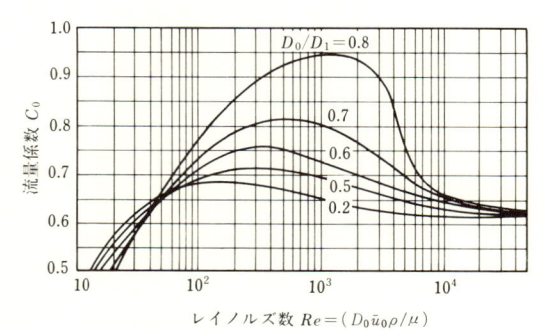

図 3・20 オリフィス計の流量係数
レイノルズ数 $Re = (D_0 \bar{u}_0 \rho / \mu)$

流体の密度，A はオリフィス孔の面積である。また，m はオリフィス孔の面積と管断面との比で開口比とよばれ，$m=(D_0^2/D_1^2)$ である。

摩擦損失や縮流効果によるベルヌーイの式からのずれは流量係数の項に含まれている。図3・20に実験的に得られた流量係数の例を示す。この場合のレイノルズ数はオリフィスの開口部に関するもので，$\bar{u}_0 = v/\{(\pi/4)D_0^2\}$ であり，D_0 はオリフィス口径を用いる。

3・4・2　その他の流量計

流量計には次の種類のものがある。

（1）**差圧流量計**　オリフィス流量計の他，ベンチュリー管，ピトー管など流路に沿っての圧力差(圧力降下)を読みとるもの。

（2）**面積流量計**　ロータメータなど。ロータメータを図3・21に示す。上方に向かってわずかに傾斜がついて広がった目盛り付きガラス管の中に回転子が浮いており，流量によって回転子が上方へ押し上げられる。回転子とガラス管の間のすき間の断面積が流量に対応するのでこの名があり，回転子の位置から流量を読みとるようになっている。回転子としては，図に示す形状の金属製フロートの他，ガラス，金属，サファイヤなどの球も用いられ浮球式流量計とよばれ，流体との密度差を利用して広い範囲の流量測定が行なえる。

（3）**容積流量計**　回転する升(マス)で流量を一定体積ずつ分けて，測りながら送り出す形式のもので，ガスメータ(図3・22)，ロータリーピストン式流量計，オーバル歯車式流量計(図3・23)，ルーツ式流量計などがある。

（4）**その他**　羽根車流量計は流体の動圧による羽根車の回転を利用する

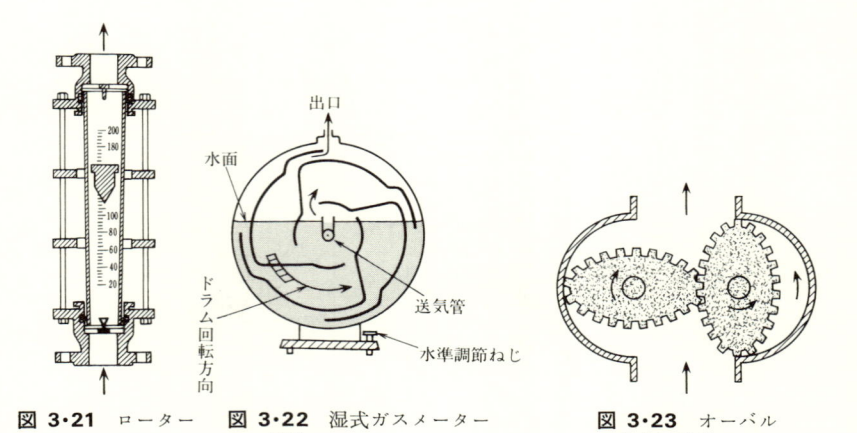

図 3・21 ローターメーター

図 3・22 湿式ガスメーターの構造

図 3・23 オーバル歯車流量計

もので，水道メータに用いられる。特殊なものとして，電磁流量計，超音波流量計，熱線流量計，せき流量計なども用いられる。

3・5 流体輸送装置

3・5・1 液体輸送装置

液体の輸送にもっとも広く用いられるのは機械的ポンプである。これはつぎの(1)～(3)の形式に分けられる。

（1）**往復動ポンプ**　シリンダー内を，ピストンやプランジャーを往復させることにより圧力をかけて輸送するもので，高い揚程がとれる特徴がある。

（2）**遠心ポンプ(渦巻きポンプ)**　羽根車の回転によって液体に遠心力を与えて送り出すもので，低圧用のボリュートポンプ(volute pump)と高圧用のタービンポンプ(turbine pump)があり，最も広く用いられているタイプである。図3・24にボリュートポンプの構造を示す。

（3）**回転ポンプ(rotary pump)**　回転子や歯車の回転によって液体を押し出すタイプのもので，ギヤポンプ(図3・25)，ルーツポンプなどがあり，比較的高い揚程が得られる。高粘度の液体の輸送に用いられることが多い。

機械的ポンプの性能は図3・26に一例を示すような特性曲線によって表わされ，これを用いて必要な揚程と流量をえるためのポンプ形式の選定，または複数のポンプの組み合わせ方が決定でき，動力費も算出できる。

その他，機械的ポンプ以外の液体輸送装置の例をあげると，エアリフト(air lift)は図3・27のように圧縮空気を深井戸の底に吹き込んで液を押し上げる型のポンプで，気泡と混ざった液は見かけの密度が小さくなり上昇する。天然ガスを利用する場合はガスリフトともいう。また，高圧の水またはスチームを噴射させて周辺の液体を引き出す形式のジェットポンプがある。ボイラー内へ水を供給するインジェクターもその一種である。

3・5・2 気体輸送装置

気体の輸送には，使用される装置の吐出圧の範囲によってつぎの三つの機械が使われる。

　　ファン(fan)　　　　　：低圧＝6.5×10^4 Pa(500 mmHg)以下
　　送風機(blower)　　　：中圧＝$(6.5 \sim 20) \times 10^4$ Pa(500 mmHg～2気圧)
　　圧縮機(compressor)：高圧＝1.5×10^5 Pa(1.5気圧)以上

圧縮機は低圧のガスを圧縮するもので，もっとも高い揚程を得ることができ，高圧発生，輸送および真空発生を目的とするものがある。真空に排気することを目的とする気体輸送機械を真空ポンプという。

図 3・24 ボリュートポンプ

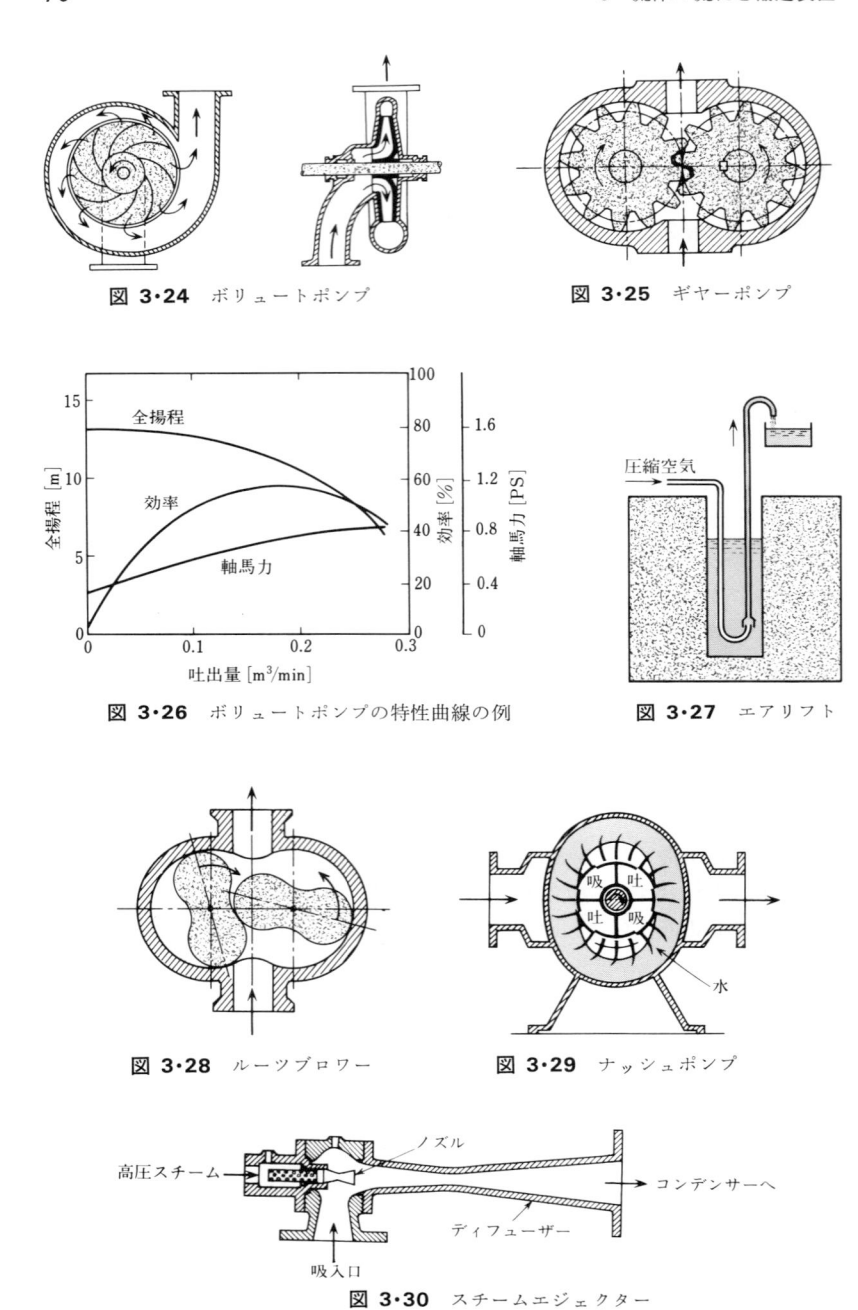

図 3・25 ギヤーポンプ

図 3・26 ボリュートポンプの特性曲線の例

図 3・27 エアリフト

図 3・28 ルーツブロワー

図 3・29 ナッシュポンプ

図 3・30 スチームエジェクター

気体輸送装置は，液体輸送装置と同様に，その形式によって，往復動式，回転式および噴射式に分けられる。往復動式は圧縮機に用いられる。回転式には，ルーツブロア（図3・28），ナッシュポンプ（図3・29）などの容積形と遠心式および軸流形があり，遠心式は小型のファンからターボブロワーおよび大型のターボ圧縮機まで広く使われる。噴射式はエジェクター（ejector）とよばれる。スチームエジェクターは真空発生用に単段または多段で用いられ，堅牢であるが騒音発生の問題がある（図3・30）。

問題

3・1 1B鋼管に2B鋼管が接続しており，その中を密度$800\,\mathrm{kg/m^3}$の液体が流れている。1B鋼管内の平均流速が$1.60\,\mathrm{m/s}$のとき，2B鋼管内の流速および質量流速$[\mathrm{kg/m^2 \cdot s}]$を求めなさい。

3・2 内径$35\,\mathrm{mm}$の管を用いて$101.3\,\mathrm{kPa}$，$373\,\mathrm{K}$の水蒸気を送っている。末端で水蒸気を完全に凝縮させたところ凝縮水の量は毎時$5.85\,\mathrm{kg}$であった。管内の水蒸気の平均流速$[\mathrm{m/s}]$はいくらか求めなさい。ただし水蒸気は理想気体とする。

3・3 $1.013\,\mathrm{MPa}$のゲージ圧力を加えた水をノズルから大気中に水平に噴出させると，噴流の速度$[\mathrm{m/s}]$は理論上いくらになるか求めなさい。[ヒント：例題3・2参照]

3・4 横断面積$1\,\mathrm{m^2}$の水槽の底に面積$4.0\,\mathrm{cm^2}$の穴があいて水が流出している。水面の高さが$2\,\mathrm{m}$のとき，流出速度$[\mathrm{m/s}]$はいくらか。水面の高さが$2.0\,\mathrm{m}$から$1.0\,\mathrm{m}$まで下がる時間はいくらか。縮流がないものとして計算しなさい。[ヒント：ベルヌーイの式から$\bar{u}$を求め，これを$A_2\bar{u}dt=-A_1dh$に入れて積分する]

3・5 $50\,\mathrm{m}$の高さから毎秒$1000\,\mathrm{t}$の水が落下している。落下点での流速$[\mathrm{m/s}]$はいくらか。これを水力発電に用いたとき，理論上何kWの発電が可能か。

3・6 1B鋼管内を$20\,\mathrm{℃}$，$1\,\mathrm{atm}$の空気が流れている。平均流速が何$\mathrm{m/s}$以下ならば必ず層流になるか。[ヒント：例題3・4，3・5参照]

3・7 内径$25\,\mathrm{mm}$の円管内を$20\,\mathrm{℃}$のエチルアルコール（密度$789\,\mathrm{kg/m^3}$）が$100\,\mathrm{m/min}$の平均流速で流れている。このときの流れは層流か乱流か推定しなさい。[ヒント：例題3・5参照]

3・8 $0.6\,\mathrm{m}\times0.2\,\mathrm{m}$の寸法の長方形断面の流路を$20\,\mathrm{℃}$の水が$8\,\mathrm{m^3/h}$の流量で流れている。このときのレイノルズ数を求めなさい。[ヒント：例題3・9参照，相当直径Deを求める]

3・9 $293\,\mathrm{K}$の水を毎時10トン送っている配管用炭素鋼管のレイノルズ数は，約5×10^4であった。この鋼管の呼び径はいくらか求めなさい。[ヒント：円管の内径を求め，表3・2を参照]

3・10 直径D_1の円管2本が合流して直径$D_2=2D_1$の円管となっている流路がある。細い方の円管内を流れている流体の平均速度はともにu_1で，太い方の円管内の速度はu_2であるとする。このとき，（1）u_1とu_2の関係，（2）それぞれの管内の流れのレイノルズ数Re_1とRe_2の関係を求めなさい。

3・11 $20\,\mathrm{℃}$のベンゼン（密度$879\,\mathrm{kg/m^3}$）を2Bガス管を用いて平均流速$1.5\,\mathrm{m/s}$で輸送するとき，管長$100\,\mathrm{m}$あたりの摩擦損失はいくらか。[ヒント：粗面管とする]

3・12 6B鋼管を用いて，比重0.85，粘度23.5mPa·sの油を200m³/hの流量で輸送するときの水平管長1kmあたりの圧力損失 ΔP を求めなさい．

3・13 15℃の水を $1\frac{1}{2}$ B ガス管によって高さ20mの水槽まで毎分200 l の割合で汲み上げたい．管路の長さは配管付属品の相当長さを求めて150mである．ポンプの総合効率を60%とするときの所要動力をkWで求めなさい．［ヒント：例題3・8参照］

3・14 直径1.5mmの砂を充填した高さ1mの層があり，その充填空間率は0.38である．この層に20℃の水を空間速度 $1.5 h^{-1}$ で流すときの圧力損失は水柱でいくらか．ただし $\phi_C = 1.0$ とする．［ヒント：例題3・10参照］

3・15 内径40mmの円管内に孔径20mmのオリフィス板を入れて20℃の水の流量を測定したところ，水銀マノメーターの液柱差の読みは50mmであった．管内の流量はいくらか．［ヒント：図3・20から流量係数 C_0 を求め，式(3・39)を用いる］

4

伝熱操作と装置

　化学プロセスには，加熱，冷却など熱の出入りを伴う操作が多い。たとえば原料の予熱または予冷，反応器で発生または吸収された熱量の除去または補給，生成物の分離精製のための蒸発，蒸留などの操作はすべて熱移動を伴う。これらの操作はまとめて伝熱操作とよばれ，それに用いられる装置，たとえば熱交換器，蒸発器，晶析装置，加熱炉などを伝熱装置とよんでいる。

　本章では熱の伝わり方を大別して伝導伝熱，対流伝熱および放射伝熱に分けて，それぞれについて伝熱の速さを説明する。つぎに化学プロセスにおいてもっとも広く用いられる熱交換器，すなわち器壁を通して二種の流体間で熱の授受を行なわせる装置での伝熱操作と熱交換器の型式を述べる。流体は熱の授受により温度変化のほか蒸発，凝縮，晶析などの相変化を起こす。これらについても本章で説明し，関連して用いられる装置の概略を述べる。

4・1　伝熱操作の基礎

　いま，図4・1に示すようなモデルについて考える。日射しの強い場所に水を入れた金属製の容器を置いておくと，太陽からの熱によって容器の表面が温められ熱は壁から温度の低い内面へ，さらに水へと伝わる。水は容器の壁面から温められ水の相内に発生する温度差に伴ってわずかながら密度差が生じ，水は相がゆらぎはじめる。このような熱の伝わり方はどのように説明されるのであろうか。

　まず容器である固体についてであるが，固体では一般に高温側の原子の振動のエネルギーが隣接する原子に伝わり，順に低温側へ移っていくことで熱が伝わる。金属の場合は自由電子によってもエネルギーが運ばれる。このような現象を伝導伝熱(conduction of heat)という。一方，気体では伝導伝熱は分子の並進運動と衝突の繰り返しによって行なわれる。液体では，固体と気体の中間

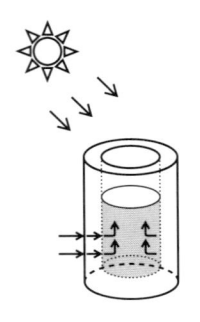

図 4·1

的な機構で熱伝導が行なわれる。また気体や液体では，固体と異なり流体塊の動き（混合）によっても熱が伝わる。この形の伝熱は対流伝熱(convection of heat)とよばれている。ただし，流体中でも器壁や相界面の境膜では伝導によって熱が伝わる。

それでは，太陽から地上の容器への伝熱はどうであろうか。一般に高温（とくに摂氏数百度以上）になると，媒体を介さずに高温部から低温部へ直接電磁波（赤外線）の形で熱が伝わる。これは，放射伝熱(heat radiation)とよばれる。宇宙空間での太陽から地球への伝熱はまさに放射伝熱によるものである。

以下それぞれの場合について伝熱の基礎式を説明する。伝導伝熱は理論的に整然と説明できる上に，非定常伝導伝熱の数学的な解法は微分方程式の解法の応用として興味深いが，これらは他の専門書に譲り，ここでは定常的な伝導伝熱を取り扱う。

4·1·1 伝 導 伝 熱

固体または静止した流体内を熱が x 方向に移動する場合，定常状態での伝熱速度（単位時間あたりの伝熱量）を q とすると，q は熱の流れに垂直な伝熱面積 A と温度勾配 dt/dx に比例するので次式が成立する。

$$q = -kA(dt/dx) \tag{4·1}$$

これをフーリエ(Fourier)の法則とよぶ。比例定数 k は熱の伝わりやすさを表わすもので，熱伝導度または熱伝導率(thermal conductivity)とよばれる物質固有の値であり，単位は，たとえばSIではW/m・K（またはkJ/m・h・K）で表わされる。なお伝熱速度を伝熱面積で割った値 (q/A) を熱流束(heat flux)という。おもな物質の伝熱導度を表4·1に示した。一般に金属の熱伝導度は大きく，気体の熱伝導度はきわめて小さい。液体では，両者のほぼ中間にある。ガラス綿や石膏ボード，ウレタンフォームなどは気泡を多く含むので，熱伝導がきわめて小さく，断熱材(thermal insulator)として利用されている。

表 4・1 各種物質の熱伝導度

(a) 金属材料

物 質	温度 [K]	k [J/s·m·K]
亜 鉛	273	110
〃	473	105
アルミニウム	73	201
〃	373	205
〃	573	230
銅	293	386
銀	113〜373	419
白 金	273〜473	70
真 鍮	293	92
〃	373	105
青 銅	293	58
スズ	273	65
鉄(鋼)		
0.1％C 以下	373	55
0.6％C	373	42
〃	573	42
1.5％C	373	37
〃	573	36
鋳 鉄	283	50

(b) 非金属材料

物 質	温度 [K]	k [J/s·m·K]
ガラス	290	0.72
〃	373	0.76
陶 器	368	1.04
〃	1328	1.97
シャモットれんが	673	0.67〜0.76
〃	1073	0.87〜0.99
〃	1473	1.14〜2.33
コルク板	273〜373	0.036〜0.056
ゴム(軟)	303	0.176
木 材	273〜323	0.126〜0.42
アスベスト(繊維)	173〜373	0.137〜0.163
〃(板)	373	0.058
ウレタンフォーム	273〜343	0.030〜0.042
砂(普通, 湿)	293	1.13
〃(完全乾燥)	293	0.33
コンクリート	293	0.12
ガラス綿	273	0.03
〃	373	0.052
〃	573	0.10

(c) 液体 $k = a + bT + cT^2$ [J/s·m·K], T は温度 [K]

物 質	式の定数			適用温度範囲[a] [K]
	a	b	c	
水	−0.579	6.35×10^{-3}	-7.97×10^{-6}	273〜403
水 素	0.073	31×10^{-3}	—	15〜30
アンモニア	1.160	-2.27×10^{-3}	—	273〜373
ベンゼン	0.221	-0.26×10^{-3}	—	253〜403
n-ブタン	0.197	-0.30×10^{-3}	—	303〜423
四塩化炭素	0.163	-0.20×10^{-3}	—	233〜373
エタノール	0.256	-0.30×10^{-3}	—	223〜373
エチルエーテル	0.251	-0.41×10^{-3}	—	193〜353
エチレン	0.338	-0.93×10^{-3}	—	103〜273
エチレングリコール	0.217	0.14×10^{-3}	—	283〜403
メタノール	0.290	-0.29×10^{-3}	—	223〜403
n-オクタン	0.214	-0.29×10^{-3}	—	273〜373

a) 融点〜標準沸点の範囲外は補外値。

(d) 気体 k [J/s·m·K]

温度[K] 物　質	273	373	473	573
水　　素	0.174	0.227	0.273	0.318
空　　気	0.024	0.031	0.037	0.043
酸　　素	0.024	0.030	—	—
二酸化炭素	0.014	0.020	—	—
水　蒸　気	—	0.023	0.030	0.036
アンモニア	0.017	0.025	—	—

さて熱伝導度は一般に温度 t の関数であるが，固体の場合は温度依存性が小さいので，ある温度範囲の平均熱伝導度を k_{av} として，式(4·1)を図4·2の x_1 から x_2 まで積分すると，q は一定であるから次式が得られる。

$$q\int_{x_1}^{x_2}\frac{dx}{A}=-k_{av}\int_{t_1}^{t_2}dt=k_{av}(t_1-t_2)=k_{av}\Delta t \tag{4·2}$$

式(4·2)は固体壁内の温度分布を与える基礎式である。

(a) 伝熱面積が一定（平板状壁面）の場合　式(4·2)において A を一定とすると

$$q=k_{av}A(\Delta t/\Delta x) \tag{4·3}$$

ただし $\Delta x=x_2-x_1$ は固体層の厚さ，$\Delta t=t_1-t_2$ は温度差（図4·2(a)参照）である。この場合は q，k_{av} および A が一定であるから，固体層内の任意の位置における t と x との関係は直線となる。平面壁，板および周囲を絶縁した断面積一定の棒などの熱伝導がこの場合である。

ここで式(4·3)を変形すると

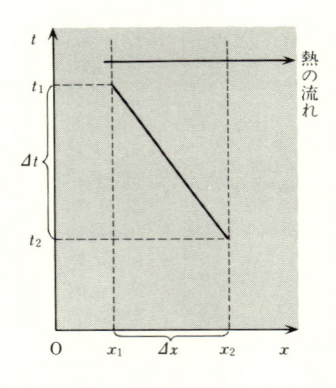

図4·2(a)　個体壁における伝熱 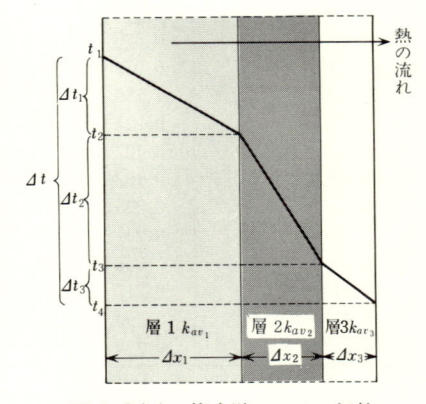　　図4·2(b)　複合壁における伝熱

となる。$R \equiv \Delta x/(k_{av}A)$ とおいた R を伝熱抵抗(thermal resistance)という。式(4·4)はオームの法則と同じ形である。

以上の関係式は，熱伝導度の異なる数種の固体材料からなる複合壁の場合にも適用できる。たとえば図4·2(b)のような3層からなる壁内の伝熱は定常状態ではつぎのようになり，

$$q = \frac{k_{av_1}A\Delta t_1}{\Delta x_1} = \frac{k_{av_2}A\Delta t_2}{\Delta x_2} = \frac{k_{av_3}A\Delta t_3}{\Delta x_3} \tag{4·5}$$

式(4·5)はつぎのように変形できる。

$$q = \frac{\Delta t_1}{R_1} = \frac{\Delta t_2}{R_2} = \frac{\Delta t_3}{R_3} = \frac{\Delta t}{\sum R}$$

ただし $R_1 = \Delta x_1/k_{av_1}A$, $R_2 = \Delta x_2/k_{av_2}A$, $R_3 = \Delta x_3/k_{av_3}A$

$\sum R = R_1 + R_2 + R_3$, $\Delta t = \Delta t_1 + \Delta t_2 + \Delta t_3 = t_1 - t_4$ (4·6)

例題 4·1 内層に厚さ70 mm，熱伝導度1.70 W/m·Kの耐火断熱材を，また外層に厚さ190 mm，熱伝導度0.86 W/m·Kの保温材を用いた炉壁がある。炉壁内面温度1200 K，外面温度420 Kのとき，（1）1 h，1 m² あたりの熱損失，（2）断熱材と保温材との接触面の温度を求めなさい。

【解】（1）式(4·6)より

$$q = \Delta t / \sum R$$

ここで $\Delta t = t_1 - t_3 = 1200 - 420 = 780$ K

$$\sum R = R_1 + R_2 = \frac{\Delta x_1}{k_{av_1}A} + \frac{\Delta x_2}{k_{av_2}A} = \frac{0.070}{(1.70)(1.00)} + \frac{0.190}{(0.86)(1.00)} = 0.262 \text{ K/W}$$

∴ $q/A = \Delta t/A \sum R = 780/(1.00)(0.262) = 2.98 \times 10^3$ W/m²

したがって，1 h，1 m あたりは

2.98×10^3 W/m² × 3600 = 1.07×10^7 J/m²·h = 1.07×10^4 kJ/m²·h

（2）式(4·6)より

$$q = \Delta t_1/R_1 = (t_1 - t_2)/R_1$$

ここで(1)より $q = 2.98 \times 10^3$, $R_1 = 0.070/(1.70)(1.00)$

∴ $t_2 = t_1 - qR_1 = 1200 - (2.98 \times 10^3)\left\{\frac{0.07}{(1.70)(1.00)}\right\} = 1077$ K

（b） 伝熱面積が変わる場合 円筒状の固体層を熱が半径方向に流れる場合，伝熱面積は半径に比例して変わる。いま図4·3のような長さ L の中空円筒(内半径 r_1，外半径 r_2)の内側から外側に向かって熱が移動する場合を考えると，式(4·1)，(4·2)において x の代わりに r，面積 $A = 2\pi rL$ となるので

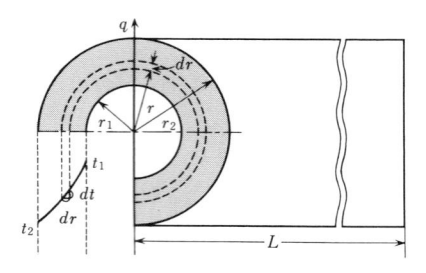

4・3 中空円筒壁における温度分布

$$q = -k_{av}(2\pi r L)(dt/dr) \tag{4・7}$$

これを積分して

$$q\int_{r_1}^{r_2}\frac{dr}{2\pi rL} = k_{av}(t_1-t_2) = k_{av}\Delta t \tag{4・8}$$

すなわち

$$q = k_{av}\frac{2\pi L}{\ln(r_2/r_1)}\Delta t = k_{av}\frac{2\pi L(r_2-r_1)}{\ln(r_2/r_1)}\cdot\frac{\Delta t}{r_2-r_1} \tag{4・9}$$

ここで $2\pi L(r_2-r_1) = A_2-A_1$, $\ln(r_2/r_1)=\ln(A_2/A_1)$ とおくことができるので，式(4・9)はつぎのように変形できる。

$$q = k_{av}A_{lm}(\Delta t/\Delta r) \tag{4・10}$$

ここに $\Delta r = r_2 - r_1$, また

$$A_{lm} = \frac{A_2-A_1}{\ln(A_2/A_1)} \tag{4・11}$$

A_{lm} は A_1 と A_2 の対数平均(logarithmic mean)である。なお，ある数 A_1, A_2 の対数平均はその二つの数の算術平均より小さいが，工学的計算では二数の比が2以下($A_2/A_1<2$)ならば誤差は4％以下となり，算術平均で置き換えることができる。

　式(4・10)を式(4・3)と比較すれば，伝熱面積として内外両面の対数平均値を用いれば，円筒壁に対しても平面壁の場合と同形の式が適用できることがわかる。

　なお式(4・10)より明らかなように伝熱面積が外側へ向かって増大するため，q/A は r の増加とともに減少し，その温度分布は外側に向かってゆるやかな傾きとなる(図4・3参照)。

　中空円筒が熱伝導度の異なるいくつかの円筒壁からなる場合も，伝熱面積に適当な平均値 A_{av} を用いれば，任意の固体層に対して次式

$$q = (k_{av})_i(A_{av})_i\frac{\Delta t_i}{\Delta r_i} = \frac{\Delta t_i}{\Delta r_i/(k_{av})_i(A_{av})_i} = \frac{\Delta t_i}{R_i} \tag{4・12}$$

4・1 伝熱操作の基礎

が適用できるので,式(4・6)と同様の関係式(4・13)が得られる。

$$q = \Delta t / \sum R_i \quad (ただし \quad \Delta t = \sum \Delta t_i) \tag{4・13}$$

例題 4・2 外径 56 mm(肉厚 3 mm)の輸送管に断熱材を 5 mm の厚さに巻いて保温している。管内面温度が 370 K,断熱材の外表面温度が 300 K であるとき,(1) 管長 1 m,1 h あたりの伝熱量,および (2) 輸送管と断熱材との接触面の温度を求めよ。ただし輸送管および断熱材の熱伝導度はそれぞれ 35.0,4.20 W/m・K である。

【解】 (1) 式(4・12),(4・13)より

$$q = \frac{\Delta t}{(\Delta r_1 / k_{av_1} A_{av_1}) + (\Delta r_2 / k_{av_2} A_{av_2})}$$

ここで $\quad \Delta t = 370 - 300 = 70$ K
輸送管について $\quad \Delta r_1 = 0.003$ m, $\quad k_{ra_1} = 35.0$ W/m・k
 内表面積 $A_1 (2\pi L r_1 = \pi (1.00)(0.056 - 2 \times 0.003)) = 0.157$ m², 外面積 $A_2 = 0.176$ m²
$A_2 / A_1 < 2$ であるから $\quad A_{av_1} = (A_1 + A_2)/2 = 0.166$ m²
断熱材について $\quad \Delta r_2 = 0.005$ m, $\quad k_{av_1} = 4.20$ W/m・K
$\quad A_{av_1} = (A_2 + A_3)/2 = \pi (0.056 + 0.066)/2 = 0.192$ m²

$$\therefore \quad q = \frac{70}{[0.003/(35.0)(0.166)] + [0.005/(4.20)(0.192)]}$$
$$= 1.04 \times 10^4 \text{ W(J/s)} = 1.04 \times 10^4 \times 3600 \text{ J/h} = 3.74 \times 10^4 \text{ kJ/h}$$

(2) 式(4・12)より接触面の温度 t_2 は

$$t_2 = t_1 - \frac{\Delta r_1}{k_{av_1} A_{av_1}} q = 370 - \frac{0.003}{(35.0)(0.166)}(1.04 \times 10^4) = 370 - 5.4 = 364.6 \text{ K}$$

4・1・2 対流伝熱

化学プロセスでは,伝熱装置の壁面を通して流体の温度を調節することが多い。この場合,固体壁を通しての熱の授受のほか,流体内での熱のうごき,すなわち対流伝熱が問題となる。対流による伝熱には流体の温度差によって生じる密度の違いに基づく自然対流(natural convection)と,流体の撹拌などの外力による強制対流(forced convection)とがあり,工業的には強制対流による伝熱が重要である。そこで固体壁面とそれに対して相対的に動いている流体との間の熱の移動について考えてみる。

第3章で述べたように,流体と固体との接触面にはごく薄い層流域が存在する。伝熱においては,この領域の温度分布が図 4・4 の実線のようになることが実験的に確かめられている。しかし,t' を正確に測定することが困難であるから,近似的に破線で示したような直線的な温度分布を仮定し,温度勾配の大きな区域を伝熱における境膜とよんでいる。この境膜内の伝熱は主として伝導によるものと考えられ,伝熱速度は次式

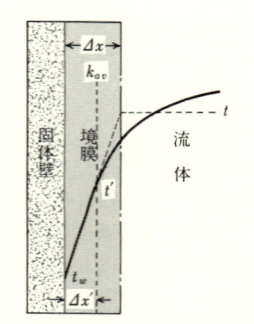

図 4·4 固体-流体間の伝熱

$$q = hA(t - t_w) \tag{4·14}$$

で表わされる．ここで t は流体本体の平均温度，t_w は固体壁面の温度である．比例定数 h † は境膜伝熱係数(film coefficient of heat transfer)とよばれ，流体の物性，流速および固体表面の形や大きさに関する値であり，単位はたとえば $W/m^2 \cdot K$ である．

4·2 熱 伝 達

前節では固体層での伝熱および流体における伝熱に関する基礎式をそれぞれ示したが，本節では固体壁の両側を流れる温度の異なる二つの流体間での熱の移動を考える．

4·2·1 総 括 伝 熱

固体壁を通して高温流体から低温流体へ熱を移動させる操作は熱交換器などによく見られる．このような熱のうごき†† を熱伝達(heat transfer)という．いま図 4·5 に示すような流体間の伝熱を考えると，高温流体側の境膜(境膜1)，固体層および低温流体側の境膜(境膜2)についてそれぞれつぎの関係が成立する．

$$\text{境膜 1：} \quad q = h_1 A_1 (T - T_w) = \frac{T - T_w}{1/(h_1 A_1)} \tag{4·15}$$

---

† h は式(4·4)の $k_{av}/\varDelta x$ に相当するが，境膜の厚さ $\varDelta x$ がわからないので，これを含めた値を h とおいている．図 4·4 において $\varDelta x'$ は温度が直線的に変わる部分の厚みである．

†† 固体壁を通して一つの流体から他の流体へ熱が伝わることは熱移動または熱伝達とよばれる．厳密に言えば，一つの相から他の相への熱のうごきが熱移動である．同じ相内では熱は流れる(flow)という．

化学工学会編，"化学工学便覧(改訂六版)"，丸善(1999)

4・2 熱伝達

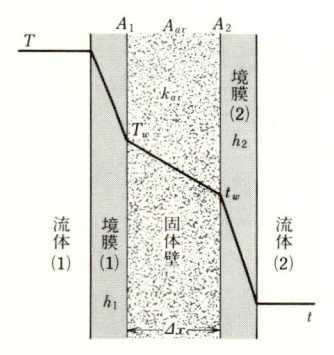

図 **4・5** 熱貫流と温度分布

固体層: $\quad q = k_{av} A_{av} \dfrac{T_w - t_w}{\Delta x} = \dfrac{T_w - t_w}{\Delta x / (k_{av} A_{av})}$ (4・16)

境膜2: $\quad q = h_2 A_2 (t_w - t) = \dfrac{t_w - t}{1/(h_2 A_2)}$ (4・17)

定常伝熱では q が一定であるから,式(4・15),(4・16),(4・17)より

$$q = \dfrac{T - T_w}{1/(h_1 A_1)} = \dfrac{T_w - t_w}{\Delta x / (k_{av} A_{av})} = \dfrac{t_w - t}{1/(h_2 A_2)}$$

$$= (T - t) \Big/ \dfrac{1}{A_1}\left[\dfrac{1}{h_1} + \dfrac{\Delta x}{k_{av}}\left(\dfrac{A_1}{A_{av}}\right) + \dfrac{1}{h_2}\left(\dfrac{A_1}{A_2}\right)\right] \quad (4・18)$$

この分母は熱伝達の場合の全伝熱抵抗である。ここで分母括弧内をつぎのようにおく。

$$\dfrac{1}{U_1} = \dfrac{1}{h_1} + \dfrac{\Delta x}{k_{av}}\left(\dfrac{A_1}{A_{av}}\right) + \dfrac{1}{h_2}\left(\dfrac{A_1}{A_2}\right) \quad (4・19)^\dagger$$

このように定義される U_1 を内面積(A_1)基準の総括伝熱係数(overall coeffcient of heat tranfer)または熱伝達係数とよんでいる。U_1 を用いると式(4・18)はつぎのようになる。

$$q = U_1 A_1 \Delta T = U_{av} A_{av} \Delta T = U_2 A_2 \Delta T \quad (4・20)$$

ここに U_{av} は A_{av}(平均面積)基準,U_2 は外面積(A_2)基準の総括伝熱係数であり,$\Delta T = T - t$ である。

---

† 円管の場合は,伝熱面積比は管の半径の比で置き換えることができるので,式(4・19)はつぎのように書くことができる。

$$\dfrac{1}{U_1} = \dfrac{1}{h_1} + \dfrac{\Delta x_1}{k_{av}} \cdot \dfrac{r_1}{r_{av}} + \dfrac{1}{h_2} \cdot \dfrac{r_1}{r_2} \quad (4・19')$$

例題 4·3　1 B 鋼管(内径 27.6 mm, 厚さ 3.2 mm)に加熱された油(熱油)を流し,外側から冷媒†で冷却している. ある断面で熱油および冷媒の平均温度がそれぞれ 340, 310 K であった. 熱油側および冷媒側の境膜伝熱係数をそれぞれ 3500, 2900 W/m²·K, 鋼管の熱伝導度を 47.0 W/m·K として, (1) 内面基準の総括伝熱係数, (2) 鋼管の内外面の温度を求めなさい.

【解】　(1) 鋼管の内面を 1, 外面を 2 とする. 内面基準の熱貫流係数 U_1 は式 (4·19′) より

$$1/U_1 = 1/h_1 + (\Delta x/k_{av})(r_1/r_{av}) + (1/h_2)(r_1/r_2)$$

ここに $h_1 = 3500$ W/m²·K, $h_2 = 2900$ W/m²·K, $k_{av} = 47.0$ W/m·K, $r_1 = 0.0138$ m, $r_2 = 0.0170$ m, また $r_2/r_1 < 2$ であるから

$$r_{av} = (r_1 + r_2)/2 = (0.0138 + 0.0170)/2 = 0.0154 \text{ m}$$

$$\therefore \quad \frac{1}{U_1} = \frac{1}{3500} + \frac{0.0032}{47.0} \cdot \frac{0.0138}{0.0154} + \frac{1}{2900} \cdot \frac{0.0138}{0.0170} = 6.95 \times 10^{-4}$$

$$\therefore \quad U_1 = 1.44 \times 10^3 \text{ W/m}^2 \cdot \text{K}$$

(2) 式 (4·15), (4·17), (4·20) より

$$q = U_1 A_1 (T-t) = h_1 A_1 (T-T_w) = h_2 A_2 (t_w - t)$$

$$\therefore \quad T_w = T - \frac{U_1}{h_1}(T-t) = 340 - \frac{1.44 \times 10^3}{3500}(340-310) = 340 - 12.3 = 327.7 \text{ K}$$

$$t_w = t + \frac{U_1 A_1}{h_2 A_2}(T-t) = t + \frac{U_1 r_1}{h_2 r_2}(T-t) = 310 + \frac{1.44 \times 10^3}{2900} \cdot \frac{0.0138}{0.0170}(340-310)$$

$$= 310 + 12.1 = 322.1 \text{ K}$$

4·2·2　熱交換器の原理

熱交換器(heat exchanger)は, たとえば図 4·6 に示すように二重管の内外管にそれぞれ高温流体と低温流体を流して熱貫流を行なわせる装置である. 操作の目的としては高温流体の冷却, 低温流体の加熱のほか, 凝縮とか沸騰などいろいろであるが, ここでは相変化を生じない場合について説明する.

(a) 熱収支　熱交換の方式としては図 4·6 の (a) 並流式, (b) 向流式, (c) 十字流式がある. たとえば向流式(b)は内管に高温流体(比熱容量 C_i[J/kg·K], 温度 T_1)が流量 W[kg/s] ではいり, T_2 まで冷却され, 外管(環状部)に低温流体(比熱容量 C_0[J/kg·K], 温度 t_2)が流量 w[kg/s] ではいり t_1 まで加熱される. ここで図 4·7 に示した向流式の二重管熱交換器の微小長さ dL における伝熱を考えると, 伝熱速度 dq[J/s] は熱収支によりつぎのように表わされる(ただし熱損失は無視する).

$$dq = -C_i W \, dT = -C_0 w \, dt \tag{4·21}$$

---

†　冷媒とは (1)冷凍サイクルの作動流体(refrigerant), (2)冷却用の伝熱媒体(coolant)の二つの意味に用いられ, ここでは後者をさす.

4・2 熱伝達

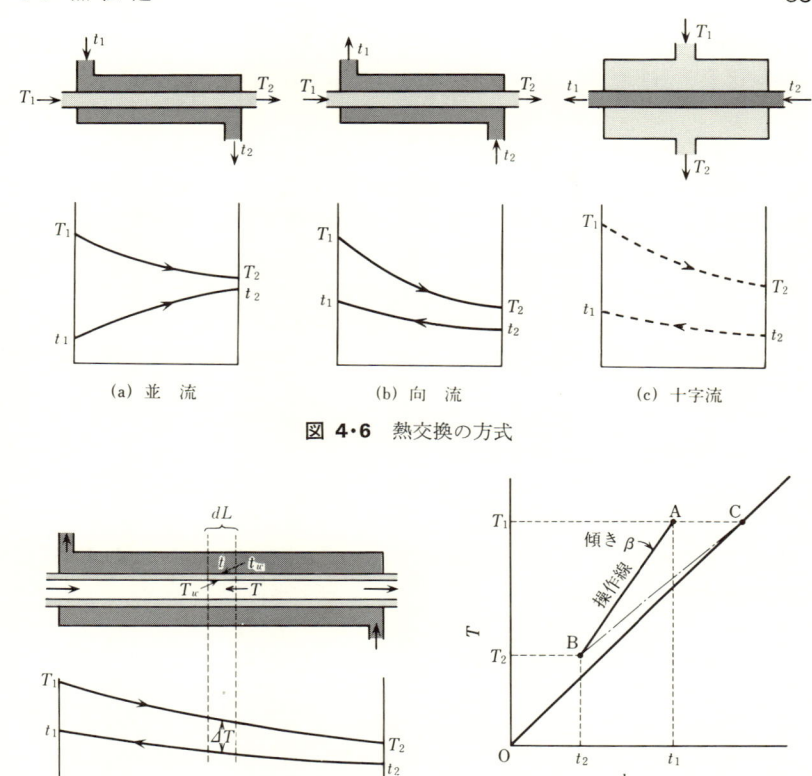

(a) 並流　(b) 向流　(c) 十字流

図 4・6　熱交換の方式

図 4・7　向流二重管熱交換器

図 4・8　熱交換器における操作線

式(4・21)で質量流量 W, w は，通常一定とおくことができる。ここで比熱も温度によってほとんど変わらないとしてこれを(T_1, t_1)から任意の断面の温度(T, t)まで積分すると

$$q = C_i W(T_1 - T) = C_0 w(t_1 - t) \tag{4・22}$$

となる。ここで

$$C_0 w / C_i W \equiv \beta \tag{4・23}$$

とおいて式(4・22)を書き換えるとつぎのようになる

$$\beta = (T_1 - T)/(t_1 - t) = (T_1 - T_2)/(t_1 - t_2) \tag{4・24}$$

式(4・24)は内管，外管の流体温度 T, t が直線関係にあることを示すもので，これを図示すると図4・8のようになる。この直線 AB を操作線という。図中鎖線 BC は，たとえば T_1, T_2, t_2 および W を変えないで低温流体の質量流量

w を減少させたときの操作線であり，この場合 $T_1=t_1$ となるので操作の限界を与える．このときの w は熱交換が可能な最小流量である．

例題 4·4　向流式二重管熱交換器を用いて，内管に熱流体(比熱容量 2.0 kJ/kg·K)を 1.0 kg/s の割合で流し，350 K から 320 K まで冷却する．冷却には 290 K の冷媒(比熱容量 0.80 kJ/kg·K)を用いるとして，(1) 熱交換器全体の伝熱速度 [kJ/s]，(2) 冷媒の最小所要流量 [kg/s] を求めなさい．

【解】　（1）式(4·22) より
$$q=(2.0)(1.0)(350-320)=60.0 \text{ kJ/s}$$
（2）冷媒の出口温度は 350 K 以上になれないから，最小流量を与える操作線の傾き $\beta^{\dagger}$ は，式(4·24) より
$$\beta=(T_1-T_2)/(t_1-t_2)=(350-320)/(350-290)=0.50$$
したがって冷媒流量 w は式(4·23) より
$$w=(C_i/C_o)W\beta=(2.0/0.80)(1.0)(0.50)=1.25 \text{ kg/s}$$

(b) 伝熱面積　図 4·7 の微小長さ dL における伝熱量 dq は式(4·18) と同様の次式で与えられる．
$$dq=\frac{T-T_w}{1/(h_i dA_i)}=\frac{T_w-t_w}{\Delta r/(k_{av} dA_{av})}=\frac{t_w-t}{1/(h_o dA_o)}$$
$$=(T-t)\Big/\Big(\frac{1}{h_i dA_i}+\frac{\Delta r}{k_{av} dA_{av}}+\frac{1}{h_o dA_o}\Big) \quad (4\cdot25)$$

ここに h_i, h_o は内管壁面のそれぞれ高温流体側，低温流体側の境膜伝熱係数，A_i, A_{av}, A_o はそれぞれ内管の内側面積，平均面積および外側面積，T_w, t_w はそれぞれ内管の内側，外側の壁温，Δr は内管の肉厚(外半径 r_o と内半径 r_i との差)である．上式中各微小伝熱面積は $dA_i=2\pi r_i dL$, $dA_o=2\pi r_o dL$, $dA_{av}=2\pi r_{av} dL$ (r_{av} は平均半径 $r_{av}=(r_o-r_i)/\ln(r_o/r_i)$) とおけるので，式(4·25) はつぎのように変形できる．
$$dq=U_i dA_i(T-t) \quad (4\cdot26)$$
ここで U_i は内面積基準の総括伝熱係数である．
$$\frac{1}{U_i}=\frac{1}{h_i}+\frac{\Delta r}{k_{av}}\Big(\frac{r_i}{r_{av}}\Big)+\frac{1}{h_o}\Big(\frac{r_i}{r_o}\Big) \quad (4\cdot27)$$

ところで伝熱量 dq は式(4·21) で与えられるので，式(4·21) と式(4·26) より次式
$$dq=\frac{-dT}{1/C_i W}=\frac{-dt}{1/C_o w}$$

---

† 4·3·4 項で用いる β(体積膨張係数)と異なることに注意．

4·2 熱伝達

$$= \frac{-d(T-t)}{(1/C_iW)-(1/C_ow)} = U_i dA_i (T-t)$$

すなわち

$$-\frac{d(T-t)}{T-t} = \left(\frac{1}{C_iW}-\frac{1}{C_ow}\right) U_i dA_i$$

が得られる。これを U_i 一定として全伝熱面について積分すると

$$\ln \frac{T_1-t_1}{T_2-t_2} = U_i A_i \left(\frac{1}{C_iW}-\frac{1}{C_ow}\right) \tag{4・28}$$

一方，式(4・22)より

$$q = \frac{(T_1-T_2)-(t_1-t_2)}{(1/C_iW)-(1/C_ow)} = \frac{(T_1-t_1)-(T_2-t_2)}{(1/C_iW)-(1/C_ow)} \tag{4・29}$$

したがって式(4・28), (4・29)より

$$q = U_i A_i \Delta T_{lm} \tag{4・30}$$

ここで ($\Delta T_1 = T_1-t_1$, $\Delta T_2 = T_2-t_2$ として)

$$\Delta T_{lm} = (\Delta T_1 - \Delta T_2)/[\ln(\Delta T_1/\Delta T_2)] \tag{4・31}$$

である。ΔT_{lm} は対数平均温度差(logarithmic mean temperature difference) とよばれる。なお，前述のように式(4・31)において ΔT_1 と ΔT_2 との比が 2 より小さい場合は，ΔT_{lm} は両温度の算術平均値で近似できる。

式(4・30), (4・31)は並流式の熱交換の場合にも適用できる。なお十字流式の場合は，まず向流として式(4・31)より ΔT_{lm} を求め，高温および低温の両流体とも混合しない場合は，その値に図4・9から求められる補正係数 a を掛けた平均温度差($a\Delta T_{lm}$)を式(4・30)に適用すればよい。

なお熱交換器を長い間使用していると器壁にスケールが付着し，伝熱抵抗が増す。この場合スケールの厚さおよび熱伝導度の値は明確ではないので，境膜伝熱係数と同じ次元をもつ汚れ係数(fouling factor) h_s が用いられ，汚れ抵抗

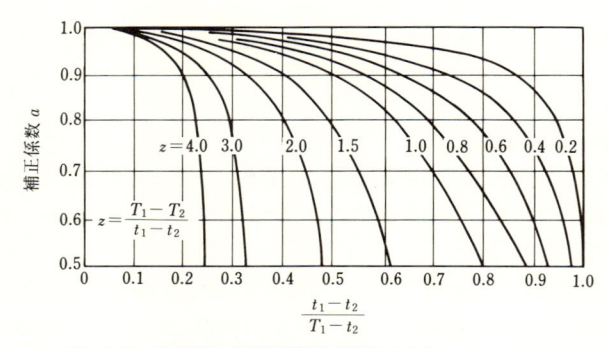

図 **4·9** 十字流の補正係数(両流体とも混合しない場合)

$(1/h_s)$ として式(4·27)へつぎのような形で加えられる。

$$\frac{1}{U_i} = \frac{1}{h_i} + \frac{1}{h_{si}} + \frac{\Delta r}{k_{av}}\left(\frac{r_i}{r_{av}}\right) + \frac{1}{h_o}\left(\frac{r_i}{r_o}\right) + \frac{1}{h_{so}}\left(\frac{r_i}{r_o}\right) \qquad (4\cdot32)$$

ここに h_{si}, h_{so} はそれぞれ内管の内面, 外面の汚れ係数である。

例題 4·5 390 K の熱油を向流熱交換器の内管(内径 50 mm, 厚さ 4 mm)に流し 340 K まで冷却する。冷媒(定圧比熱容量 4.0 kJ/kg·K)は 1440 kg/h の割合で 290 K で熱交換器に入り, 320 K で出る。鋼管の熱伝導度を 44.0 W/m·K, 熱油側および冷媒側の境膜伝熱係数をそれぞれ 930, 580 W/m²·K, また熱油側, 冷媒側の汚れ係数をいずれも 1200 W/m²·K として, 熱交換器の所要長さを計算しなさい。

【解】 式(4·30)より所要面積 A_i を求め, これより管長を決定する。まず交換される熱量 q を求める。冷媒について式(4·22)より

$$q = C_o w(t_1 - t_2) = (4.0 \times 10^3)(1440/3600)(320 - 290) = 4.80 \times 10^4 \text{ J/s}$$

つぎに総括伝熱係数を求める。式(4·32)より内面基準の総括伝熱係数 U_i は

$$\frac{1}{U_i} = \frac{1}{h_i} + \frac{1}{h_{si}} + \frac{\Delta r}{k_{av}}\left(\frac{r_i}{r_{av}}\right) + \frac{1}{h_o}\left(\frac{r_i}{r_o}\right) + \frac{1}{h_{so}}\left(\frac{r_i}{r_o}\right)$$

題意より

$h_i = 930 \text{ W/m}^2\cdot\text{K}$, $h_o = 580 \text{ W/m}^2\cdot\text{K}$, $\Delta r = 0.004 \text{ m}$, $k_{av} = 44.0 \text{ W/m}\cdot\text{K}$,
$h_{si} = h_{so} = 1200 \text{ W/m}^2\cdot\text{K}$, $r_i = 0.025 \text{ m}$, $r_o = 0.029 \text{ m}$

また $r_{av} = (r_i + r_o)/2 = 0.027$ であるから

$$\frac{1}{U_i} = \frac{1}{930} + \frac{1}{1200} + \frac{0.004}{44.0}\left(\frac{0.025}{0.027}\right) + \frac{1}{580}\left(\frac{0.025}{0.029}\right) + \frac{1}{1200}\left(\frac{0.025}{0.029}\right)$$

$$\therefore\ U_i = 238 \text{ W/m}^2\cdot\text{K}$$

また温度差 ΔT_{lm} を式(4·31)より求める。$\Delta T_1 = 390 - 320 = 70 \text{ K}$, $\Delta T_2 = 340 - 290 = 50 \text{ K}$ であり, $\Delta T_1/\Delta T_2 < 2$ であるから

$$\Delta T_{lm} \cong (\Delta T_1 + \Delta T_2)/2 = (70 + 50)/2 = 60 \text{ K}$$

以上の結果を式(4·30)に代入すると

$$4.80 \times 10^4 = (238)(60)A_i \quad \therefore\ A_i = 3.36 \text{ m}^2$$

所要長さを L とすると $A_i = 2\pi L r_i$ より

$$L = A_i/2\pi r_i = 3.36/(2\pi)(0.025) = 21.4 \text{ m}$$

4·2·3 熱交換器の種類

4·2·2で述べたように, 熱交換器は高温流体から伝熱壁を隔てて低温流体へ熱を伝える装置であり, 使用目的により, 冷却器, 加熱器, 凝縮器, 蒸発器などとよばれている。

熱交換器を構造により分類すると二重管型熱交換器, 多管型熱交換器, コイル型熱交換器, 平板熱交換器, スパイラル熱交換器, カスケード型熱交換器などに分けられる。

4・2 熱伝達

図4・10に種々の形の熱交換器の概略を示した。(a)は構造のもっとも簡単な二重管型の例であり，内管と外管とだけから成っている。原理は実験室で使われているリービッヒ冷却器と同じで，工業的には比較的小容量の熱交換に利用されている。通常は環状部に漏洩しても危険のない流体あるいは低圧流体を流し，内管には高圧流体を流す。両流体の流れは効率のよい向流方式が採用され

写真 4・1 組立中の多管型熱交換器

(a) 二重管型熱交換器

(b) 多管型熱交換器（凝縮器）

(c) 平板型熱交換器

(d) カスケード型熱交換器

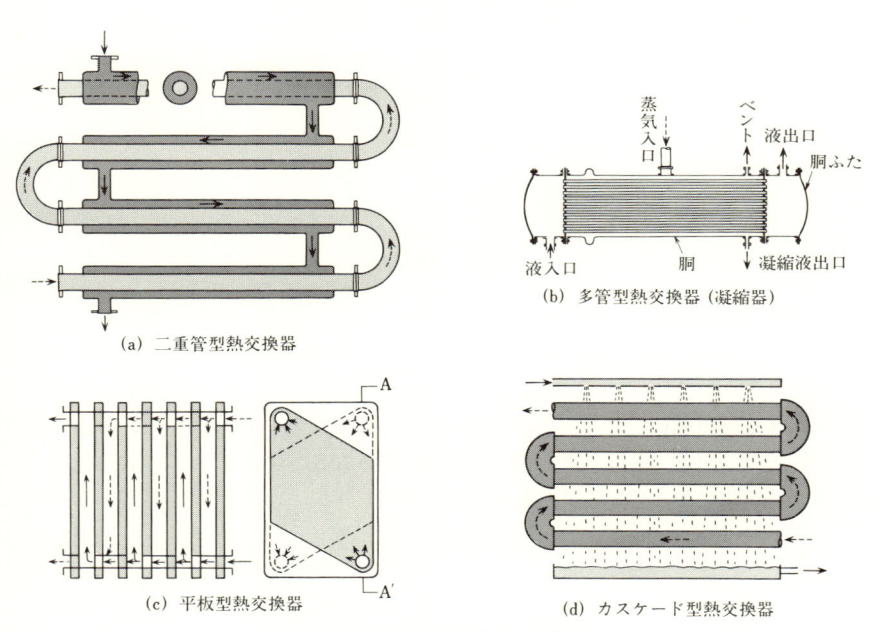

図 4・10 各種の熱交換器

ており，連結する管の数によって伝熱面積を変えることができる。

図4・10(b)はもっとも広く用いられている多管型の例であり，多数の伝熱管の束を円筒形の胴の中におさめたものである。通常，高圧の腐食性流体や汚れの大きい流体を管内に流し，低圧で粘度の大きな流体を胴側に流す。容積の割に伝熱面積が大きく，また伝熱面積の割に低価格であることがこの型の長所である。

図4・10(c)は平板型の例である。薄い平板を重ね合わせ，その間隙に一つおきに2種の流体を同時に流し，薄板を通して熱交換を行なわせるもので，プレート熱交換器ともいう。これは清掃および点検が容易なことが利点である。しかし圧力損失が大きいので，主として液液熱交換に用いられる。

コイル型熱交換器は，文字どおりらせん状に巻いた伝熱管を円筒容器内におさめたもので，構造が簡単であり，価格も低く古くから利用されている。とくに小容量の熱交換や，腐食性の強い流体を取り扱う場合の冷却器としてしばしば使用される。スパイラル熱交換器は2枚の伝熱板を一定間隔に保って渦巻形に巻き，二つの流路を構成したもので，伝熱係数は直管内における流れの場合より2～3倍大きい。また流れの方向が単一であるので，流路の一部に付着物ができても流体の自掃作用で着垢が少ないとされている。

図4・10(d)はカスケード型の略図である。高温流体を伝熱管内に通し，冷却水を上部の注水装置から降らせて冷却するものである。伝熱管を容易に増減できるとともに，流体の漏れが外部より直ちに発見できる。また運転中管外面の清掃も容易であり，一部冷却水の蒸発によって冷却の効果があがるなどの特徴をもつ。

4・3 相変化が起こらない場合の境膜伝熱

前節では総括伝熱係数がわかっているものと考えたが，実際の伝熱操作では必要に応じてこの値を算出しなければならない。この場合，境膜伝熱係数の算出が問題となる。

境膜伝熱係数は種々の因子の複雑な関数であり，ヌッセルト(W. Nusselt)[1]は，流体が円管内を通過する間に外部から加熱あるいは冷却される場合について次元解析によりつぎのような関係式を導いている。

$$\frac{hD}{k} = K \left(\frac{D\bar{u}\rho}{\mu}\right)^{\alpha} \left(\frac{C_p\mu}{k}\right)^{\beta} \left(\frac{L}{D}\right)^{\gamma} \tag{4・33}$$

上式左辺 hD/k はヌッセルト数(Nusselt number; Nu と書く)とよばれる無

---
1) W. Nusselt, *Zeits. V. D. I.*, **53**, 1750 (1909).

4・3 相変化が起こらない場合の境膜伝熱

次元数であり,右辺カッコ内もそれぞれ無次元数であって,第1項($D\bar{u}\rho/\mu$)は前章で述べたレイノルズ数(Re),第2項($C_p\mu/k$)はプラントル数(Prandtl number;Prと書く)とよばれる。Nuは無次元化した境膜伝熱係数であって,代表長さ(たとえば塔径)と有効境膜厚さの比の意味をもつ。Prは流体の熱的性質を示すものであり,$Pr=C_p\mu/k=(\mu/\rho)/(k/C_p\rho)$より動粘度($=\mu/\rho$)と熱拡散率($=k/C_p\rho=\alpha$;thermal diffusivity)との比を意味する。

さて,式(4・33)中の定数K, α, β, γは管内流体の流動状態によって異なり,実験により定められる。多くの実験結果を総合して得られたいくつかの関係式が用いられている。ここではおもに円管内の流れに関する結果を示す。したがって,hはh_i(iは内管)の意味をもつ。

式(4・33)の導き方 3・2・2を参照して,境膜伝熱係数h[W/m²・K]を流体の諸物性(密度ρ[kg/m³],粘度μ[Pa・s],定圧比熱容量C_p[J/kg・K],熱伝導率K[W/m・K]や流体の平均速度$\bar{u}$[m/s],円管の内径D[m]および円管の長さL[m]の関数としてつぎのように表わす。

$$h = K\rho^a \mu^b C_p^c k^d \bar{u}^e D^f L^g \tag{i}$$

両辺の次元が合うように指数$a, b, c, \cdots$等を決める。Kは次元のない定数である。すなわち,

$$[\text{W}\cdot\text{m}^{-2}\cdot\text{K}^{-1}] = K[\text{kg}\cdot\text{m}^{-3}]^a [\text{Pa}\cdot\text{s}]^b [\text{J}\cdot\text{kg}^{-1}\cdot\text{K}^{-1}]^c$$
$$\times [\text{W}\cdot\text{m}^{-1}\cdot\text{K}^{-1}]^d [\text{m}\cdot\text{s}^{-1}]^e [\text{m}]^f [\text{m}]^g \tag{ii}$$

Jをkg・m²/s²,Paをkg/m・s²とおいて各単位について整理するとつぎのようになる。

$$\left.\begin{array}{l} \text{kgについて:}\quad 1 = a+b+c \\ \text{sについて:}\quad -3 = -b-2c-3d-e \\ \text{Kについて:}\quad -1 = -c-d \\ \text{mについて:}\quad 0 = -3a-b+2c+d+e+f+g \end{array}\right\} \tag{iii}$$

7個の指数に対して関数式が4個であるから,7個の指数のうち4個は残り3個の指数で表わされる。この場合,aとbのいずれかとcおよびfとgのいずれかの3個を指定すると,残りの4個について解くことができる。いま,a, c, gの3個を指定すると

$$b = c-a, \quad d = 1-c, \quad e = a, \quad f = a-g-1 \tag{iv}$$

したがって式(i)はつぎのような形になり,

$$h = K\rho^a \mu^{c-a} C_p^c k^{1-c} \bar{u}^a D^{a-g-1} L^g$$
$$= K\frac{k}{D}\left(\frac{D\bar{u}\rho}{\mu}\right)^a \left(\frac{C_p\mu}{k}\right)^c \left(\frac{L}{D}\right)^g \tag{v}$$

式(v)を変形し,指数を$a \to \alpha, c \to \beta, g \to \gamma$とおくと式(4・33)を得る。

4・3・1 乱流の場合

レイノルズ数 $Re>10\,000$(詳しく言えば $500\,000\sim10\,000$, 自然対流が無視できる場合)では, 管長 L が十分長く ($L/D>60$), プラントル数 Pr が $0.7\sim120$ の場合, 各種の流体(気体, 液体)に対して次式が成り立つことが知られている[†]。

$$\left(\frac{hD}{k}\right)_f=0.023\left(\frac{DG}{\mu}\right)_f^{0.8}\left(\frac{C_p\mu}{k}\right)_f^{1/3} \qquad(4\cdot34)$$

ここに G は質量速度 ($\equiv\bar{u}\rho$, 前章参照) であり, 添字 f は境膜温度, すなわち流体本体の温度 t と壁面平均温度 t_w との平均温度 ($t_f=(t+t_w)/2$) における値であることを示す。ただし C_p, k は μ ほど温度に鋭敏ではないので, 流体本体の平均温度における値が用いられる(以下添字 f は省略する)。式(4・34)の左右両辺を $(Re)(Pr)$ で割って変形すると

$$\left(\frac{h}{C_pG}\right)\left(\frac{C_p\mu}{k}\right)^{2/3}=0.023\left(\frac{DG}{\mu}\right)^{-0.2} \qquad(4\cdot35)$$

この式で (h/C_pG) はスタントン数(Stanton number; St と書く)とよばれる無次元数である。またこの式の左辺全体をコルバーン(Colburn)の伝熱 j 因子 (heat transfer j factor)とよび, j_H の記号で表わす。

$$j_H=(St)(Pr)^{2/3}=0.023(Re)^{-0.2} \qquad(4\cdot36)$$

j_H は前章で述べた摩擦係数 f の $1/2$ にほぼ等しいことが知られている。

$$j_H=(1/2)f \qquad(4\cdot37)$$

式(4・37)をコルバーンのアナロジー(analogy)という。

なお粘度の温度による変化が著しい場合には, 式(4・36)よりもそれに温度の補正を行なったつぎのシーダー-テイト(Sieder-Tate)の式が用いられる。

$$(St)(Pr)^{2/3}(\mu_w/\mu)^{0.14}=0.023(Re)^{-0.2} \qquad(4\cdot38)$$

ここに μ_w は壁面平均温度における粘度, μ は流体本体の平均温度における粘度である。

4・3・2 層流の場合

層流 ($Re<2100$) では流速が小さいので, 壁面近くでの温度勾配による粘度の変化や密度の変化による自然対流の影響が考えられるが, 管径があまり大きくなく, 壁面と流体間の温度差もそれほど大きくない, すなわち自然対流の影響が無視できる場合は次式[1]が成り立つと言われている。

[†] この式はデッタス-ボルター(Dittus-Boelter)の式とよばれる(W. H. McAdams, "Heat Transmission", p. 219, McGraw-Hill(1954))。

1) E. N. Sieder, G. E. Tate, *Ind. Eng. Chem.*, 28, 1429(1936).

4・3 相変化が起こらない場合の境膜伝熱

$$\frac{hD}{k} = 1.86\left(\frac{DG}{\mu}\right)^{1/3}\left(\frac{C_p\mu}{k}\right)^{1/3}\left(\frac{D}{L}\right)^{1/3}\left(\frac{\mu}{\mu_w}\right)^{0.14}$$

$$= 1.86\left(\frac{4}{\pi}\right)^{1/3}\left(\frac{WC_p}{kL}\right)^{1/3}\left(\frac{\mu}{\mu_w}\right)^{0.14} = 2.01(Gz)^{1/3}\left(\frac{\mu}{\mu_w}\right)^{0.14} \quad (4\cdot39)$$

ここに W は流体の質量流量 $(=(\pi/4)(D^2G))$ である。また $Gz\ (=WC_p/kL)$ はグレーツ数 (Graetz number) とよばれる無次元数である。

なお式 (4・39) を変形すると式 (4・38) に似た次式が得られる。

$$(St)(Pr)^{2/3}\left(\frac{\mu_w}{\mu}\right)^{0.14} = 1.86(Re)^{-2/3}\left(\frac{D}{L}\right)^{1/3} \quad (4\cdot40)$$

4・3・3 遷移流の場合

式 (4・34) と式 (4・39) の両式が成立しない層流と乱流の中間域 (遷移域; $2100 < Re < 10000$) における熱伝達に関しては適当な実験式がなく、シーダー–テイトの実験結果を整理した図 4・11[1] がよく用いられる。図中、層流域の直線は式 (4・40) を、また乱流域の直線は式 (4・38) を示す。

例題 4・6 内径 50 mm の円管内に、ある高温流体を 10 m³/h の割合で流し、外部から冷却している。管のある断面で高温流体の平均温度が 370 K、管内壁温度が 320 K であるとき、高温流体側の境膜伝熱係数はいくらになるか求めなさい。ただし流体の密度 $\rho = 850$ kg/m³、比熱 $C_p = 4.0$ kJ/kg・K、熱伝導度 $k = 0.65$ W/m・K で温度によらず一定、粘度は $\mu(320\ K) = 7.0 \times 10^{-4}$ Pa・s、$\mu(370\ K) = 3.5 \times 10^{-4}$ Pa・s とし、管長は 5 m とする。

【解】 高温流体のレイノルズ数は、与えられた数値 $\bar{u} = 10/(0.05)^2(\pi/4)(3600) = 1.41$ m/s、$\mu(370\ K) = 0.65$ W/m・K を用いて

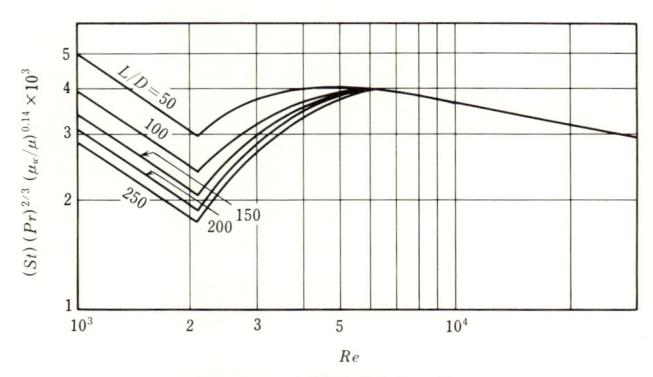

図 4・11 円管内熱伝達係数

---

1) W. H. McAdams, "Heat Transmission", McGraw-Hill (1954).

$$Re = \frac{D\bar{u}\rho}{\mu} = \frac{(0.05)(1.41)(850)}{(3.5\times10^{-4})} = 1.71\times10^5 \quad (乱流)$$

つぎにプラントル数は，$k=0.65\,\mathrm{W/m\cdot K}$ として

$$Pr = \frac{C_p\mu}{k} = \frac{(4.0\times10^3)(3.5\times10^{-4})}{0.65} = 2.15$$

また $L/D = 5/0.05 = 100$，さらに $\mu/\mu_w = 3.5\times10^{-4}/7.0\times10^{-4}$ である。

以上から，$Re>1\times10^4$，$0.7<Pr<120$，また $L/D>60$ の条件を満足しているので，式(4・38)より h を計算することができる。

$$St = \frac{h}{C_p G} = 0.023(Re)^{-0.2}(Pr)^{-2/3}(\mu_w/\mu)^{-0.14}$$
$$= 0.023(1.71\times10^5)^{-0.2}(2.15)^{-2/3}(2.0)^{-0.14} = 1.12\times10^{-3}$$

また
$$G = \bar{u}\rho = (1.41)(850) = 1.20\times10^3\,\mathrm{kg/m^2\cdot s}$$

$$\therefore\quad h = (St)C_p G = (1.12\times10^{-3})(4.0\times10^3)(1.20\times10^3) = 5.38\times10^3\,\mathrm{W/m^2\cdot K}$$

なお断面が円形でない流路を流体が乱流で流れる場合は式(4・40)の D をつぎのように定義される相当直径[†] D_e で置き換えれば，図4・11の関係を用いることができる。

$$D_e = \frac{4\times(流路断面積)}{(伝熱辺長)} \tag{4・41}$$

たとえば二重管の間の環状路を流れる流体から内管を流れる流体への伝熱の場合，内管の外径を D_i，外管の内径を D_o とすると，相当直径は

$$D_e = \frac{4(\pi/4)(D_o^2 - D_i^2)}{\pi D_i} = \frac{D_o^2 - D_i^2}{D_i} \tag{4・42}$$

また流路の断面が a,b を2辺とする長方形管の場合の D_e はつぎのように表わされる。

$$D_e = \frac{4ab}{2(a+b)} = \frac{2ab}{a+b} \tag{4・43}$$

4・3・4 自然対流が起こる場合

4・3・2項で述べたように静止流体においても温度の異なる固体面があると，壁面付近の流体が加熱され，その結果，温度差による密度の差が生じて流体の動き，すなわち自然対流が起こる。この流体の動きに伴う熱の移動を自然対流伝熱という。自然対流が生ずる場合の境膜伝熱係数は流体の体膨張係数 β[††] と，流体本体と壁面との温度差 Δt を含む次式で表わされることが知られている。

[†] 流動(第3章)の場合の相当直径とは必ずしも一致しない。
[††] $\beta = (\partial V/\partial T)_p/V$ 流体では温度によらずほぼ一定とみなせる。密度とは $\beta = (\rho_1 - \rho_2)/\rho_{av}(T_2 - T_1)$ の関係にある。ここで，ρ_1，ρ_2 は T_1，T_2 における密度，ρ_{av} は平均値である。

4・3 相変化が起こらない場合の境膜伝熱

$$Nu = \frac{hD_n}{k_f} = C\left[\left(\frac{D_n{}^3 \rho_f{}^2 g \beta_f \Delta t}{\mu_f{}^2}\right)\left(\frac{C_p \mu}{k}\right)_f\right]^m = C(Gr \cdot Pr)_f{}^m \quad (4\cdot44)$$

ここに D_n は固体面が垂直の場合はその高さ，水平管の場合は $D_n = \pi D_o/2$ (D_o は外径)をとる。また g は重力加速度であり，添字 f は境膜温度における値をさす。Gr ($= D_n{}^3 \rho_f{}^2 g \beta_f \Delta t / \mu_f{}^2$) はグラスホフ数(Grashof number)とよばれる無次元数であり，C, m の値は $Gr \cdot Pr$ の範囲によって異なる。

実際に自然対流が問題となる例には大気への熱の放出がある。空気についてつぎのような実験式[†]が与えられている。

垂直面： $\quad Gr \cdot Pr = 10^4 \sim 10^9 \quad\quad h = 1.37\,(\Delta t/D_n)^{1/4}$
$\quad\quad\quad\quad Gr \cdot Pr = 10^9 \sim 10^{12} \quad\quad h = 1.24\,(\Delta t)^{1/3} \quad\quad (4\cdot45)$

水平管： $\quad Gr \cdot Pr = 10^3 \sim 10^9 \quad\quad h = 1.32\,(\Delta t/D_n)^{1/4}$
$\quad\quad\quad\quad Gr \cdot Pr = 10^9 \sim 10^{12} \quad\quad h = 1.24\,(\Delta t)^{1/3} \quad\quad (4\cdot46)$

水平面(上向き熱面または下向き冷面)：
$\quad\quad\quad\quad Gr \cdot Pr = 10^5 \sim 2\times10^7 \quad h = 1.32\,(\Delta t/L)^{1/4}$
$\quad\quad\quad\quad Gr \cdot Pr = 2\times10^7 \sim 3\times10^{10} \quad h = 1.52\,(\Delta t)^{1/3} \quad (4\cdot47)$

水平面(下向き熱面または上向き冷面)：
$\quad\quad\quad\quad Gr \cdot Pr = 3\times10^5 \sim 3\times10^{10} \quad h = 0.59\,(\Delta t/L)^{1/4} \quad (4\cdot48)$

ただし L は水平面(正方形)の 1 辺の長さ [m] である。

例題 4・7 外径 50 mm の円管で流体を水平に輸送している。いま管の表面温度が 353 K，周囲の空気が 293 K であるとき，自然対流による境膜伝熱係数はいくらになるか計算しなさい。
ただし空気についてはつぎの近似式が成立するものとする。
$$(\rho^2 g \beta C_p / \mu k)_f = (1.45 \times 10^8) / (T_f/273)^{4.59}$$

【解】 $\quad\quad\quad T_f = (353 + 293)/2 = 323 \text{ K}$

まず $Gr \cdot Pr$ の値を求める。
$$Gr \cdot Pr = \frac{D_n{}^3 \rho_f{}^2 g \beta_f C_p \Delta t}{\mu_f k} = \left(\frac{\rho_f{}^2 g \beta_f C_p}{\mu_f k}\right) D_n{}^3 \Delta t$$

であるから，題意の式より
$$(\rho^2 g \beta C_p / \mu k)_f = (1.45 \times 10^8) / (323/273)^{4.59} = 6.70 \times 10^7$$

水平管であるから
$$D_n = (\pi/2)(0.05) = 0.0785 \text{ m} \quad \text{また} \quad \Delta t = 80 - 20 = 60°C$$
$$\therefore \quad Gr \cdot Pr = (6.70 \times 10^7)(0.0785)^3 (60) = 1.94 \times 10^6$$

したがって，式(4・46)を用いて
$$h = 1.32\,(\Delta t/D_n)^{1/4} = 1.32\,(60/0.785)^{1/4} = 6.94 \text{ W/m}^2 \cdot \text{K}$$

[†] Christie J. Geankoplis, "Transport Process and Unit operations" (Third Edition), Prentice-Hall, p. 256 (1993).

4・4 相変化を伴う場合の伝熱

液の沸騰，蒸気の凝縮，固体の析出などの相変化を伴う熱の移動は工業的に広く利用されている現象であるが，その伝熱機構は複雑でありまだ十分解明されていない。ここでは要点のみを説明する。

4・4・1 沸騰伝熱

伝熱面近くで液が蒸気相に変化する現象を沸騰伝熱(boiling heat transfer)という。沸騰伝熱では固体表面から離れていく気泡の撹拌作用によって固体表面に接する境界層が薄くなる。このため沸騰時の熱伝達係数はきわめて大きな値となる。

さて，伝熱速度 q と温度差 Δt との関係は図4・12[1]のような沸騰特性曲線によって説明される。これは大気圧下で静止した水の中に白金線をおき，電流を流して加熱沸騰させる過程を示したものである。AB部分は水温が低く沸騰を伴わない自然対流状態であり，白金線温度が沸点にほぼ等しくなると気泡が発生しはじめる。このように気泡が発生すると撹乱効果が現われ，境膜伝熱係数は急激に増大する。このような状態を核沸騰(nucleate boiling)とよぶ。白金線

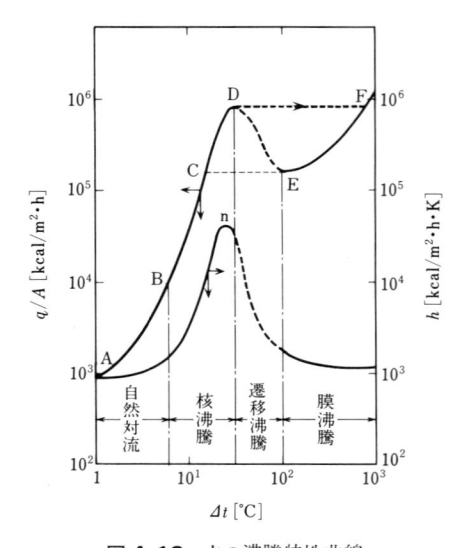

図4・12 水の沸騰特性曲線

---

1) 抜山四郎，日本機械学会誌，37(206)，367(1934)；化学工学会編，"化学工学便覧(改訂六版)"，丸善(1999)

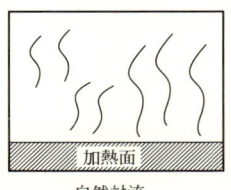

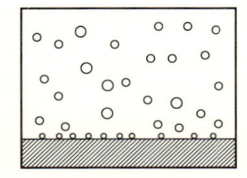

4・4 相変化を伴う場合の伝熱

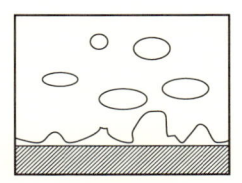

| 自然対流 | 核沸騰 | 膜沸騰 |

図 4・13 液の沸騰モデル

温度が上昇するにつれて気泡発生点の数が多くなり，しだいに気泡の合体が起こるようになる。局所的に蒸気膜が伝熱面をおおう直前で熱流束は最大点 D に達する。境膜伝熱係数が最大になる点 n は抜山点とよばれている。加熱面の温度がさらに高くなると，間欠的に伝熱面をおおう不安定な蒸気膜が形成され，DE のように熱流束が低下するため，加熱面の温度が急激に上昇する。

加熱面全面が安定な蒸気でおおわれるようになると，EF のように再び熱流束が増加する。EF 部分を膜沸騰(film boiling)とよぶ(図 4・13 参照)。なお DE 部分は不安定であって遷移沸騰域である。実際には熱流束が点 D を越えると加熱面の温度は点 F に対応する値に飛び移る。この温度は多くの場合金属の融点以上になるので，点 D 以上に熱流束を増加しようとすれば，金属は焼損する。そのため点 D をバーンアウト点とよぶ。

図 4・12 で点 F から逆に熱流速を下げていくと，点 F から点 E までは膜沸騰が続き，点 E から核沸騰に移り，加熱面の温度も急激に下がり点 C となる。

4・4・2 凝 縮 伝 熱

飽和蒸気がその温度より冷たい固体表面に触れると凝縮し液化する。この現象を凝縮伝熱(heat transfer in condensation)という。凝縮には凝縮した液が固体面を膜状におおって流下する膜状凝縮(film-type condensation)と，凝縮液が面上を滴状に流下する滴状凝縮(drop-wise condensation)とがある。膜状凝縮では凝縮によって放出される熱は液膜を通して冷却面に伝わるが，滴状凝縮の場合は蒸気が露出した冷却面に直接触れることになるので，境膜伝熱係数は滴状凝縮のほうが著しく大きくなる。

凝縮器に入る蒸気中に非凝縮性のガスが存在しない場合は，伝熱抵抗がほとんど凝縮液の部分にあるので境膜伝熱係数は大きい数値を示す。一方不凝縮性のガス(たとえば空気)が共存すると，蒸気のみが凝縮し，残りのガスが境膜を形成する。この場合伝熱はガス境膜を通して行なわれることになるので境膜伝熱係数の値は小さくなる。たとえば，水蒸気に 0.5 ％ の空気が含まれていると境膜伝熱係数の値はほぼ半分に減少することが知られている。したがって凝縮

操作においては非凝縮性ガスを除去すること(これを脱気(degasification)という)が重要である。

4・5 放射伝熱を含む場合の伝熱

すべての物体はその温度に応じて表面から熱放射線(主として赤外線)を発散する。その熱放射線は空間を飛び越えて低温の物体表面に到達し，吸収されて熱に変わる。このような現象を放射伝熱という。熱放射は固体表面だけでなく，二酸化炭素，水蒸気，一酸化炭素などのガス体でも高温になると起こるようになり，輝炎や微粉炭炎もその波長領域の赤外線を放射する。赤熱したストーブ表面からそばにいる人体への熱移動，窯炉など高温装置におけるガス体や炎から被熱物への伝熱，太陽熱などの放射伝熱の例は多い。

さて温度 T [K] の固体面 A [m^2] から単位時間あたり発散される熱量 q_r は次式で表わされる。

$$q_r = bA\varepsilon T^4 \quad [\text{J/s}] \text{ または } [\text{W}] \tag{4・49}$$

ここで b はステファン-ボルツマン(Stefan-Boltzmann)の定数とよばれ，その値は $b = 5.67 \times 10^{-8}$ W/m^2・K^4 である。ε は固体面の熱放射率(emissivity)または 黒度[†](blackness)とよばれ，固体の種類，表面の状態，温度などによって変わる値である。

$\varepsilon = 1$ の物体を黒体といい，$\varepsilon < 1$ であるがその値が温度によって変わらない物体を灰色体という。いろいろな物質の熱放射率の値を表4・2[1)] に示した。

つぎに温度 $T_1, T_2 (T_1 > T_2)$ である2物体の面I，IIが相対しているとき，物体1から2への放射伝熱について考えてみよう(図4・14参照)。面Iから放射される総熱量は式(4・49)で表わされるが，熱は物体の囲りの各方向へ放射されるので，面IIに届くのはその一部分だけである。また放射の強さは角度によっても異なり，面Iの垂線と角度 ϕ をなす方向への放射の強さは $\cos\phi$ に比例している。いいかえればIからIIへ放射熱が届く割合は，Iから見たIIの立体角と向かい合う角度に依存している。面IIから面Iへの放射についても同じことがいえる。そこで面Iから面IIへの正味の放射伝熱量 q_{12} は，2物体が黒体であるとき次式で表わされる。

---

† 物体が放射線を受けると一部を反射し，他の一部を透過，残りを吸収する。反射も透過もせず受けた放射線のエネルギーを全部吸収する物体を黒体という。黒体はまた熱放射線を発散する能力がもっとも大きい。実在する物体は黒体ではないので放射エネルギーは黒体のそれより小さい。そこで実在物体の放射エネルギー(E_r)は黒体の放射エネルギー(E_B)に対する割合($E_r/E_B \equiv \varepsilon$)として表わされる。

1) W. H. McAdams, "Heat Transmission", McGraw-Hill(1954).

4·5 放射伝熱を含む場合の伝熱

表 4·2 種々の物質表面の熱放射率

物　質	温度[K]	ε	物　質	温度[K]	ε
アスベスト，スレート	300	0.96	ステンレススチール：研磨面	370	0.074
アルミニウム：研磨面	370	0.095	赤れんが	300	0.93
圧延鋼板	320	0.56	アグネサイト耐火れんが	1300	0.38
紙	300	0.91〜0.98	オイルペイント	370	0.92〜0.96
木：生	300	0.5 〜0.7	雪		0.8
木：平滑加工品	300	0.8 〜0.9	水	270〜370	0.95〜0.963
コンクリート	300	0.94			

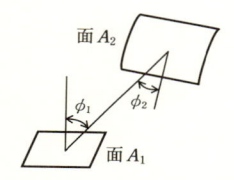

図 4·14 二面間の放射

$$q_{12}=b(A_1F_{12}T_1^4-A_2F_{21}T_2^4) \tag{4·50}$$

ここに F_{12} はⅠからみたⅡの角関係(angle relation)とよばれる。2物体の温度が等しいとき $q_{12}=0$ となるはずであるから $A_1F_{12}=A_2F_{21}$(これを相反定理という)となる。したがって式(4·50)はつぎのように書き直される。

$$q_{12}=5.67 A_1F_{12}\left[\left(\frac{T_1}{100}\right)^4-\left(\frac{T_2}{100}\right)^4\right]=5.67 A_2F_{21}\left[\left(\frac{T_1}{100}\right)^4-\left(\frac{T_2}{100}\right)^4\right] \tag{4·51}$$

両物体が非黒体の場合は，面Ⅰから面Ⅱに届いた放射熱のうち吸収されるのは一部で，他の一部は反射して面Ⅰへ届くという関係を繰り返すので，いっそう複雑であるが，この場合の q_{12} は総括角関係(総括放射到達率ともいう) ϕ_{12} を用いて式(4·51)と同様に表わされる。

$$q_{12}=5.67 A_1\phi_{12}\left[\left(\frac{T_1}{100}\right)^4-\left(\frac{T_2}{100}\right)^4\right] \tag{4·52}$$

簡単な二三の場合の角関係を表4·3に示す。ここで固体面から空気中への熱損失を考えると，表4·3より $\phi_{12}=\varepsilon_1$ であるから，たとえば装置の表面温度を T_1，周囲の外気温度を T_2(ただし $T_1>T_2$)とおくと，放射による損失熱量 q_r は次式のように表わされる。

$$q_r=5.67 A_1\varepsilon_1[(T_1/100)^4-(T_2/100)^4] \tag{4·53}$$

また放射伝熱係数を h_r とすると q_r はつぎのようにも書ける。

$$q_r=h_rA_1(T_1-T_2) \tag{4·54}$$

表 4・3 簡単な場合の角関係

両面の形態	F	ϕ
無限並行平板	1	$\dfrac{1}{\phi_{12}}=\dfrac{1}{\phi_{21}}=\dfrac{1}{\varepsilon_1}+\dfrac{1}{\varepsilon_2}-1$
面Iが面IIに囲まれている場合	$F_{12}=1$ $F_{21}=A_1/A_2$	$\dfrac{1}{\phi_{12}}=\dfrac{1}{\varepsilon_1}+\left(\dfrac{1}{\varepsilon_2}-1\right)\dfrac{A_1}{A_2}$ $\dfrac{1}{\phi_{21}}=\dfrac{1}{\varepsilon_1}\cdot\dfrac{A_2}{A_1}+\left(\dfrac{1}{\varepsilon_2}-1\right)$
大気中への熱放射	$F_{12}=1$	$\phi_{12}=\varepsilon_1$

式(4・53),(4・54)より

$$h_r=\frac{5.67\varepsilon_1[(T_1/100)^4-(T_2/100)^4]}{T_1-T_2} \tag{4・55}$$

なお,固体表面から外気への熱移動を考える場合は,自然対流によって逃げる熱損失を考慮する必要がある。この伝熱量を q_c とし,伝熱係数を h_c とおくと

$$q_c=h_c A_1(T_1-T_2) \tag{4・56}$$

したがって式(4・54),(4・56)から

$$q_c+q_r=(h_c+h_r)A_1(T_1-T_2) \tag{4・57}$$

となる。(h_c+h_r)を複合伝熱係数という。

例題 4・8 円管中を流れるガスの温度をはかるために流れに直角に熱電対を入れたところ,示度が428 K,壁温は383 Kであった。ガスの真の温度を求めなさい。ただし,熱電対の黒度を0.85,h_cを10 W/m²・Kとし,また熱伝対の伝導による損失熱およびガスの放射熱は無視できるものとする。

【解】 この場合ガスから熱電対への対流伝熱量が熱電対から管壁への放射伝熱量に等しい状態で熱電対の示度を読んでいることになるので,ガスの真の温度を T_G,熱電対の示度を T,管の壁温を T_S とすると式(4・54),(4・56)よりつぎの関係が得られる。

$$h_r A(T-T_S)=h_c A(T_G-T) \quad (A \text{ は熱電対の表面積})$$

また熱電対の感温部は円管に囲まれていて,管壁面積に比べ感温部の面積は無視できるから,式(4・55)が適用できる。すなわち求める T_G について整理すると

$$T_G=T+\frac{T-T_S}{h_c}\cdot\frac{5.67\varepsilon_1[(T/100)^4-(T_S/100)^4]}{T-T_S}$$

ここで $T=428$ K, $T_S=383$ K, $h_c=10$ W/m・K, $\varepsilon_1=0.85$ であるから

$$T_G=428+\left(\frac{428-383}{10}\right)\cdot\frac{(5.67)(0.85)(4.28^4-3.83^4)}{428-383}=428+58.0=486 \text{ K}$$

4・6 溶液の蒸発濃縮と過熱水蒸気の発生

蒸発操作は固体その他の不揮発性(non-volatile)成分(溶質とよばれる)を溶解している溶液を加熱・沸騰させ，溶媒を蒸発させて取り出し，溶液を濃縮する操作である。溶液としては水溶液の場合が多く，操作も単に濃縮のみならず，結晶を得る工程まで含まれる場合がある。また逆に蒸気を液化したものが製品の場合もある。蒸発操作においては水を蒸発させるために多量の潜熱が必要であるから，加熱用熱源としては通常蒸発潜熱の大きな水蒸気がよく使われる。したがって溶液から発生した水蒸気はまた蒸発操作の熱源となりうるわけで，この潜熱をいかに有効に利用するかが熱経済の上から大きな問題となる。多重効用方式はこの点を考慮してエネルギー節約をはかる操作の一つである。

4・6・1 蒸発器における伝熱

図4・15に蒸発操作の概略を示す。蒸発器(evaporator；蒸発缶ともいう)は加熱部(カランドリア)と蒸発部とからなり，加熱部は多数の加熱管から構成されている。液体は加熱管内を沸騰しながら上昇し，中央の降液管を下降して循環する。加熱部を通して熱源(たとえば水蒸気)から溶液に与えられる伝熱速度を q [J/s] とすると，と，

$$q = UA\Delta t \tag{4・58}$$

ここに U は総括伝熱係数[W/m²・K]，A は伝熱面積[m²]，ΔT [K] は温度差である。また U は式(4・32)で表わされる。通常，伝熱壁の熱伝導による抵抗は総括伝熱抵抗に比べて小さいが，現象が複雑なため，この総括伝熱係数に関

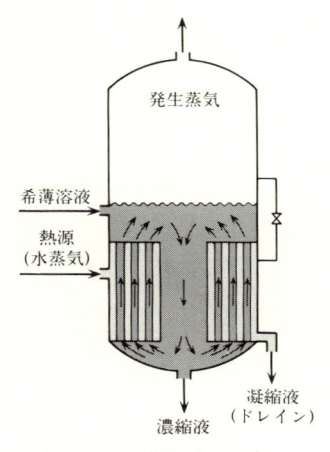

図4・15 蒸発器の構造

する一般的な関係式がなく，既設の装置で求めた U の実測値を参考にすることが多い。また温度差 ΔT は熱源温度(水蒸気の温度) T_v と溶液の温度 T_l との差，すなわち次式で与えられる。

$$\Delta T = T_v - T_l \tag{4・59}$$

T_v は飽和水蒸気の場合はボイラーまたは一つ前の蒸発器内の圧力から水蒸気表(付録6.)によって飽和温度 T_s として求められる。また過熱水蒸気の場合も，つめたい面に触れると冷却されて直ちに飽和蒸気となるので，水蒸気の温度は飽和温度とみなすことができる。したがって熱源蒸気から溶液に加えられる熱量 q は事実上蒸発潜熱のみとみなして次式で計算する。

$$q = V_c \lambda \tag{4・60}$$

ここに V_c は凝縮水量 [kg/s] (凝縮水はドレイン(drain)ともよばれる)，λ は T_s における水の蒸発潜熱(水蒸気表より求められる)である。

一方水溶液の温度 T_l であるが，水に溶質が存在すると沸点上昇(boiling point rise)が起こる。一般に沸点上昇は溶質の分子量が小さいほど大きいが，この水溶液の沸点を同じ蒸気圧を示す純水の沸点に対してプロットすると各濃度について直線関係が得られることが知られている。これをデューリング線(Dühring's line)という。図 4・16 は NaOH 水溶液のデューリング線図(Dühring chart)であり，これより任意の圧力および濃度における NaOH 水溶液の沸点を知ることができる。なお実際の蒸発装置において加熱面が液中に浸

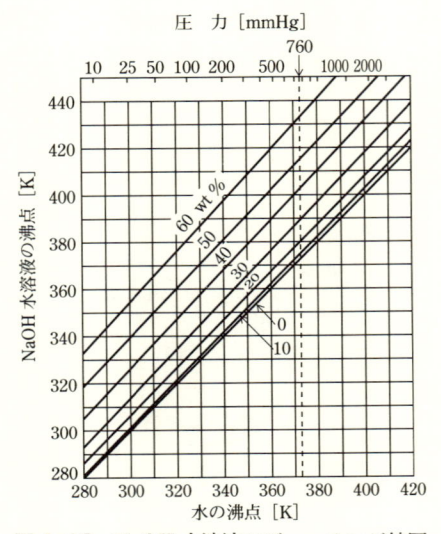

図 4・16 NaOH 水溶液のデューリング線図

4·6 溶液の蒸発濃縮と過熱水蒸気の発生

されている場合は，液深に伴う沸点上昇も考慮する必要がある。この沸点上昇は液深の平均値を h [m]，溶液の密度を ρ [kg/m³]，重力加速度を g [m/s²] とすると，次式で与えられる圧力差 Δp に相当するものである。

$$\Delta p = \rho g h \quad [\text{kg/m·s}^2 \text{ あるいは Pa}] \tag{4·61}$$

すなわち加熱面での溶液は蒸発器内の圧力よりも Δp だけ高い圧力下での沸点を示すわけで，式(4·59)中の T_l はまさにこの沸点をさす。

例題 4·9 水の蒸発操作において，蒸発器内の圧力が 40 kPa で，液深の平均値が 50 cm の場合，液深に伴う沸点上昇はいくらになるか計算しなさい。

【解】 圧力 40 kPa 下での水の沸点は，図 4·16 より 349 K である。この温度における水の密度は $\rho = 974$ kg/m³ であり，液深 $h = 50$ cm $= 0.50$ m であるから $g = 9.80$ m/s² とすると，式(4·61)より液深による平均の圧力差 Δp は

$$\Delta p = (974)(9.80)(0.5) = 4.8 \text{ kPa}$$

すなわち加熱面の圧力は $(40+4.8)$ kPa となっている。そこでこの圧力に相当する沸点を図 4·16 より求めると 352 K となる。したがって液深に伴う沸点上昇はつぎのようになる。

$$352 - 349 = 3 \text{ K}$$

さて水溶液の蒸発においては，溶液より発生する水蒸気はさらに別の蒸発操作の熱源として利用できる。そこで蒸発器を数個直列に並べて，一定量の熱源蒸気を用いて数回の蒸発を行なう方法が利用されている。このような操作を多重効用蒸発(multiple-effect evaporation)という。図 4·17 は三重効用蒸発の例である。蒸発缶(Ⅰ)のみに熱源蒸気を供給し，ここで発生した蒸気を蒸発缶

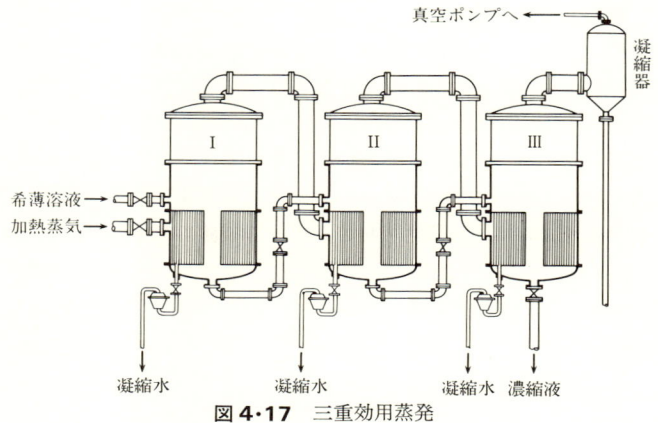

図 4·17 三重効用蒸発

写真 4・2 五重効用蒸発装置の例（住友重機械工業㈱提供）

(Ⅱ)の加熱部へ導く。さらに(Ⅱ)の発生蒸気を(Ⅲ)の加熱部へと導く†。そのさい後の蒸発缶ほど溶液の濃度が高く，したがって沸点が高くなるので，それぞれの容器での蒸発を可能にするため減圧操作が施され，後の容器ほど圧力が低くなっている。理論的には n 重効用の場合，蒸発に要する熱量は $1/n$ まで節約できる。しかし設備費を考慮すると，単一効用に比べて n 倍の設備費がかかるので，写真に示した五重効用までが実際に用いられるようである。

4・6・2 過熱水蒸気の発生

化学工場においては，各種プラントから発生する高温のプロセスガスや排ガスの温度を調節したり，熱を回収するためにさまざまな工夫がなされている。そのうち広く用いられている技術は，ボイラーによる過熱水蒸気の発生である。ボイラーは一種の二重管式熱交換器であって，内管の一端から給水ポンプで水を押し込み，途中で高温ガスとの熱交換により順次加熱，蒸発，さらに加熱され管の他端から過熱水蒸気として送出する装置である。ボイラーの一例を図 4・18 に示す。発生した過熱水蒸気は他のプラントの熱源や，発電用タービンの動力源として再利用される。

この場合，給水が生水であると大気圧常温で酸素 6〜10 ml/l が含まれてお

---

† このような方式を順流式という。

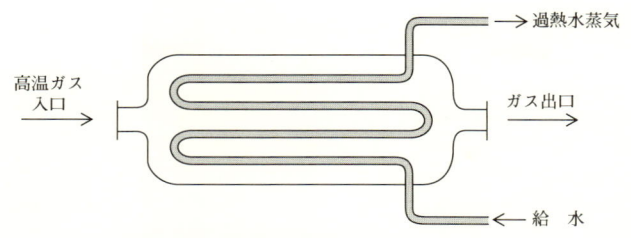

図4・18 過熱水蒸気発生用ボイラー

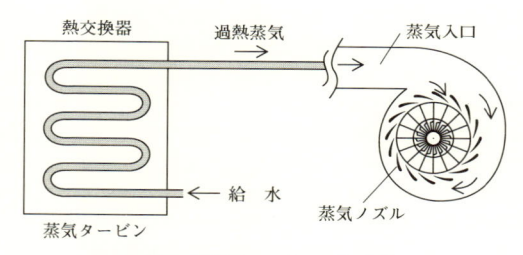

図4・19 蒸気タービンのしくみ

り，そのままボイラーに送ると熱効率が低下するとともに，電気的，化学的腐食を生ずるので，溶解ガスを除去するため，あらかじめ脱気器(deaeration equipment)にかけられる。高圧ボイラーでは亜硫酸ナトリウムやヒドラジンなどによる化学的脱気も併用されている。また，管内のスケールのもとになる不純物はイオン交換などの化学的脱塩処理によって除去されている。

図4・19は蒸気タービンの概略図の一例である。蒸気タービンはノズルと回転羽根からなり，ノズルからの蒸気の噴流を回転羽根に当てて，回転軸を通して必要な動力を得る仕組みとなっている。

問　題

4・1　コルク粉末を厚さ20 cmの層として平面壁の保温に使用したところ，コルク層の低温側が290 K，高温側が360 Kであった。壁の面積を1 m^{2}として伝熱量を計算しなさい。ただし，熱は定常状態で流れるものとし，コルク粉末の平均熱伝導度は0.047 W/m・Kである。[ヒント：式(4・3)を用いる]

4・2　厚さ20 cmの耐火れんが(k_{av}=5.8 W/m・K)，25 cmの断熱れんが(k_{av}=0.014)および15 cmの普通れんが(k_{av}=1.7)からなる平面炉がある。耐火れんがの内壁温度が1770 K，普通れんがの外壁温度が340 Kであるとき，壁1 m^{2}あたりの熱損

失はいくらになるか。また各れんがの接触部の温度はいくらになるか計算しなさい。
[ヒント：式(4・6)を用いる]

4・3 1B鋼管内を一定温度の飽和水蒸気が流れている。管内壁温度が400Kで管外壁温度が370Kであるとき，管長1mあたりの熱損失はいくらになるか計算しなさい。ただし，管の平均熱伝導度は40 W/m・Kである。[ヒント：式(4・10)を用いる]

4・4 問題4・3で厚さ5cmのアスベスト(k_a=0.17 W/m・K)を巻いて保温したところ，アスベストの外壁温度が350Kとなった。管長1mあたりの熱損失およびアスベストと管との接触部の温度を求めなさい。[ヒント：式(4・12)を用いる]

4・5 1B鋼管(k_{av}=400 W/m・K)の中を流れる流体を温水で加熱する二重管式熱交換器がある。管内側および外側境膜伝熱係数をそれぞれ800，1700 W/m²・K，管内側および外側の汚れの係数をそれぞれ4600，2700 W/m²・Kとすると，管内面基準の総括伝熱係数はいくらになるか求めなさい。[ヒント：式(4・32)を用いる。例題4・5参照]

4・6 毎時100 kgの水を290 Kから360 Kまで加熱する。加熱には入り口温度が470 Kの燃焼ガスを用い，400 kg/hの割合で流す。ガスの定圧比熱容量を0.75 kJ/kg・K，また総括伝熱係数を90 W/m²・Kとして，並流，向流，十字流の場合について所要伝熱面積を計算しなさい。[ヒント：十字流の場合は図4・9を用いる]

4・7 1/2B鋼管内に平均流速7 m/sで油を流し外部から加熱している。管のある場所の内壁温度が430 K，油の平均温度が390 Kであるとき，油側の境膜伝熱係数はいくらになるか計算しなさい。ただし，油は温度によらず密度ρ=800 kg/m³，定圧比熱容量C=2.0 kJ/kg・K，熱伝導度k=0.17 W/m・Kで一定とし，粘度はμ(390 K)=3.0×10⁻³ Pa・s，μ(430 K)=2.0×10⁻³ Pa・sとする。[ヒント：Re数を求め，式(4・38)を用いる]

4・8 長さ5mの二重管式熱交換機の内管(内径20 mm)に5 m³/hの割合で水を流し，外側に390 Kの飽和水蒸気(加圧スチーム)を通して加熱する。水の入り口温度290 K，出口温度330 Kの時，水側の境膜伝熱係数はいくらになるか計算しなさい。ただし管壁および水蒸気側の伝熱抵抗は無視できるものとし，水蒸気は飽和温度の液として出るものとする。

4・9 1B鋼管内に370 Kの水蒸気を流すとき，保温材(k_{av}=0.175 W/m・K)を何mmの厚さに巻いたとき，熱損失が最大となるか求めなさい。ただし外気温度を290 K，保温材表面の境膜伝熱係数を5.8 W/m・Kとする。[ヒント：$q=k_{av}A_{lm}(T_1-T_2)/\varDelta r=h_cA(T_2-T_{air})$について$T_1$，$T_{air}$は一定，$A_{lm}$，$A$を$r$の関数とする]

4・10 例題4・7において管表面の黒度が0.90の場合，管の単位表面積から自然対流および放射伝熱によって逃げる熱損失[kJ/m²・h]は合計でいくらになるか求めなさい。

4・11 外径50 mmの水平管で470 Kの熱油を輸送している。管には厚さ25 mmの保温材が巻かれ，表面温度は300 Kである。外気温度が280 Kのとき，管長1.0 mあたりの熱損失を求めなさい。ただし空気の物性に関しては例題4・7の関係式が適用できるものとし，保温材表面の黒度は0.80とする。

4・12 単一蒸発缶に300 K，10 wt%のNaOH水溶液を2500 kg/hの割合で供給し，25 wt%にまで濃縮したい。加熱には150 kPaの飽和水蒸気を用い，缶内の圧力は42 kPaに保つ。この場合，液深の変化に伴う沸点上昇は無視できるとして，(1)蒸発量，(2)所要加熱蒸気量，(3)伝熱面積を求めなさい。ただし，熱貫流係数は

$U = 2\,000\ \text{W/m}^2\cdot\text{K}$, 液の比熱はすべて $4.2\ \text{kJ/kg}\cdot\text{K}$, また缶からのドレインは飽和温度で出るものとする。

4・13 NaOH 水溶液(10 wt%, 30°C)を順流式二重効用缶に 2500 kg/h の割合で供給し 25 wt% まで濃縮する場合, (1) 各缶の蒸発量, (2) 伝熱面積, (3) 所要加熱蒸気量はいくらか。ただし加熱蒸気は 150 kPa の飽和水蒸気, 第 2 缶内の圧力は 13.3 kPa, 各缶の総括伝熱係数は $U_1 = 2\,000$, $U_2 = 1\,500\ \text{W/m}^2\cdot\text{K}$ であり, 沸点上昇はすべて無視し, 液の比熱は $4.2\ \text{kJ/kg}\cdot\text{K}$, 各缶からのドレインは飽和温度で出るものとする。[ヒント:各缶について物質収支式, 熱収支式, 伝熱速度式をたてて, 未知数を試行錯誤法によって求める。]

5

流体混合物の分離操作と装置

　第1章で述べたように原料の物質に物理的および化学的変化を与えて，有用で価値の高い物質を製造する工程を化学プロセスとよぶ。これを大規模に行なう産業の代表的なものに化学工業がある。他の生産プロセス，たとえばLSIの製造にも多くの化学プロセスが用いられている。原料より製品に至る過程で化学反応が含まれない場合もあるが，以下に述べる相平衡に基づく成分の分離プロセスは常に含まれている。それは，最近，分離工学とか分離技術とよばれ，注目を浴びている。

　分離プロセスにはさまざまな操作があり，それらに共通する事柄としては，二つあるいはそれ以上の相が存在し，特定の成分が相平衡に基づいて一つの相から他の相へ移ることが挙げられる。したがって分離操作の解析や設計の基本は，相平衡関係を知ることと相の界面を越えてある成分が移動する速さ(物質移動速度)を知ることである。本章では，まず分離操作の基本的事項を述べ，続いて装置形式について説明する。

5・1　分離操作の基礎

　異相間の物質移動(mass transfer)は，いろいろな化学プロセスにおける成分分離操作においてきわめて重要な役割を演じている。たとえば，汎用合成ゴムのSBR(スチレン-ブタジエン共重合ゴム)樹脂や，ABS樹脂(アクリロニトリル-ブタジエン-スチレン樹脂)の原料であるブタジエンの製造プロセスを考えてみよう。第1章の図1・2に示したように，原料からブタジエンを得るプロセスは，まず(1)原油の蒸留によってナフサを分離し，(2)それを分解して，生成物をメタン，エチレン，プロピレン，ブタジエン等に分離し，(3)次いでメタン，エチレン，プロピレンをそれぞれの後続のプロセスへ送り，(4)残るC_4留分からブタジエンを分離精製する工程から成り立っている。この例からわ

5·1 分離操作の基礎

かるように，原料や製品の分離や精製のために，蒸留を始めとして多くの分離操作が用いられている。なお，操作を適切に進めるには，相平衡の他に相を隔てて物質（あるいは特定の成分）が移動する速さを知らねばならない。それには，均一相内で生じる濃度差による移動（拡散）の他に流体の流れ（混合）も大きく影響する。このほか，異相系の不均一化学反応や固体触媒を用いる不均一化学反応操作では，物質移動の速さを考慮することが必要である。ここでは，物質移動による分離法（物質移動操作）の基礎として，異相間の物質移動速度を中心に述べる。

5·1·1 分離操作の分類

分離操作のほとんどすべては，互いに完全には溶け合わない二つの相を接触させる異相間の物質移動によるものである。これは，平衡になっていない二つの相を接触させると，ある物質が一つの相から他の相へ相界面を通って移動して平衡になろうとすることを利用するものである。相の組合せにより，(1) 気相-液相の場合は，蒸留，吸収，空気の湿度調整など，(2) 気相-固相の場合は

写真 5·1　BTX 分離装置（東燃化学（株）提供）

吸着，昇華，乾燥，膜分離など，(3) 液相-液相の場合は液液抽出，(4) 固相-液相の場合は固体抽出，吸着，晶析，膜分離などの操作に分けられる。

　はじめに均一相であった混合物から第2の相を形成させる手段としては，加熱や冷却という熱の授受による方法と，第3物質を系に加える方法とがある。加熱や冷却によって新たな相が生成する操作の例には，蒸留，蒸発，晶析があり，とくに純度の高い製品が必要な場合には有利である。これに対し，吸収，抽出，吸着などの操作では，原料以外にそれぞれ吸収液，抽出液，吸着剤などの第3物質が用いられる。一般に第3物質を用いる分離操作では，生成物は第3物質との混合物として得られるので，それから純物質を取り出すため，またさらに加えた物質を再利用するために，別の分離工程が必要となるので不利なこともある。

　しかしながら，たとえばナフサクラッキングによる C_4 留分からのブタジエンの分離精製の場合は，表5・1に示すように生成物の沸点がきわめて接近しているので，蒸留を用いると大きな塔が必要となり，設備費の点から不利である。しかし液液抽出や抽出蒸留，あるいは吸収を用いることは経済的に可能であり，実際に工業的に採用されているのはいずれもこれらの操作である。

　さて，直接接触させると完全に溶け合う2相でも，隔膜(membrane)を通して特定成分のみを移動させて分離する方法があり，アルコールの分離・濃縮などへの応用が注目されている。これを膜分離法という。また最近，超臨界状態

表 5・1 C_4 留分炭化水素の沸点(1 atm)

炭 化 水 素	構　　造	沸点[℃]
n-ブタン	$H_3C-\underset{H}{\overset{H}{C}}-\underset{H}{\overset{H}{C}}-CH_3$	-0.5
イソブタン	$H_3C-\underset{CH_3}{\overset{H}{C}}-CH_3$	-11.7
1-ブテン	$H_3C-\underset{H}{\overset{H}{C}}-\overset{H}{C}=CH_2$	-6.2
シス-2-ブテン	$H_3C-\underset{H}{C}=\underset{H}{C}-CH_3$	3.7
トランス-2-ブテン	$H_3C-\overset{H}{C}=\underset{H}{C}-CH_3$	0.9
イソブチレン (2-メチルプロピレン)	$H_2C=\underset{CH_3}{\overset{}{C}}-CH_3$	-6.9
1,2-ブタジエン	$H_2C=C=\underset{H}{\overset{}{C}}-CH_3$	10.8
1,3-ブタジエン	$H_2C=\underset{H}{\overset{H}{C}}-\overset{H}{C}=CH_2$	-4.4

5·1 分離操作の基礎

の流体がもつ高い溶解性を利用した抽出操作が，食品や医薬品の分野で広く用いられるようになってきている。

5·1·2 分離操作とその選択基準

異相間の平衡と物質移動を利用して行なう多くの分離操作法の中から，もっともよいと思われる操作を選ぶことは重要な問題である。そこで，はじめにこれらの操作に関連した用語の定義と操作の選択基準を説明する。

（1） 目的による分類

（a） 回収と除去　図5·1(a)に示すように流体混合物中のある成分を取りだしたり，除いたりする操作である。溶液中で溶媒として作用する成分と溶質成分の物性の間に大きな差があれば，両者の分離は比較的容易である。目的とする成分がいずれであるかによって，成分の回収または除去操作とよばれる。

（b） 精製　流体中に存在する不純物を除き純度を高める操作である。

（c） バルク分離　流体混合物を沸点差，溶解度差等によりいくつかの成分に分ける操作で，分別(fractionation)ともよばれる。

（2） 操作法による分類

原料を1回ごとに装置に仕込み，処理を行ってから排出する操作を回分操作(batch operation)とよび，操作中は外部との物質の出入りはなく，また操作中に装置内の各相の組成や温度，圧力などの状態量が時間とともに変化する。この回分操作は，生産量が少ない場合や試験段階の生産に広く用いられている。これに対し，一つの相は装置内にとどまり他の相が連続的に装置に流入，流出する操作は半回分操作(semi-batch operation)とよばれる。しかし工業的には，多くは原料および操作に必要な物質を連続的に装置に供給し，同時に生成物（製品：product）を連続的に抜き出す操作（連続操作(continuous operation)）が行なわれる。操作開始から適当な時間経過した後では，原料や製品の組成，流量，温度などは常に一定となり，装置内の任意の位置における状態は時間の経過によらず一定となる。このように，装置内の位置で変わっても時間

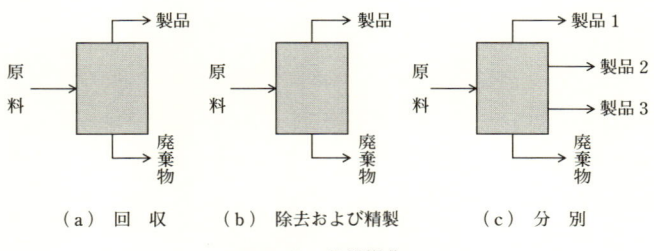

（a） 回　収　　　（b） 除去および精製　　　（c） 分　別

図 5·1　分離操作

によって変わらない状態を定常状態(steady state)とよび，その状態の操作を定常操作とよぶ．これから述べるいろいろな操作では，多くの場合連続定常操作を扱う．

 （3） 接触方式による分類
 平衡にない2相を接触させると，装置形式や接触方法によって両相濃度が装置内の位置によって階段的に変化する場合と連続的に変化する場合がある．前者を階段接触(stepwise contact)，後者を微分接触(differential contact)または連続接触(continuous contact)という．階段接触では装置の大きさを段(stageまたはstep)の数で表わし，各段が理想的な接触状態にあり2相間で平衡が成り立つと考えると，分離に必要な理論段数(number of theoretical stages)を計算することができる．このような理想的接触状態からのずれは段効率(stage efficiency)を用いて表わす．これについては蒸留や吸収の項で説明する．

5・1・3　物質移動と拡散
 （a） 流体の流れ，伝熱，および物質移動のアナロジー　　流体の流れ，伝熱，物質移動はそれぞれ運動量，熱エネルギー，成分が移動する現象であるが，物質移動が生じる状態下ではほとんど運動量と熱エネルギーの移動も同時に生じている．

 混合物中を移動するある成分の移動速度は，混合物本体の移動がなければ拡散現象として扱われる．成分A，Bからなる2成分系で，成分Aが拡散するときの速度はつぎのフィックの法則(Fick's law)で表わされる．

$$j_A = -D_{AB}\frac{dC_A}{dy} \tag{5・1}$$

ここで，j_A[kmol/m^2・s]は拡散流束，D_{AB}[m^2/s]は成分Bの中をAが拡散するときの拡散係数，C_A[kmol/m^3]はAのモル濃度，y[m]は拡散方向の距離である．この式は拡散する成分Aの濃度勾配に比例して，それの濃度が低下する方向に移動することを表わしている．

 この意味では，フィックの法則は運動量移動の場合の式(3・2)と酷似した式であるといえる．ただし，ν[m^2/s]は動粘度である．

$$\tau_{yx} = -\nu\frac{d(\rho u_x)}{dy} \tag{3・2}$$

同様に，伝熱に関するフーリエの式(4・1)も単位体積あたりの熱エネルギー量(熱エネルギー濃度)の勾配に比例して熱エネルギーが移動するとして，次式のように書き換えることができる．

$$q/A = -\alpha\frac{d(\rho C_P T)}{dy} \tag{5・2}$$

ここで $a[\mathrm{m^2/s}]$ は熱拡散率または温度拡散係数とよばれる伝熱に関する物性値である。

このように三つの移動現象はすべて同じ形で表わすことができる。すなわち，移動する物理量(運動量，熱，成分)の流束は，その物理量の濃度勾配を推進力としてそれに比例し，濃度が低下する方向に移動する。

$$\text{物理量流束} = a_C \times (-\text{物理量濃度勾配}) \tag{5・3}$$

この比例係数 $a_C[\mathrm{m^2/s}]$ がその物理量の伝導度(conductivity)あるいは拡散係数(diffusivity)であって，移動する物理量が運動量のときは動粘度 ν，熱エネルギーのときは温度拡散係数 a，物質のときは拡散係数 D_{AB} となる。なお，伝導度の逆数は比抵抗とよばれるので式(5・3)はつぎのようにも書ける。

$$\text{移動速度} = \text{推進力}/\text{比抵抗} \tag{5・3'}$$

これを広義に解釈し，電気の流れと同じように，

$$\text{移動速度} = \text{濃度差}/\text{抵抗} \tag{5・3''}$$

として，オームの法則と類似した関係式に変形して利用することもできる。4・1・1では熱の移動の場合についての実例を示してある。

物質移動は後述のように拡散以外の移動現象も含み，また同時に伝熱や流動を伴うことが多い。たとえば，二つの溶け合わない流体相が接していて成分の移動が生じているとき，その移動速度は流れの影響を受けると同時に，運動量の伝わり易さと物質の伝わり易さという物性の影響も受けると考えられる。そこで動粘度と拡散係数の比としてシュミット(Schmidt)数が定義され，流体の物質移動速度を整理する際の重要な無次元数となっている。

$$\text{シュミット数}: Sc = \nu/D_{AB} = \mu/\rho D_{AB}$$

同様にして，流体中の伝熱速度に関係する重要な無次元数としてプラントル(Prandtl)数が定義されている。

$$\text{プラントル数}: Pr = \nu/a = C_p\mu/k$$

このような，運動量，熱，物質(成分)の移動現象を一括して扱う学問体系を移動現象論(transport phenomena)とよぶ。

(b) 流体中の物質移動速度　2成分 A，B から成る混合流体中の各成分の y 方向への物質移動を考えてみよう。具体的には，完全には溶け合わない二つの流体相を考え，その内の一つの相の中の各成分の移動に注目する。このとき各成分は界面に向かって移動するか，逆に界面から相本体に向かって移動する。したがって，移動方向に沿った座標軸は界面を原点($y=0$)とすることになる。定常状態を考え，各成分の濃度を C_A，$C_B[\mathrm{kmol/m^3}]$，y 方向への各成分の平均速度を u_A，$u_B[\mathrm{m/s}]$ とする。C_A と u_A の積は成分 A の流束 $n_A[\mathrm{kmol/m^2 \cdot s}]$ に等しい。このときの流体の平均速度 $u^*[\mathrm{m/s}]$ は，x_A を成分 A のモル

分率 $(x_A = C_A/(C_A+C_B) = C_A/C)$ とすると次式で表わされる。ただし，C [kmol/m³] は流体混合物のモル密度〔全体のモル数/体積〕である。

$$u^* = \frac{C_A u_A + C_B u_B}{C_A + C_B} = \frac{n_A + n_B}{C} = x_A u_A + x_B u_B \qquad (5\cdot4)$$

ここで，この平均速度に相対的な成分 A の流れを成分 A の拡散流束 j_A[kmol/m²·s] と定義し，

$$j_A = C_A(u_A - u^*) \qquad (5\cdot5)$$

式(5・4)および同式で用いた関係式を代入して整理すると，

$$j_A = C_A u_A - C_A u^* = n_A - x_A(n_A + n_B) \qquad (5\cdot6)$$

の関係式が得られる。実験で求めることができる流束は拡散流束ではなく，成分 A が界面を通過する際の流束すなわち n_A であるから，式(5・6)を n_A で表わし，拡散流束に対してフィックの法則(式(5・1))を適用して整理すると次式が得られる。

$$n_A = -D_{AB}\frac{dC_A}{dy} + x_A(n_A + n_B) \qquad (5\cdot7)$$

成分 B についても全く同様にして次式を導くことができる。

$$n_B = -D_{AB}\frac{dC_B}{dy} + x_B(n_A + n_B) \qquad (5\cdot7')$$

いままでは，物質移動速度をモル基準で表わしてきたが，質量基準で表わすこともできる。各成分の濃度を ρ_A，ρ_B[kg/m³] とすると，ρ_A と u_A の積は成分 A の質量流束 N_A[kg/m²·s] に等しい。質量基準の平均速度 u[m/s] を次式で定義し，

$$u = \frac{\rho_A u_A + \rho_B u_B}{\rho_A + \rho_B} = \frac{N_A + N_B}{\rho} = w_A u_A + w_B u_B \qquad (5\cdot4')$$

ただし，ρ[kg/m³] は混合流体の密度，$w_A = \rho_A/\rho$ は成分 A の質量分率である。この平均速度に相対的な成分 A の質量基準の拡散流束 J_A[kg/m²·s] は次式で表わせる。

$$J_A = \rho_A(u_A - u) \qquad (5\cdot5')$$

式(5・4')の関係を用いて整理すると，

$$J_A = \rho_A u_A - \rho_A u = N_A - w_A(N_A + N_B) \qquad (5\cdot6')$$

となり，質量基準で表わしたフィックの法則を用いると

$$N_A = -D_{AB}\frac{d\rho_A}{dy} + w_A(N_A + N_B) \qquad (5\cdot7'')$$

が導かれる。式(5・7)と式(5・7")中の拡散係数はたがいに等しい値であることを導くことができる。したがって物質移動速度の解析に際しては，モル基準および質量基準のいずれの式を用いてもかまわないが一貫していることが必要で

5・1 分離操作の基礎

ある。以下の説明ではモル基準の式を用いる。

（c） 物質移動係数　式(5・7)で移動成分の濃度が十分に低い場合，または $n_A + n_B = 0$ の場合は，右辺の第2項が無視できて物質流束は拡散流束に等しくなる。このような拡散を相互拡散とよんでいる。すなわち，

$$n_A(=j_A) = -D_{AB}\frac{dC_A}{dy} \quad (5\cdot 8)$$

さらに流体が乱流状態にあるとすると，物質移動の抵抗は界面付近に集約されていると考えられる。そこで，界面近傍に境膜とよぶ乱れのない領域を考え，その外側は完全に乱れているものと単純化してみよう。このとき，物質移動の速度は境膜内の拡散速度に支配されている。この境膜の厚さを δ_M[m]とすると式(5・8)はつぎの境界条件のもとで積分でき，式(5・9)が得られる。なお界面 ($y=0$) では，平衡濃度 C_{Ai}[kmol/m³]であり，境膜の端($y=\delta_M$)では流体本体濃度 C_{Ab}[kmol/m³]に等しいとする。

$$n_A = \frac{D_{AB}}{\delta_M}(C_{Ai}-C_{Ab}) \quad (5\cdot 9)$$

ここで境膜厚さ δ_M は直接測定できないので，拡散係数との比(D_{AB}/δ_M)を(境膜)物質移動係数(mass transfer coefficient) k[m/s]と定義し，実験によってほかの変数との関係を見いだして実用に供することにする。すなわち，

$$n_A = k(C_{Ai}-C_{Ab}), \quad k \equiv D_{AB}/\delta_M \quad (5\cdot 10)$$

ここで，装置の代表長さ L[m]と境膜厚さの比をシャーウッド数(Sherwood number)と定義すると，物質移動係数を含む無次元数として次式が得られる。

$$Sh \equiv \frac{L}{\delta_M} = \frac{kL}{D_{AB}} \quad (5\cdot 11)$$

一般に物質移動速度の実験結果はシャーウッド数として無次元数で表わし，これを流れの状態を表わすレイノルズ数と，物質移動速度に関する物性値の項であるシュミット数の関数として整理するのが普通である。たとえば，円管内壁からの物質移動の場合は，

$$Sh = 0.023 Re^{0.8} Sc^{1/3} \quad (5\cdot 12)$$

の相関式が広く用いられている。この場合の代表長さには管内径 D が用いられる。この式を書き換えると

$$j_D = (k/u)Sc^{2/3} = 0.023 Re^{-0.2} \quad (5\cdot 12')$$

となり，式(4・35)と類似の形となる。j_D は物質移動の j 因子とよばれる。

球状物体と流体間の物質移動では，球の直径を代表長さとした式(5・12′)が用いられ，充塡層の状態や流速 u で式の右辺の定数や指数が変わる。このほか，次のランツ-マーシャル(Rantz-Marshal)の式もしばしば用いられる。

$$Sh = 2.0 + 0.6 Re^{1/2} Sc^{1/3} \quad (5\cdot 13)$$

(d) 一般的な場合の物質移動速度 式(5・7)で表わされるような一般的な2成分系の物質移動速度を境膜説に従って導いてみよう。界面を通過する両成分の物質移動流束に対する成分 A の流束の比を z_A とおく。

$$z_A = \frac{n_A}{n_A + n_B} \tag{5・14}$$

A と B が同じ方向に移動しているときは，z_A は界面を通過して移動する混合物の組成を表わすことになる。これを用いて式(5・7)を書き直すと次式が得られる。

$$n_A = -D_{AB} z_A \frac{1}{x_A - z_A} C \frac{dx_A}{dy} \tag{5・15}$$

これを式(5・9)を導いたときと同じ境界条件で積分すると次式が得られる。

$$n_A = kC z_A \ln \frac{z_A - x_{Ab}}{z_A - x_{Ai}} \tag{5・16}$$

これが一般的な2成分系の物質移動速度を表わす式であり，$z_A \ln \frac{z_A - x_{Ab}}{z_A - x_{Ai}}$ の項が推進力を表わしている。

(e) 1成分だけが移動し，他の成分が移動しない場合 ここで，$n_B = 0$ すなわち $z_A = 1$ の場合を考えてみよう。このとき，界面を通過する成分は A のみで，成分 B は全く移動しないで留まっていることを意味している。たとえば，砂糖が水に溶ける時や水が空気中に蒸発しているときのように，着目している成分以外の成分の移動(これらの例では砂糖中への水の移動，または水への空気の溶解)がない場合であって，これら以外にも身近な移動現象として多くの例をあげることができる。(通常の A-B 成分の一定圧力，一定温度での拡散を相互拡散とよぶのに対して，この物質移動現象を一方拡散とよぶこともある。) この場合，式(5・16)に，$z_A = 1$ を代入して

$$n_A = kC \ln \frac{1 - x_{Ab}}{1 - x_{Ai}} = kC(x_{Ai} - x_{Ab})/(1 - x_A)_{lm} \tag{5・17}$$

が得られる。ただし，

$$(1 - x_A)_{lm} \equiv \frac{(1 - x_{Ab}) - (1 - x_{Ai})}{\ln \frac{1 - x_{Ab}}{1 - x_{Ai}}} = \frac{x_{Bb} - x_{Bi}}{\ln \frac{x_{Bb}}{x_{Bi}}} (\equiv x_{BM}) \tag{5・18}$$

は成分 B の対数平均濃度であって常に1より小さな値である。(これを x_{BM} と表わすこともある。)したがって，液本体と界面濃度の差 $(x_{Ai} - x_{Ab})$ が同じであったとしても，溶液濃度によって物質移動速度が異なる。溶液濃度が高いほど溶質の移動速度は速くなり，たとえば90％の溶液中では希薄濃度の場合の約10倍の移動速度となる。

5・1・4 拡散係数のデータの所在と推定

気体系，液体系および固体系の混合物中の拡散係数の値は気体で最も大きく，続いて液体，固体の順になっている．表5・2，表5・3に気体および溶液中の拡散係数を示す．これらの値は化学工学便覧やPerryのハンドブックなどの便覧類に収集されているが，必要とする系の拡散係数が見つからないときは半経験的な相関式または推算式によって推定せざるを得ない．そのために多くの推算式が提出されているが，ここでは簡便なものだけを記す．

気相の拡散係数：2 MPa以下の圧力では，チャップマンとエンスコグ (Chapman-Enskog) の理論式が比較的良い値を与える．

$$D_{AB} = 1.883 \times 10^{-5} \frac{[T^3(M_A+M_B)/(M_A M_B)]^{1/2}}{p\sigma_{AB}^2 \Omega_D} \quad [\text{m}^2/\text{s}] \quad (5 \cdot 19)$$

表 5・2 1 atm (101.3 kPa) における気体の拡散係数

系	温度 [K]	拡散係数 D_{AB}[a] $[(\text{m}^2/\text{s})10^4 = \text{cm}^2/\text{s}]$	系	温度 [K]	拡散係数 D_{AB}[a] $[(\text{m}^2/\text{s})10^4 = \text{cm}^2/\text{s}]$
空気-NH_3	273	0.198	空気-ベンゼン	298	0.096 2
空気-H_2O	273	0.220	空気-トルエン	298.9	0.086
〃	298	0.260	H_2-CH_4	273	0.625
〃	315	0.288	〃	298	0.726
空気-CO_2	317	0.177	H_2-NH_3	273	0.745
空気-H_2	273	0.611	〃	298	0.783
空気-C_2H_5OH	298	0.135	H_2-N_2	298	0.784
〃	313	0.145	CO_2-N_2	298	0.167
空気-CH_3COOH	273	0.106	CO_2-O_2	293	0.153

a) たとえば273 Kにおける空気-NH_3系のD_{AB}は0.198×10^{-4} m^2/s である．

表 5・3 希薄水溶液における拡散係数

溶質	溶媒	温度 [K]	拡散係数 D_{AB}[a] $[(\text{m}^2/\text{s})10^9 = (\text{cm}^2/\text{s})10^5]$
NH_3	水	285	1.64
〃	〃	288	1.77
O_2	〃	291	1.98
〃	〃	298	2.41
CO_2	〃	298	2.00
H_2	〃	298	4.8
CH_3OH	〃	288	1.26
C_2H_5OH	〃	283	0.84
〃	〃	288	1.00
〃	〃	298	1.24
Cl_2	〃	289	1.26

a) たとえば288 Kにおける水中のNH$_3$のD_{AB}は 1.77×10^{-9} m^2/s $= 1.77 \times 10^{-5}$ cm^2/s

ただし，圧力 p[kPa]，分子量 M，温度 T[K]，で分子A，Bの衝突直径 $\sigma_{AB}=(\sigma_A+\sigma_B)/2[10^{-10}\,\text{m}]$ と衝突積分 $\Omega_D[-]$ は化学工学便覧に与えられている表または数式を用いて求める必要がある。

液相の拡散係数：希薄溶液に対してはウィルケ-チャン（Wilke-Chang）の相関式が良い結果を与える。

$$D_{AB}=7.4\times10^{-12}\frac{(\phi M_B)^{1/2}T}{\mu_B V_A^{0.6}} \qquad [\text{m}^2/\text{s}] \qquad (5\cdot20)$$

ここで，μ_B[mPa·s]は溶媒の粘度，V_A[cm^3/mol]は標準沸点における成分Aのモル体積である。また，$\phi[-]$は溶媒Bの会合係数で，水では2.6，メタノール1.9，エタノール1.5，プロパノール1.2，その他の非会合有機溶媒では1.0の値をとる。

　液相の拡散係数に関しては，温度と粘度を含む項($T/D_{AB}\mu$)が物質によって一定であることを利用して，一つの既知の値をもとにして他の温度における値を推定する簡便法がある。また，高濃度液の拡散係数の推算では活量係数による補正が必要であるが，信頼できる推算式は知られていない。

5·2 蒸　　留

　蒸留(distillation)は揮発性の成分から成る液体混合物を各純成分に分離する操作であり，石油工業をはじめ各種の化学工業で広く利用されている。一般に溶液を加熱沸騰させると，発生する蒸気の組成は液組成と違うことが知られている。これは溶液中の各成分の揮発性がそれぞれ異なることによるもので，蒸留は蒸気中と液中の成分組成の違いを利用する分離法である。先に説明した蒸発も溶液を加熱沸騰させる操作であるが，蒸発の場合は不揮発成分が蒸気中に含まれないのに対して，蒸留は各成分がともに蒸気となるので，蒸留操作は蒸発に比べて著しく複雑である。そこで，ここではまず蒸留分離の基本となる2成分系の分離を中心に気液平衡，いろいろな蒸留操作の原理や計算法などを解説し，あわせて装置型式，蒸留塔の構造を説明する。

5·2·1　気液平衡

　一般に溶液を圧力一定のもとで加熱沸騰させると，その液とそれから発生した蒸気とでは組成が異なっている。このような現象は，図5·2に示すような装置を用いて確認できる。たとえばメタノールと水の2成分溶液を加熱フラスコに入れ，101.3 kPa(1 atm)のもとで沸騰させると，発生蒸気と沸騰液とは気液が混じり合った状態(混相)でコットレルポンプとよばれる部分を上昇し，温度測定部に噴出する。気液分離部で蒸気と液とが分離され，液は液相留分だめを

5・2 蒸　留

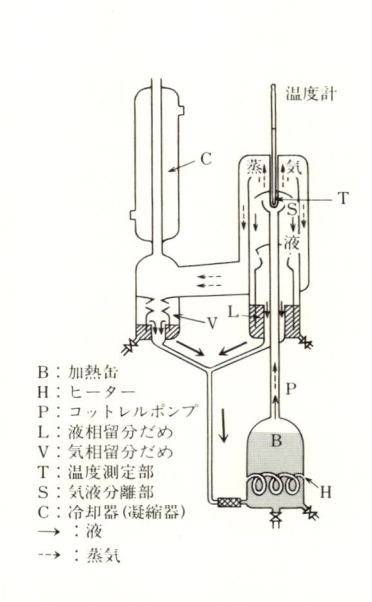

図 5・2 改良ローズ-ウイリアムス型気液平衡測定器

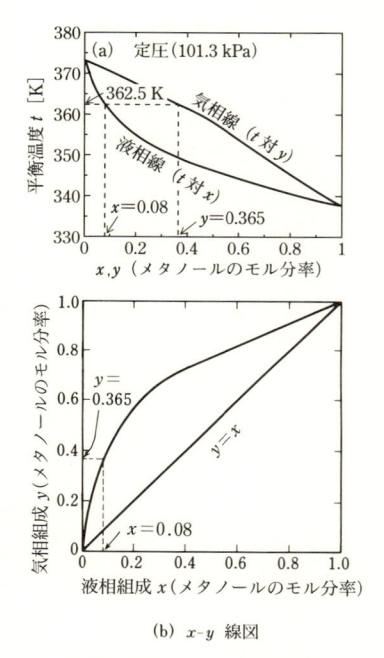

B：加熱缶
H：ヒーター
P：コットレルポンプ
L：液相留分だめ
V：気相留分だめ
T：温度測定部
S：気液分離部
C：冷却器(凝縮器)
→：液
-→：蒸気

図 5・3 メタノール-水系の気液平衡関係(1 atm)

(a) 定圧(101.3 kPa)
(b) x-y 線図

通ってフラスコにもどり，蒸気は凝縮器で凝縮され気相留分だめを通ってフラスコにもどる。一定時間操作を続けると定常状態に達し，温度測定部の温度計示度(飽和温度)，気液各相の留分だめの組成が変化しなくなる。この状態を気液平衡(vapor-liquid equlibrium)の状態という。平衡にある液と蒸気の組成は分析によって決定される。このようにして求められた液相組成，気相組成および飽和温度(平衡温度という)を 101.3 kPa における気液平衡データといい，それを測定するための装置(図5・2)を気液平衡測定器とよんでいる。

メタノールと水の2成分系についての測定結果によると，101.3 kPa において，たとえば液相中のメタノールのモル分率 x が 0.080 のとき，その溶液の沸点は 89.3 ℃(362.5 K)であり，平衡にある気相中のメタノールのモル分率 y は 0.365 である。この節では2成分系のみを対象としているので，以下 x, y は低沸点成分のモル分率を表わすことにする。表5・1はこの結果を含めた全組成範囲の気液平衡関係であり，これを図示したのが図5・3である。図5・3(a)は温度-組成線図，(b)は x-y 線図とよばれている。平衡温度と液組成との関係を液相線(沸点曲線ともいう)，平衡温度と蒸気組成との関係を気相線(露点曲線と

表 5・4　メタノール-水系気液平衡値(圧力：101.3 kPa)

x(液組成) [メタノールモル分率]	y(蒸気組成) [メタノールモル分率]	平衡温度 [K]
0.0	0.0	373.2
0.02	0.134	396.9
0.04	0.230	366.7
0.06	0.304	364.4
0.08	0.365	362.5
0.10	0.418	360.9
0.15	0.517	357.6
0.20	0.579	354.9
0.30	0.665	351.2
0.40	0.729	348.5
0.50	0.779	346.3
0.60	0.825	344.4
0.70	0.870	342.5
0.80	0.915	340.8
0.90	0.958	339.2
0.95	0.979	338.4
1.00	1.000	337.8

もいう)という。このように，圧力一定の条件下で測定された気液平衡を定圧気液平衡(isobaric vapor-liquid equilibrium)，また，温度一定下で測定されたものは定温気液平衡(isothermal vapor-liquid equilibrium)とよばれている。

図5・4に典型的な例を示す。図5・4は全組成範囲にわたって気相組成が液相組成より大きい($y>x$)場合である。このような混合物は低沸点成分が蒸発しやすい。図5・5，5・6は液中と蒸気中の成分組成が等しくなる点A(共沸点(azeotropic point)という)をもつ場合である。共沸点を示す組成の混合物を共沸混合物(azeotropic mixture)という。図5・5は共沸温度が最低値を示すもので最低共沸混合物(minimum azeotropic mixture)，図5・6は共沸温度が最大値を示すもので最高共沸混合物(maximum azeotropic mixture)とよばれている。

(a) 相対揮発度　気液平衡では一般に任意の成分について，モル分率で表わした液組成に対する蒸気組成の比を平衡係数(equilibrium constant)または平衡比(equilibrium ratio)といい，K で表わす。すなわち2成分系の成分1および成分2の平衡係数をそれぞれ K_1, K_2 とするとつぎのように定義される。

5・2 蒸　留

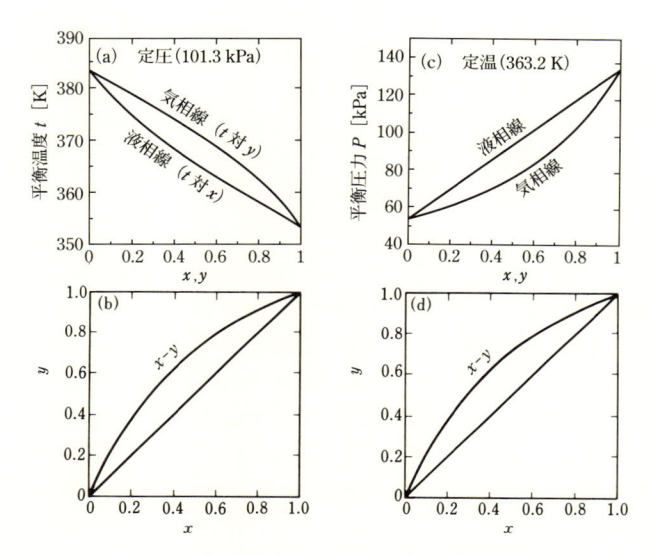

図 5・4 ベンゼン-トルエン系の気液平衡関係

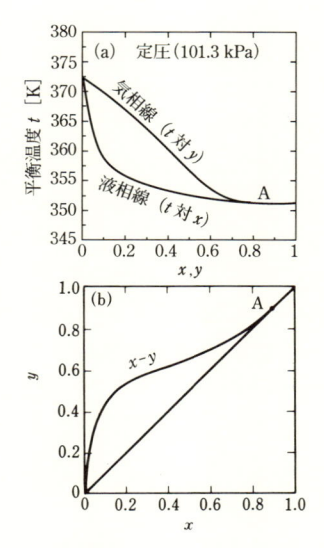

図 5・5 エタノール-水系の気液平衡関係

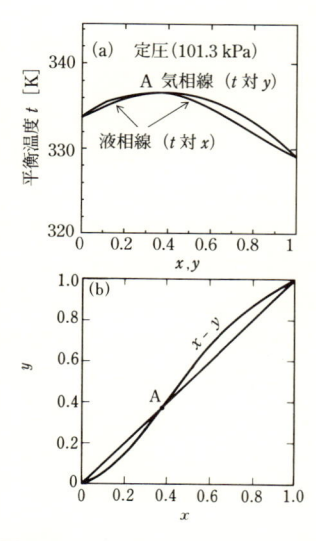

図 5・6 アセトン-クロロホルム系の気液平衡関係

平衡係数　　　$K_1 \equiv y/x$,　　$K_2 \equiv (1-y)/(1-x)$ 　　　(5・21)

また二つの成分の平衡係数の比を相対揮発度(relative volatility)といいαで表わされる。すなわち成分1の成分2に対する相対揮発度αはつぎのように定義される。

相対揮発度　　　$\alpha \equiv K_1/K_2 = (y/x)/\{(1-y)(1-x)\}$ 　　　(5・22)

αを用いると，y対xの関係はつぎのように表わされる。

$$y = \alpha x/[1+(\alpha-1)x] \qquad (5\cdot23)$$

平衡係数や相対揮発度は，蒸留による分離の難易を表わす因子で，$\alpha=1.0$では気液は同じ組成となり，蒸留による分離が不可能となる。

(b) 理想溶液と非理想溶液　気液平衡関係は成分の組合せ，つまりそれぞれの系に特有なものであるから，一般には図5・2のような測定装置で実測によって求める必要がある。しかし混合物が理想溶液†(ideal solution)とみなされる特別な場合には，純成分の蒸気圧データから計算だけで気液平衡を求めることも可能である。厳密にいえば理想溶液は存在しないが，物理的性質や化学的性質がよく似た同族列に属する物質から成る混合物はほぼ理想溶液とみなしうることが知られている。ベンゼン-トルエン(図5・4に例示)，n-ヘキサン-n-ヘプタン，メタノール-エタノール，塩化エチル-臭化エチルなどはその例である。

さて理想溶液が気液平衡の状態にある場合は，各成分についてラウール(Raoult)の法則が成立することが知られている。ラウールの法則は，成分1，2から成る2成分系についてはつぎのように表わされる。

$$p_1 = Py = P_1x \qquad p_2 = P(1-y) = P_2(1-x) \qquad (5\cdot24)$$

ここにp_1, p_2は平衡温度における蒸気中の成分1,2の分圧(partial pressure)，P_1, P_2は平衡温度における純物質の蒸気圧，xは液相中の成分1のモル分率，Pは平衡圧(これを全圧(total pressure)という)である。

式(5・24)の左辺$p_1=Py$,　$p_2=P(1-y)$はドルトン(Dalton)の分圧の法則とよばれている。式(5・24)の二つの関係をまとめるとつぎのようになる。

$$p_1 + p_2 = P = P_1x + P_2(1-x) \qquad (5\cdot25)$$

式(5・24)，(5・25)の関係を図示すると図5・7のようになる。式(5・25)をxについて解くと次式

---

† 理想溶液とは，成分どうしの混合前後で容積変化がなく，また混合によりエンタルピー変化がない溶液を意味する。しかし簡単にいえば，理想溶液とは揮発性の成分の混合物について式(5・25)が成立することを意味している。

5・2 蒸 留

$$x = (P - P_2)/(P_1 - P_2) \quad (5 \cdot 26)$$

が得られる。

以上の関係より，たとえば全圧 P と温度とがわかっている場合は，式(5・26)より気液平衡状態にある液相組成 x が求まり，式(5・24)より蒸気組成 $y = P_1 x/P$ が求められる。なお理想溶液については相対揮発度は $\alpha = P_1/P_2$ (定温の場合は組成によらず一定，定圧の場合もほぼ一定) となる。

例題 5・1 ベンゼン-トルエン系の 101.3 kPa における気液平衡関係を求めなさい。ただしベンゼン-トルエン系は理想溶液とみなし，また純ベンゼン，純トルエンの蒸気圧は次式で表わされるものとする。

ベンゼン：$\log P[\text{kPa}] = 6.0306 - 1211.033/(T[\text{K}] - 52.36)$

トルエン：$\log P[\text{kPa}] = 6.0795 - 1344.80/(T[\text{K}] - 53.67)$

【解】 全圧 P は 101.3 kPa と与えられ，また与えられた式を用いると，101.3 kPa における純ベンゼンおよび純トルエンの沸点はそれぞれ

353.3 K，383.8 K

となる。理想溶液であるから当然混合物の沸点はこの温度範囲内にある。したがって 353.3～383.8 K の範囲内で適当な温度を選び，この温度における蒸気圧の値を求めると，式(5・26)より液組成が求められる。液組成がわかると式(5・24)より気相組成が算出できる。

一例として 373.2 K における気液平衡を求めると，

蒸気圧 P_1 （ベンゼン）= 180.0 kPa，P_2 (トルエン) = 74.1 kPa

であるから

$x = (101.3 - 74.1)/(180.0 - 74.1) = 0.257$ (ベンゼンモル分率)

$y = 180.0(0.257)/101.3 = 0.457$ (ベンゼンモル分率)

各温度についての計算結果は表 5・5 のようになる。

表 5・5

温　度 [K]	蒸気圧 [kPa]		気液平衡計算値	
	ベンゼン P_1	トルエン P_2	ベンゼンのモル分率	
			x	y
383.7	238.1	101.3	0.000	0.000
380.0	216.0	90.9	0.083	0.177
375.0	189.3	78.4	0.206	0.385
370.0	165.2	67.3	0.347	0.566
365.0	144.6	57.5	0.503	0.718
360.0	124.2	48.9	0.696	0.853
353.2	101.3	39.0	1.000	1.000

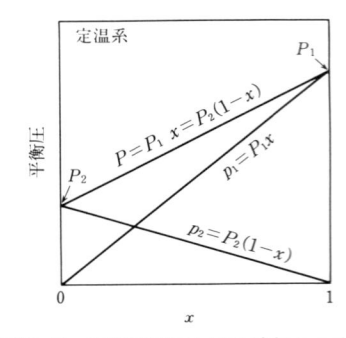

図5・7 理想溶液における液相モル分率と圧力の関係（ラウールの法則）

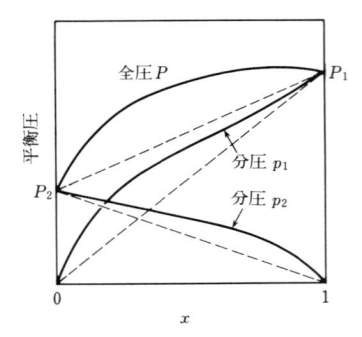

図5・8 非理想溶液（破線はラウールの法則に従うときの圧力を表わす）

一方非理想溶液の場合はラウールの法則は成立せず，図5・8のような関係となる。また，図5・8において定温系の平衡圧対組成線図の曲線は，これらの系がいずれも非理想溶液であることを示している。非理想溶液に対しては分圧 p_1, p_2 と組成 x との関係を与える一般式はないのでつぎのような表現が用いられる。

$$p_1 = \gamma_1 P_1 x \qquad p_2 = \gamma_2 P_2 (1-x) \tag{5・27}$$

ここに γ_1, γ_2 は液相中の成分1, 2の活量係数（activity coefficient）とよばれ，非理想溶液がラウールの法則からどの程度ずれているかを示す因子である。2成分系の活量係数を表わす式としてはマーギュレス（Margules）の式

$$\left. \begin{array}{l} \log \gamma_1 = (1-x)^2 [A - 2(A-B)x] \\ \log \gamma_2 = x^2 [B + 2(A-B)(1-x)] \end{array} \right\} \tag{5・28}$$

やファンラール（van Laar）の式

$$\left. \begin{array}{l} \log \gamma_1 = A / [(Ax/B(1-x)) + 1]^2 \\ \log \gamma_2 = B / [1 + (B(1-x)/Ax)]^2 \end{array} \right\} \tag{5・29}$$

などが知られている†。ここに A, B は気液平衡データからきめられる定数である。

5・2・2 蒸留の原理と精留

一般に液体混合物を加熱沸騰させると，もとの液より揮発性成分に富む蒸気が発生する。この蒸気を凝縮させ再び加熱沸騰させると，さらに揮発性成分に富む蒸気が発生する。たとえば図5・9に示したように，ベンゼン-トルエンの混合物をとって考えよう。まずベンゼン10 mol%（$x=0.1$）の混合液を加熱する

---

† 活量係数を求める式は，いままでに多数提案されている（たとえば，小島和夫，"プロセス設計のための相平衡"，培風館（1977）参照）。

と 379.2 K に沸騰し，ベンゼン 21.2 mol %($y=0.212$)の蒸気が発生する。そこでこの蒸気をとって冷却し凝縮させると $x=0.212$ の混合液となり，はじめの液に対してモル分率で 0.112 ($=0.212-0.10$) だけベンゼンに富む液が得られる。つぎに $x=0.212$ の混合液を再び加熱すると 374.6 K で沸騰し $y=0.398$ の蒸気が発生する。このような操作をたとえば 5 回繰り返すと $x=0.910$ といっそうベンゼンに富む混合液が得られ，さらにこのような操作を続けるとついに純粋なベンゼンが得られる。

図 5・10 はこのような組成変化を実現させる蒸留の原理を示したものである。図(a)は 5 個の加熱缶と 5 個の全縮器(蒸気のすべてを凝縮液化させる冷却器)により液の加熱沸騰と蒸気の凝縮液化を繰り返す方法である。図(b)は(a)を改良し 1 個の加熱缶と 1 個の全縮器だけで(a)と同じ組成変化を起こさせるものである。この改良の要点は，低沸点成分であるベンゼンの組成が大きくなる上の缶ほど逆に混合液の沸点は低くなっているので，下の缶から発生する温度の高い蒸気は，これよりも沸点の低い上の缶の液の加熱沸騰に利用できることである。すなわち原理的には下の缶からの蒸気は液と接触して蒸発潜熱を与えてすべて凝縮液化し同時に缶液が沸騰するので，1 個の加熱缶だけで(a)とまったく同じ組成変化が効果的に行なわれることになる。図(c)は上の操作が 1 本の塔内で行なわれるように工夫されたものであり，このような機能をもつ装置を蒸留塔(distillation tower)という。塔内の液を貯える各部を段(plate)という。

さて図 5・10 では塔頂からの蒸気は凝縮液化させすべて塔頂へもどしている。このように液をもう一度もどす操作を還流(reflux)といい，とくに液の全部をもどすことを全還流(total reflux)という。図 5・10 に示した組成変化はまさにこの全還流の条件下で実現される。しかしながら全還流を行なうと，製品がまったく得られないことになるので，実際は凝縮液の一部を取り出して製品とする。同時に塔に原料を供給し，塔内の各部分における組成変化を防ぐようにしている。この還流は蒸留ではもっとも大切な操作で，もし還流をまったく行なわないとすると塔頂段の液からしだいに蒸発していき，最終的には塔底からの蒸気が塔内を素通りするだけとなり，各段での気液の接触が行なわれず，塔頂と塔底の組成変化が起こらなくなる。このような還流を含む操作はとくに精留(rectification または fractional distillation)とよばれる。化学工業で用いられている蒸留操作は，多くの場合，連続的に精留を行なう連続精留である。したがって現在では，工業的には蒸留といえば還流を行なう連続蒸留操作を意味するようになっている。

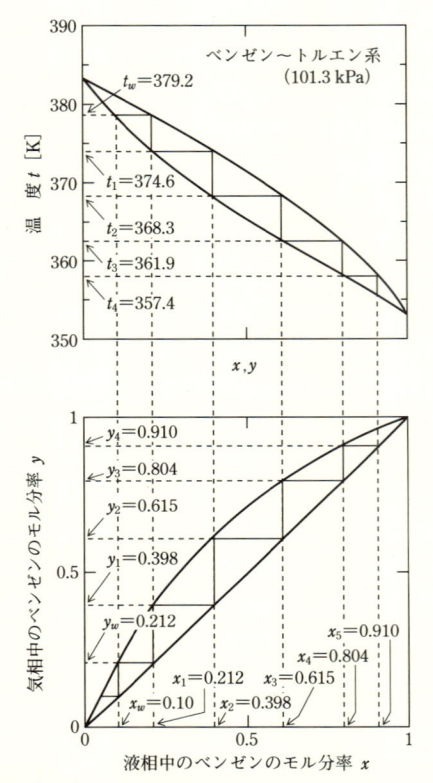

図 5・9 蒸留の原理(気液平衡は図 5・4(a), (b)に同じ)

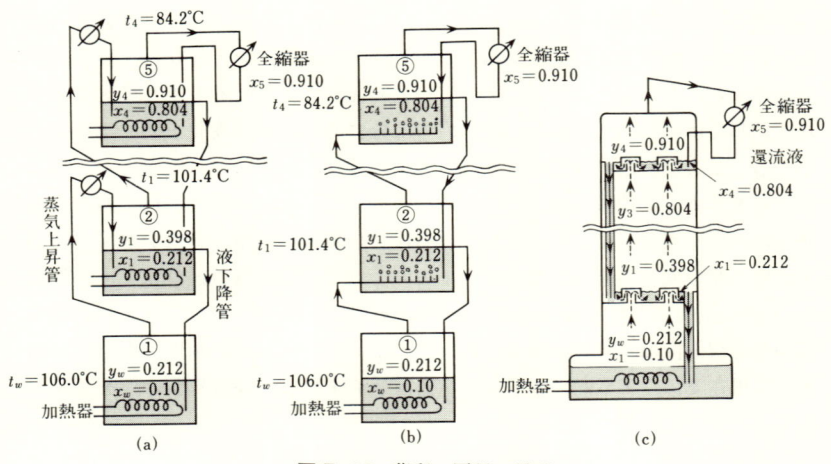

図 5・10 蒸留の原理の説明

5・2・3 いろいろな蒸留操作

蒸留は，先にも述べたように混合物の組成変化を起こさせる操作である。精留はそのうちでもっとも重要な操作であるが，このほかにも組成変化を実現するための蒸留操作として特別な名称でよばれているいくつかの蒸留操作があるので，簡単に説明する。

（a）単蒸留 液体混合物を図 5・11 のようにフラスコで加熱沸騰させ，発生蒸気を冷却器で凝縮させ元の液体混合物とは組成の異なる，通常低沸点成分に富んだ液体混合物を得る方法を単蒸留(simple distillation)という。これは昔アルコールの蒸留に用いられた方法である。回分式であるので工業的には比較的少量の原料を取り扱う場合に用いられる。

さて単蒸留では加熱フラスコ内の量と組成が時間とともに変化する。いま高沸点成分と低沸点成分から成る2成分系の単蒸留について蒸留開始後ある時間におけるフラスコ内の液量を L[kmol]，液組成を x，またこのときの発生蒸気組成を y(x と平衡にある)とすると，微小時間内の物質収支はつぎのようになる。

$$-dL(フラスコ内液の減少量)=dD(発生蒸気量)$$

また低沸点成分について

$$-d(Lx)=ydD$$

両式より dD を消去すると

$$dL/L=dx/(y-x)$$

この式を，はじめのフラスコ液量と組成 L_s, x_s から，終りの液量と組成 L_f, x_f まで積分すると次式が得られる。

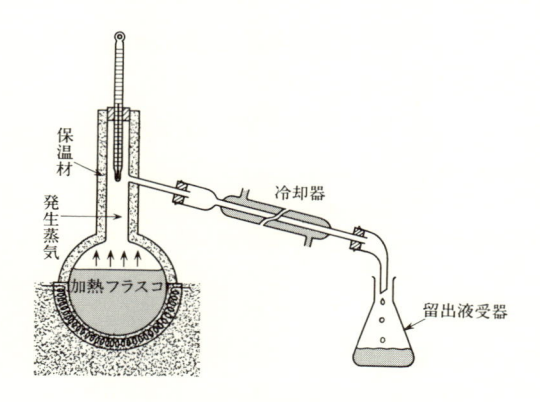

図 5・11 回分単蒸留の装置

$$\ln\frac{L_f}{L_s}=\int_{x_s}^{x_f}\frac{dx}{y-x} \qquad (5\cdot30)$$

式(5・30)はレイリーの式(Rayleigh's equation)といわれている。この関係を用いれば，気液平衡関係 (y 対 x) を既知として L_s, x_s, L_f, x_f の四つの量のうち三つを与えると残りの一つの量が計算できる。なお混合物が理想溶液のときには x-y 曲線は式(5・23)で表わせるので，α を一定として式(5・42)に代入すると次式が得られる．

$$\ln\frac{L_f}{L_s}=\frac{1}{\alpha-1}\left(\ln\frac{x_f}{x_s}+\alpha\ln\frac{1-x_s}{1-x_f}\right) \qquad (5\cdot31)$$

また単蒸留を行なったときの留出液の全量を D [kmol]，その平均組成を $\bar{y}$ とすると，これらの間にはつぎの関係がある．

$$D=L_s-L_f, \quad \bar{y}=(L_s x_s-L_f x_f)/D \qquad (5\cdot32)$$

あるいは留出率 $\beta\equiv D/L_s$ を用いると

$$\bar{y}=[x_s-(1-\beta)x_f]/\beta \qquad (5\cdot32')$$

例題 5・2 ベンゼンとトルエンの等モル混合液 100 kmol を単蒸留して，平均組成 60 mol% ベンゼンの留出物をとりたい．どのように蒸留すればよいか．ただしベンゼン-トルエン系は理想溶液とし，平均の相対揮発度 $\alpha_{av}=2.47$ とする．

【解】 題意より，はじめの液組成は $x_s=0.50$，液量 $L_s=100$ kmol，また留出物の平均組成 $\bar{y}=0.60$ [モル分率ベンゼン] である．したがって式(5・32')は

$$0.60=[0.50-(1-\beta)x_f]/\beta$$
$$\therefore\quad x_f=[0.50-0.60\beta]/(1-\beta) \qquad (1)$$

また式(5・31)は $L_f/L_s=(L_s-D)/L_s=1-(D/L_s)=1-\beta$ より

$$\ln(1-\beta)=\frac{1}{2.47-1}\left[\ln\frac{x_f}{0.50}+2.47\ln\frac{1-0.50}{1-x_f}\right] \qquad (2)$$

式(1)を式(2)に代入して x_f を消去すると

$$\ln(1-\beta)=\frac{1}{1.47}\left[\ln\left\{\frac{0.50-0.60\beta}{0.50(1-\beta)}\right\}+2.47\ln\left\{\frac{0.50(1-\beta)}{0.50-0.40\beta}\right\}\right]$$

この式を試行錯誤法で解くと $\beta=0.744$ となる．したがって

$$D=L_s\beta=(100)(0.744)=74.4 \text{ kmol}$$

すなわち 74.4 kmol 留出させたところで単蒸留を中止すれば，平均組成 60 mol% ベンゼンの混合液が得られることになる．

(b) フラッシュ蒸留 単蒸留が回分操作であるのに対して，加熱蒸発操作を連続的に行なう操作をフラッシュ蒸留(flash distillation)という．これは混合液の一部を蒸発させて得られる蒸気と残った液を十分な時間接触させて平

衡に達したとき，蒸気と液を分ける方法である．平衡フラッシュ蒸留ともよばれる．それゆえ，この方法は原液よりもある程度沸点の低い成分に富む混合物を得る場合に用いられる．すなわち図5・12に示すように原液を連続的に加熱器へ送って加熱し，ついで減圧弁を経て低圧室へ噴出(フラッシュ)させると，混合物の一部は蒸発し気液平衡の状態となる．

いま，原液のモル流量を F [kmol/h]，着目する低沸点成分の組成を x_s，蒸気留分の量と組成を D [kmol/h] および y，また残液の量(流量)と組成を W [kmol/h] および x とすると，物質収支より次式が得られる．

$$F = D + W, \quad Fx_s = Dy + Wx$$

両式より F を消去するとつぎのようになる．

$$W/D = (y - x_s)/(x_s - x) \tag{5・33}$$

（**c**）**水蒸気蒸留** 水に不溶な揮発性液体に対して直接水蒸気を吹き込みながら加熱すると，揮発性物質はその純物質の沸点よりも低い温度で留出する．これは揮発成分の蒸気圧(分圧)が水蒸気の分圧に相当する分だけ低い温度で沸騰が起こることによる．この原理を利用して混合物から目的成分を水蒸気とともに留出させ，混合蒸気を冷却すれば自然に水と目的成分の液体との2液相に分離するので，水を除けば目的成分が得られる．この方法を水蒸気蒸留(steam distillation) という．

水蒸気蒸留は，沸点が高い目的成分からそれに含まれる揮発性不純物を除去する場合や，あるいは逆に不揮発性物質中に少量含まれる沸点の高い物質を分離するさい高温では分解や変質が起こる危険性があるため低温度で分離を行ないたい場合などに用いられる．

いま混合蒸気中の目的成分(A)の分圧を p_A，水蒸気の分圧を p_s とすると，容器内の全圧 P は

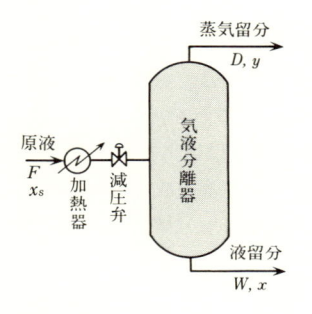

図 5・12 フラッシュ蒸留

$$P = p_A + p_s \tag{5・34}$$

また得られる蒸気中の成分 A および水蒸気の質量を W_A, W_s, それぞれの分子量を M_A, M_s とすれば，混合蒸気が理想気体の場合は当然つぎの関係が成り立つ．

$$\frac{(\text{成分 A のモル数})}{(\text{水蒸気のモル数})} = \frac{W_A/M_A}{W_s/M_s} = \frac{p_A}{p_s} \tag{5・35}$$

すなわち
$$W_A/W_s = (p_A M_A)/(p_s M_s) \tag{5・36}$$

蒸留容器内に水の層が存在する場合は，上式の分圧 p_s は容器内の液沸点に相当する飽和蒸気圧 P_s に等しく，また p_A は純成分の蒸気圧 P_A に等しい．

例題 5・3 ベンゼン中の不純物(高沸点成分)を水蒸気蒸留によって除きたい．全圧を 101.3 kPa としてベンゼン 1 kg を留出させるのに必要な水蒸気量を求めなさい．ただしベンゼンおよび水の蒸気圧 P_A, P_s は次式で与えられるものとする．

ベンゼン：$\log P_A [\text{kPa}] = 6.0306 - 1211.033/(T[\text{K}] - 52.36)$
水　　　：$\log P_s [\text{kPa}] = 7.640 - 1650.4/(T[\text{K}] - 46.88)$

【解】 留出温度は
$$P_A + P_s = 101.3 \text{ kPa}$$
を満足する温度であるから，与えられた蒸気圧を用いて試行錯誤法により
$$T = 342.2 \text{ K}$$
が得られる．これより
$$P_A = 71.3 \text{ kPa} \qquad P_s = 30.0 \text{ kPa}$$
となる．分子量 $M_A = 78.0$, $M_s = 18.0$ を式(5・36)に代入すると
$$\frac{W_A}{W_s} = \frac{78}{18} \cdot \frac{71.3}{30.0} = 10.3$$
$$\therefore \quad \frac{W_s}{W_A} = 0.097$$
すなわちベンゼン 1 kg を留出させるのに必要な水蒸気量は 0.097 kg となる．

(d) 減圧蒸留 常圧で蒸留すると熱分解を起こす，たとえば脂肪酸などのような高沸点成分を精製する場合，容器内を減圧にすると沸点が下がるので当然低い温度で留出が起こる．これを減圧蒸留または真空蒸留(vacuum distillation)という．減圧蒸留は塔頂留出物を製品とするだけでなく，潤滑油原料，良質のアスファルトなどの高沸点成分を塔底残油として製造する場合にも利用されている．また重質油の接触分解のための原料油も減圧蒸留によって得られる．

なお減圧方式は高沸点物質に対してばかりでなくエタノール-水混合液のように常圧では共沸点をもつが，減圧下(この場合およそ 6.7 kPa 以下)では共沸

写真 5・2 常圧（左側）および減圧（右側）蒸留装置

がなくなるような混合物の分離にも利用される。

工業的には蒸留塔内の圧力損失が大きな問題になるので，塔の構造を注意深く選ぶ必要がある。

（e）**抽出蒸留と共沸蒸留**　共沸混合物あるいは相対揮発度が 1.0 に近い混合物は通常の蒸留では分離できないし，またできたとしてもきわめて困難である。このような場合，他の物質（第 3 成分）を添加することによってかえって分離しやすくなることがある。

第 3 成分として，原料中の成分よりも沸点が高くしかも原料ととけ合う物質を添加し，それによりはじめの混合物の相対揮発度を著しく変化させて混合物を蒸留分離する方法を抽出蒸留（extractive distillation）という。たとえばアセトンとメタノールの共沸混合物に水を添加して蒸留すると，塔頂からアセトンが留出し，メタノールと水は塔底製品として得られる。

一方第 3 成分として，原料混合物中のある成分と共沸混合物をつくる物質を添加し蒸留を行なう方法を共沸蒸留（azeotropic distillation）という。たとえば，エタノール水溶液はエタノールのモル分率が 0.894 で最低共沸混合物（沸点 351.4 K）を形成し，通常の蒸留ではそれ以上に濃縮することはできない。そこでこの混合物にベンゼンを加えて蒸留すると，ベンゼン-水-エタノールの 3 成分共沸混合物が約 338 K で塔頂から留出し，塔底から 100％ に近いエタ

ノールが得られる。なお共沸蒸留のために加える第3成分を共沸剤またはエントレーナー(entrainer)という。

5・2・4 蒸留(連続精留)の計算

すでに述べたように工業的に広く用いられている蒸留操作はほとんどすべて連続精留である。連続精留では原料は連続的に蒸留塔の中間部へ供給され，塔頂より低沸点成分の製品，塔底より高沸点成分の製品がそれぞれ分離される。この場合，目的とする分離が行なわれるには塔内の段数をいくらにすればよいか，また還流量と塔頂製品との割合をいくらにすればよいかということが問題になる。そこで2成分系混合物の分離を対象として，これらの計算方法を考えてみよう。

(a) **理論段数の計算** 段数の計算にあたっては，次のように仮定する。
(1) 蒸留塔は完全に保温されていて熱損失はない。
(2) 各成分のモル蒸発潜熱は等しく，モル基準で表わした塔内上昇蒸気量，下降液量は段に関係なくそれぞれ一定である。
(3) それぞれの段にある液の組成は，それぞれの段のすべての場所で均一で，また蒸気と液の接触は理想的，つまり段上の液と蒸気は平衡の状態にある。

この仮定から求められる塔の段数を理論段数(number of theoretical plates)という。

いま図5・13に示すような連続蒸留塔について供給原料を F [kmol/h]，原料組成を x_F とし，それを組成 x_D の塔頂留出液と x_W の塔底缶出液(x はいずれも低沸点成分のモル分率)とに分離するとしよう。ここで留出液量を D [kmol/h]，缶出液量を W [kmol/h] とすると，蒸留塔全体に関する物質収支はつぎのようになる。

$$\text{全物質収支} \qquad F = D + W \qquad (5\cdot37)$$
$$\text{低沸点成分の物質収支} \qquad Fx_F = Dx_D + Wx_W \qquad (5\cdot38)$$

ここに F, x_F および分離のための条件としてきめる x_D, x_W はわかっているので，式(5・37)，(5・38)より

$$D = F(x_F - x_W)/(x_D - x_W)$$
$$W = F(x_D - x_F)/(x_D - x_W)$$

が得られ，製品量が与えられる。

さて蒸留塔のそれぞれの段上の液はいずれも沸騰状態にあるので，供給原料も当然沸騰状態の液または液と蒸気の混合物，あるいは飽和蒸気などとして塔に供給しなければならない。そのため常温にある原料は予熱して塔へ供給する

5·2 蒸留

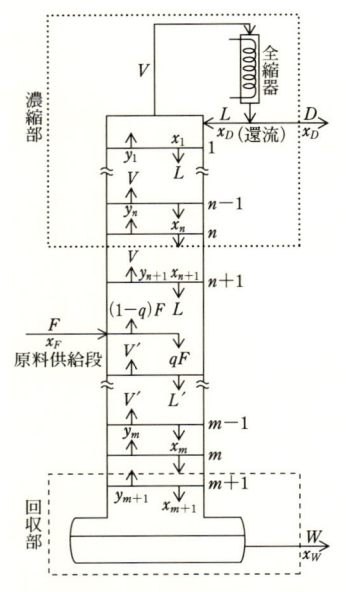

図 5·13 連続蒸留塔の物質収支

ことになる。ここで原料に対する液の割合を q とすると，原料は qF の沸騰状態の液と $(1-q)F$ の飽和蒸気となる。すなわち

$$F = qF + (1-q)F \tag{5·39}$$

このような状態で原料が塔に供給されると，供給段の上部と下部では，上昇蒸気量と下降液量は異なる。原料供給段 (feed plate) より上の部分は精留部または濃縮部 (rectifying section)，原料供給段を含めそれより下の部分は回収部 (stripping section) とよばれる。図 5·13 において濃縮部の上昇蒸気量と下降液量は，各段を上昇する蒸気と下降する液のモル蒸発潜熱は段によらず等しいとおいて，それぞれ V [kmol/h], L [kmol/h] また回収部は V' [kmol/h], L' [kmol/h] とすると，原料供給段の物質収支よりこれらの量は次式で関係づけられる。

$$\left.\begin{array}{l} L' = L + qF \quad これより \quad L - L' = (-q)F \\ V = V' + (1-q)F \quad つまり \quad V' = V - (1-q)F \end{array}\right\} \tag{5·40}$$

つぎに塔の段数について，図 5·13 に示すように濃縮部については塔頂段を第 1 段として順に 1, 2, …, n, … また回収部については原料供給段を第 1 段として順に 1, 2, …, m, … と数えるものとすると，濃縮部の点線で囲んだ区域に関する物質収支は

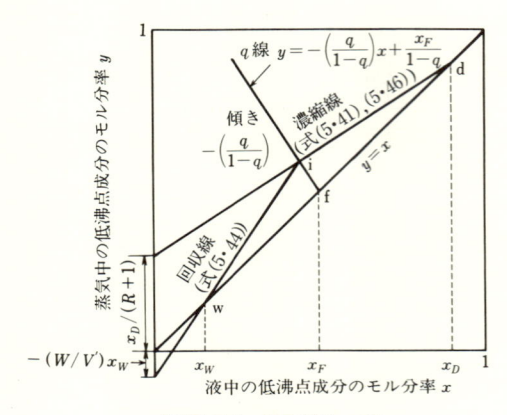

図 5・14 操作線と q 線

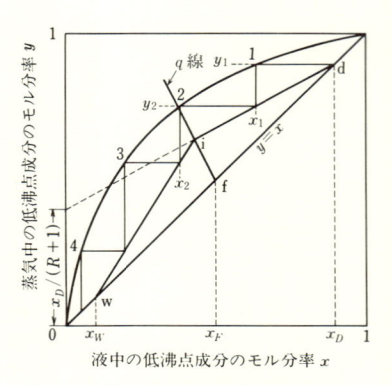

図 5・15 理論段数の図解法

$$\left.\begin{array}{ll}\text{全物質収支} & V=L+D \\ \text{低沸点成分収支} & Vy_{n+1}=Lx_n+Dx_D\end{array}\right\} \quad (5\cdot41)$$

$$\therefore \quad y_{n+1}=(L/V)x_n+(D/V)x_D \quad (5\cdot42)$$

ここに x_n は n 段目の液組成, y_{n+1} は $(n+1)$ 段目の蒸気組成である. 式(5・42)は濃縮部の任意の段 n から下降する液組成と, その段の 1 段下から上昇してくる蒸気組成の関係を与えるもので, 濃縮部の操作線(濃縮線; enriching line)という. 濃縮線は図 5・14 に示すように, $x=y=x_D$ を示す点 d を通り, 傾きが L/V の直線である.

回収部(図 5・13 で破線の区域)でも物質収支から同様に次式が得られる.

$$\left.\begin{array}{ll}\text{全物質収支} & L'=V'+W \\ \text{低沸点成分収支} & L'x_m=V'y_{m+1}+Wx_W\end{array}\right\} \quad (5\cdot43)$$

$$\therefore \quad y_{m+1}=(L'/V')x_m-(W/V')x_W \quad (5\cdot44)$$

式(5・44)は回収部の操作線(回収線; stripping line)とよばれ, 図 5・14 に示すように $x=y=x_W$ を示す点 W を通り, 傾きが L'/V' の直線である. なお両操作線の交点の軌跡は, 式(5・42), (5・44)において $y_{n+1}=y_{m+1}\equiv y$, $x_n=x_m\equiv x$ とおいて, その差をとると次式が得られる.

$$(V-V')y=(L-L')x+Dx_D+Wx_W$$

これと式(5・38)および式(5・40)を用いて次式で表わされる.

$$y=-\left(\frac{q}{1-q}\right)x+\frac{x_F}{1-q} \quad (5\cdot45)$$

式(5・45)は q 線(q-line)とよばれ, 図 5・14 に示すように $x=y=x_F$ を示す点 f を通り, 傾きが $-q/(1-q)$ の直線である. また q 線は $q=1$ (すなわち沸騰状態

の液)のとき $x=x_F$ の垂線,$q=0$(沸騰状態の蒸気)のときは $y=x_F$ の水平線,$0<q<1$(液と蒸気の混合状態)のときには図に示すように垂線と水平線の中間に位置する。一般には,原料は $q=1$ に近い状態で供給される。

さて式(5・42)において留出液 D に対する下降液量 L の割合を $R=L/D$ とおくと,式(5・41)から $V/D=R+1$,$L/V=(L/D)/(V/D)=R/(R+1)$ と書けるので次式が得られる。

$$y_{n+1}=\frac{R}{R+1}x_n+\frac{x_D}{R+1} \tag{5・46}$$

これは還流比(reflux ratio) R を用いて表わした濃縮線であって,切片は $x_D/(R+1)$,傾きは $R/(R+1)$ となっている。

蒸留操作では還流比 R と q の値を用いて液流量と蒸気流量を規定するのが便利である。

分離に必要な理論段数は二つの操作線と x-y 曲線とを用いて塔内組成変化を順次求めることによって計算できる。そこで図5・15について留出組成 x_D から出発して塔の段数,組成を求める方法を説明しよう。いま全縮器を用いているので,まず第1段の蒸気組成は $y_1=x_D$ で与えられる。第1段の液組成 x_1 は y_1 と平衡にあるから x-y 曲線から読むことができる。つぎに第2段の蒸気組成 y_2 は,x_1 よりひいた垂線と操作線を表わす式(5・46)との交点より求められる。y_2 がわかると点 (x_1, y_2) から x 軸に平行にひいた直線と x-y 曲線の交点から x_2 が求められる。以下順次 $n=2, 3, \cdots$ とおいて操作線と x-y 曲線を用いて (x_n, y_{n+1}),(x_{n+1}, y_{n+1}) などの点がきまる。

液組成が操作線の交点 i を越えると操作線を回収線(式(5・44))として液組成と蒸気組成が x_W を越えるまで求める。このようにして組成 x_F の原料を x_D と x_W の組成の成分に分離するための理論段数は x-y 曲線上に記される点の数で与えられる。なおこの値は塔底の加熱缶を含む段数であり,普通ステップ数とよばれる。いわゆる理論段数は,このステップ数より1段分差し引いた値となる。また原料供給段は点 i を越えた段とする。理論段数を求めるこの方法はマッケーブ-シーレ法[1] (McCabe-Thiele method) とよばれる。

この方法のように,図に示した平衡曲線と操作線の間を順に階段状に直線で結んで段数を求めていく方法を階段作図法(graphical stepwise construction)という。

例題 5・4 ベンゼン 50 mol%,トルエン 50 mol% の混合物を毎時 100 kmol の割合で連続蒸留塔へ供給し,塔頂より 95 mol% ベンゼンの留出液,塔底缶より 7 mol%

---

[1] W. L. McCabe, E. W. Thiele, *Ind. Eng. Chem.*, **17**, 605 (1925).

ベンゼンの缶出液を得たい。原料は沸騰状態の液で供給し，還流比を3.0として，（1）塔頂留出液，缶出液の量，（2）分離に必要な理論段数，（3）原料供給段の位置を求めなさい。ただし塔内の圧力は1atmで，全縮器を用いることとする。

【解】（1）留出液量をD[kmol/h]，缶出液量をW[kmol/h]とすると，物質収支の式(5・37)(5・38)より

$$100=D+W, \quad (100)(0.5)=0.95D+0.07W$$

これより
$$D=48.9\text{ kmol/h}, \quad W=51.1\text{ kmol/h}$$

（2）題意より
$$x_F=0.50, \quad x_D=0.95, \quad x_W=0.07, \quad R=3.0$$

また原料は沸騰状態の液であるから$q=1$となり，式(5・46)より濃縮線はつぎのようになる。

$$y=\frac{R}{R+1}x+\frac{x_D}{R+1}=\frac{3.0}{3.0+1}x+\frac{0.95}{3.0+1}=0.75x+0.238$$

すなわち図5・16の点dを通り切片が0.238の直線が得られる。q線はx_Fを通る垂直な線であるから濃縮線とq線との交点iを求め，点iと点wとを結ぶと回収線$\overline{\text{iw}}$を得る。そこで図5・16に示すように点dから出発して操作線とx-y曲線の間で階段作図を行なう。これよりx_Dとx_Wに分離するのに要するステップ数は9段，したがって理論段数は$9-1=8$段となる。

（3）原料供給段は点iを越えた段であるから，上から数えて5段目である。

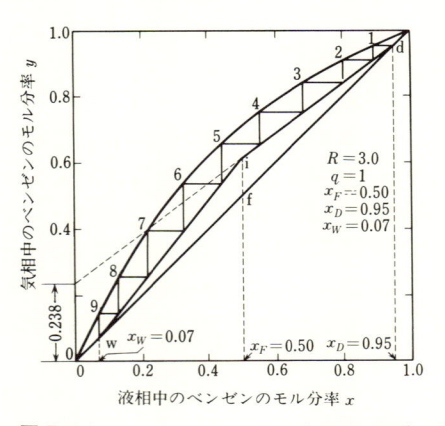

図5・16　ベンゼン-トルエン系に関する階段作図法

（b）理論段数と還流比の関係　式(5・46)より明らかなように，還流比Rが異なると操作線の傾きが違ってくるので，当然理論段数も異なる。理論段数は操作線の傾き$R/(R+1)=1$の場合，すなわち$R=\infty$（このためには$D=0$（全還流））のとき最小となる。これを最小理論段数$N_{\min}$という。$N_{\min}$はx-y曲線

と $y=x$ の対角線(全還流における操作線)との間で階段作図を行なえば求められる。なお分離すべき混合物が理想溶液のときには，N_{min} はつぎのフェンスキ(Fenske)の式[1] で計算できる。

$$N_{min}+1=\log\left(\frac{x_D}{1-x_D}\cdot\frac{1-x_W}{x_W}\right)\Big/\log\alpha_{av} \qquad (5\cdot47)$$

つぎに還流比を小さくしてゆくと図5・17に示すように操作線の交点が q 線上を x-y 曲線に近づき，しだいに段数が増加してついに点 c で段数は無限大となる。この場合の還流比を最小還流比 R_{min} といい，蒸留を行なうときは R_{min} よりも大きい還流比を用いなければならない。ここで点 c の座標を (x_c, y_c) とすると，濃縮線の傾きはつぎのようになる。

$$R_{min}/(R_{min}+1)=(x_D-y_c)/(x_D-x_c)$$

したがって R_{min} は次式で計算できる。

$$R_{min}=(x_D-y_c)/(y_c-x_c) \qquad (5\cdot48)$$

結局 還流比と理論段数との関係は図5・18のようになる。R と N との関係は混合物の種類や分離条件によって変わるが，理想溶液については系の種類，分離条件などに関係なく次式で表わされることが知られている[2]。

$$\log\frac{N-N_{min}}{N+2}=-0.9\left(\frac{R-R_{min}}{R+1}\right)-0.17 \qquad (5\cdot49)$$

ただし上式は $(R-R_{min})/(R+1)<0.7$ の条件で使用する。また式(5・49)は非理想溶液であるメタノール-水，エタノール-水系についても使用できることが

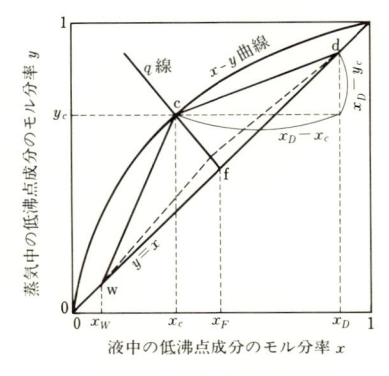

図5・17 最小還流比の求め方

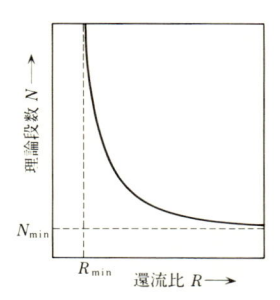

図5・18 還流比と理論段数の関係

---

1) M. R. Fenske, *Ind. Eng. Chem.*, **24**, 482(1932).
2) 平田光穂, 化学工学, **19**, 44(1955).

確かめられている。なお実際の蒸留にもっとも適した還流比は最小還流比の1.5倍ないし2倍程度の値とされている。

式(5・47)の誘導 式(5・47)の誘導はつぎのようにして行なわれる。各段では $y_n = x_{n-1}$，理想溶液として平均の相対揮発度 α_{av} を用いて $y/(1-y) = \alpha_{av} x/(1-x)$ となる(式(5・22))。これらを組み合わせて

$$x_D/(1-x_D) = y_1/(1-y_1) = \alpha_{av} x_1/(1-x_1) = \alpha_{av}[y_2/(1-y_2)] = \alpha_{av}^2 x_2/(1-x_2)$$
$$= \cdots = \alpha_{av}^n x_n/(1-x_n) = \alpha_{av}^{n+1} x_W/(1-x_W)$$

つまり $$x_D/(1-x_D) = \alpha_{av}^{n+1} x_W/(1-x_W)$$

これより両辺の対数をとって $n = N_{min}$ として整理すると式(5・47)が得られる。計算にあたっては，理論段数は小数第1位まで示す。

例題 5・5 例題5・4について最小理論段数 N_{min} 最小還流比 R_{min} を求めよ。また N_{min} と R_{min} の相関式(5・49)を用いて理論段数を求めなさい。ただしベンゼン-トルエン系は理想溶液として，その平均相対揮発度 $\alpha_{av} = 2.47$ とする。

【解】 最小理論段数は式(5・47)より求めることができる。題意より $x_D = 0.95$, $x_W = 0.07$, $\alpha_{av} = 2.47$ であるから

$$N_{min} + 1 = \log\left(\frac{0.95}{1-0.95} \cdot \frac{1-0.07}{0.07}\right) \Big/ \log 2.47 = 6.1$$

$$\therefore \quad N_{min} = 5.1$$

つぎに最小還流比は，x-y 曲線(平衡曲線)と q 線との交点 (x_c, y_c) が求められると式(5・48)より算出できる。この例題では $q=1$ であるから $x_c = x_F = 0.5$，y_c は式(5・23)より

$$y_c = \frac{\alpha_{av} x_c}{1 + (\alpha_{av}-1) x_c} = \frac{(2.47)(0.5)}{1+(1.47)(0.5)} = 0.712$$

$$\therefore \quad R_{min} = \frac{x_D - y_c}{y_c - x_c} = \frac{0.95 - 0.712}{0.712 - 0.50} = 1.12$$

また式(5・49)で $R=3.0$, $N_{min}=5.1$, $R_{min}=1.12$ とおくと

$$\log \frac{N-5.1}{N+2} = -0.9\left(\frac{3.0-1.12}{3.0+1}\right) - 0.17 = -0.593$$

$$\therefore \quad (N-5.1)/(N+2) = 0.255$$

$$\therefore \quad N = 7.5$$

すなわち求める理論段数は7.5段となり，マッケーブ-シーレ法で求めた段数(8段)とほぼ一致している。

(c) 蒸留塔の熱収支 さきに述べた段数計算では塔内各部の液のエンタルピーがすべて等しく，また各成分のモル蒸発潜熱が等しいという仮定が含まれていたが，これらの仮定を含まない場合のエンタルピー収支は，液1kmolのもつエンタルピーを h[J/mol]，の蒸気のエンタルピーを H[J/mol] として

つぎのように表わされる．

濃縮部では

$$V_{n+1}H_{n+1} = L_n h_n + D h_D + Q_c = L_n h_n + DN \tag{5・50}^\dagger$$

ここに $N \equiv h_D + (Q_c/D)$, Q_c は凝縮器で単位時間あたり除去される熱量，n, $n+1$ は段数，添字 D は塔頂流出液を表わす．式 (5・50) を式 (5・42) と組み合わせ，V_{n+1}, H_n を消去して整理すると

$$(y_{n+1} - x_n)/(H_{n+1} - h_n) = (x_D - x_n)/(N - h_n) \tag{5・51}$$

式 (5・51) は三つの点 (y_{n+1}, H_{n+1}), (x_D, N), (x_n, h_n) が同一直線上にあることを示している．この関係を図示したのが図 5・19 である（図 5・19 は混合物のエンタルピーと組成との関係を示すもので，これをエンタルピー-組成線図という）．

また回収部では

$$V'_{m+1}H_{m+1} = L'_m h_m - W h_W + Q_s = L'_m h_m - WM \tag{5・52}$$

ここに $M \equiv h_W - Q_s/W$, Q_s は単位時間あたりの塔底の加熱缶で加えられる熱量である．式 (5・52) を物質収支式と組み合わせて整理すると

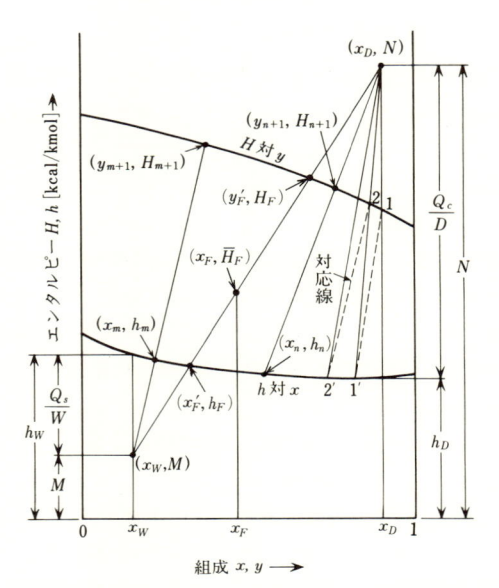

図 5・19 エンタルピー-組成線図による段数計算

---

† 蒸気量 V，液量 L は各段で変化するので，図 5・14 の操作線は厳密には直線とはならない．

$$(y_{m+1}-x_m)/(H_{m+1}-h_m)=(y_{m+1}-x_W)/(H_{m+1}-M) \qquad (5\cdot53)$$

式(5・53)は濃縮部と同様に，点(y_{m+1}, H_{m+1})，(x_W, M)，(x_m, h_m)が同一直線上にあることを示している。

つぎに，塔全体では

$$qFh_F+(1-q)FH_F+Q_s=Dh_D+Wh_W+Q_c \qquad (5\cdot54)$$

あるいは
$$F\bar{H}_F=DN+WM \qquad (5\cdot55)$$

ただし
$$\bar{H}_F=qh_F+(1-q)H_F$$

式(5・55)を式(5・37)，式(5・38)と組み合わせて整理すると

$$(x_D-x_F)/(N-\bar{H}_F)=(x_F-x_W)/(\bar{H}_F-M) \qquad (5\cdot56)$$

式(5・56)は(x_D, N), $(x_F, \bar{H}_F)$, (x_W, M)の3点が同一直線上にあることを示している（図5・19参照）。

さて式(5・50)で$n=0$(すなわち塔頂の凝縮器)とおくと

$$V_1H_1=L_0h_0+Dh_D+Q_c \qquad (5\cdot57)$$

全縮器を使用した場合は$y_1=x_D$, $h_0=h_D$(ただしL_0は塔頂段への還流液量)となる。なお式(5・57)を式(5・41)と組み合わせ還流比Rを用いて整理すると

$$Q_c/D=(R+1)(H_1-h_D) \qquad (5\cdot58)$$

すなわちRを与えればQ_cがきまる。

つぎに第1段目の液組成x_1はy_1と平衡な値(図5・19中の点$1'$で，図中破線$\overline{11'}$を気液平衡関係を与える対応線という)として求めることができる。x_1がわかれば点(x_D, N)と$1'$とを結ぶ直線上に点2(第2段目の蒸気組成)を求める。以下同様の作図によって理論段数が決定される。この方法はポンション-サバリ(Ponchon-Savarit)の方法[1,2]とよばれている。

(d) 蒸留塔の効率 理論段数は文字どおり分離に必要な理論的な段数である。実際の蒸留塔では，段上の場所により温度分布があったり，蒸気と液とは必ずしも平衡にないこともあるため，理論値よりも多い段数が必要である。一般に分離に要する実際の段数N_aで理論段数Nを割った値を総括塔効率(overall column efficiency)といいEで表わす。

$$E=N(\text{理論段数})/N_a(\text{実際の段数}) \qquad (5\cdot59)$$
$$\therefore\quad N_a=N/E \qquad (5\cdot60)$$

Eは段の構造，分離すべき混合物の物性・操作条件などによって異なる複雑な因子であるが塔平均の効率を表わし，およそ0.5～0.8の値となる。

なお，総括塔効率よりもう少し細かく考えたものにマーフリー(Murphree)

---

1) M. Ponchon, *Tech. Mod.*, **13**, 20, 55(1921).
2) R. Savarit, *Arts Métiers*, **1922**, 65, 142, 178, 241, 266, 307.

の段効率(plate efficiency)がある[1]。これは各段についての効率であり、蒸気の組成を基準とすると次式で定義される。

$$E_{MV} = \frac{(y_n)_{av} - (y_{n+1})_{av}}{y_n^* - (y_{n+1})_{av}} \quad (5 \cdot 61 \text{ a})$$

また液組成を基準にとるとマーフリーの段効率はつぎのように表わされる。

$$E_{ML} = (x_{n-1} - x_n)/(x_{n-1} - x_n^*) \quad (5 \cdot 61 \text{ b})$$

ここに y_n^* は第 n 段を去る液組成 x_n に平衡な蒸気組成，x_n^* は第 n 段を去る蒸気の平均組成 $(y_n)_{av}$ に平衡な液組成である。すなわち E_{MV} はある段から上昇する蒸気の平均組成 $(y_n)_{av}$ が，その段を去る液組成に平衡な仮想的な蒸気組成 y_n^* に近づく度合いを表わしている。

なお段効率の研究は数多く行なわれ，それの推算法も種々提案されているがここでは省略する。

(e) 蒸留塔の高さ 分離に要する実際の段数が決まると，段と段との間隔(これを段間隔(tray spacing)という)を与えれば塔の高さが決まる。段間隔は塔の内径と相互関係にあり，経験的に決められている。普通の圧力下での蒸留では 50 cm 程度が目安とされているが，空気分離用蒸留塔のように段間隔が約 9 cm と短いものもある。

5・2・5 多成分系の蒸留

2成分系では理想系のみならず非理想系でも気液平衡関係の実測データを用いて，マッケーブ-シーレ法によって所要段数などの計算を行なうことができるが，多成分系ではたとえ理想溶液を形成する系(理想系)でも自由度が大きいため，図上で計算を行なうことが面倒となり，普通は逐次計算法によらなければならなくなる。また，とくに非理想系の場合，計算は著しく複雑となる。そこでここでは理想系の計算法のみを簡単に紹介する。

多成分系では計算を簡単にするため限界成分(key component)を考える。限界成分とは，多成分混合液で蒸留分離において分離の条件を定められた成分を表わす。鍵成分ともよばれる。塔頂から留出する成分の中でもっとも重いものを高沸限界成分(heavy key component)，塔底から出る缶出成分中でもっとも軽い成分を低沸限界成分(light key component)という。

(1) 最小理論段数 多成分系の連続蒸留の最小理論段数 $N_{\min}$ は，つぎのフェンスキの式で計算される。

$$N_{\min} + 1 = \log\left(\frac{x_{Dl}}{x_{Dh}} \cdot \frac{x_{Wh}}{x_{Wl}}\right) \Big/ \log \alpha_{lh} \quad (5 \cdot 62)$$

ここに x_{Dh} は留出物中の高沸限界成分のモル分率，x_{Dl} は留出物の低沸限界成

---

[1] E. V. Murphree, *Ind. Eng. Chem.*, **17**, 747 (1925).

分のモル分率，x_{Wh} は缶出物中の高沸限界成分のモル分率，x_{Wl} は缶出物中の低沸限界成分のモル分率，$α_{lh}$ は高沸限界成分に対する低沸限界成分の相対揮発度である。

（2）最小還流比 n 成分系原料中の成分 i（ここに最低沸点の成分から順に 1, 2, …, n とする）の組成を x_{iF}，第 1 成分の第 i 成分に対する相対揮発度を $α_{1i}$，原料の供給状態を q とすると，最小還流比 $R_{\min}$ は次式

$$\sum_{i=1}^{n} \frac{x_{iF}}{k-α_{1i}} = \frac{1-q}{k} \tag{5・63}$$

を解いて $α_{1l}$ と $α_{1h}$ との間にある根 k を求め（ただし $α_{11}=1$ とする），それを式

$$R_{\min} = k \sum_{i=1}^{n} \frac{x_{iD}}{k-α_{1i}} - 1 \tag{5・64}$$

に代入すれば得られる。ここに x_{iD} は成分 i の留出液組成である。この方法はアンダーウッド(Underwood)の方法[1] として知られている。

（3）理論段数 与えられた還流比（$R ≒ (1.5～2)R_{\min}$）に対して，式(5・62)(5・64)で計算した $N_{\min}, R_{\min}$ を用いて式(5・49)より全理論段数 N が計算できる。また原料供給段は，まず式(5・62)に x_{Wh}/x_{Wl} の代わりに x_{Fh}/x_{Fl} を代入して濃縮部最小理論段を求め，別に与えられた R，および式(5・63)から求められる $R_{\min}$ を式(5・49)に代入すれば計算できる。

例題 5・6 次の表に示すような 4 成分系の蒸留分離を行ないたい。この場合の(1) 最小理論段数，(2) 最小還流比，(3) 還流比を最小還流比の 2.0 倍とした時の理論段数をそれぞれ求めなさい。ただし，混合物は理想溶液で，成分 1 の各成分に対する相対揮発度は $α_{12}=2.2, α_{13}=5.5, α_{14}=10.5$ であり，原料は沸点の液で供給するものとする。

成分(i)	原料組成(x_{Fi})	分　離　条　件	
		留出液組成(x_{Di})	留出液組成(x_{Wi})
1	0.100	0.185	—
2	0.365	0.793	0.027
3	0.452	0.022	0.566
4	0.083	—	0.381

【解】 まず表中の分離条件より低沸点限界成分(l)は成分 2 であり，高沸点限界成分(h)は成分 3 である。
（1）最小理論段数 $N_{\min}$ は次の式(5・62)で与えられる。

$$N_{\min}+1 = \log\left(\frac{x_{Dl}}{x_{Dh}} \cdot \frac{x_{Wh}}{x_{Wl}}\right)/\log α_{lh}$$

---

1) A. J. V. Underwood, *Chem. Eng. Progr.*, **44**, 603(1948); **45**, 609(1949).

ここで，$x_{Dl}=0.793$, $x_{Dh}=0.022$, $x_{Wh}=0.566$, $x_{Wl}=0.027$, $a_{lh}=5.5/2.2$ であるから

$$N_{min}=\log\left(\frac{0.793}{0.022}\cdot\frac{0.566}{0.027}\right)/\log(5.5/2.2)-1=6.20$$

（2） 最小還流比 R_{min} は式(5・63)を k について解き，求めた k を式(5・64)を代入して求められる．まず，題意の4成分系について，$q=1$ であるから式(5・63)はつぎのようになる．

$$\frac{0.10}{k-1.0}+\frac{0.365}{k-2.2}+\frac{0.452}{k-5.5}+\frac{0.083}{k-10.5}=0$$

$a_{12}<k<a_{13}$ を考慮して試行錯誤法により根を求めると，$k=3.75$．これより

$$R_{min}=3.75\left(\frac{0.185}{3.75-1.0}+\frac{0.793}{3.75-2.2}+\frac{0.022}{3.75-5.5}\right)-1=1.15$$

（3） 還流比 R と理論段数 N との関係は，この場合 $R=2R_{min}=2.30$ であり，$(R-R_{min})/(R+1)=0.348<0.7$ であるから，次式(5・49)より求められる．

$$\log\left(\frac{N-N_{min}}{N+2}\right)=-0.9\left(\frac{R-R_{min}}{R+1}\right)-0.17$$

つまり

$$\log\left(\frac{N-6.20}{N+2}\right)=-0.9\left(\frac{2.30-1.15}{2.30+1}\right)-0.17=-0.483\,7$$

これより $N=10.1$ 段

5・2・6 蒸留装置

蒸留装置の基本構成は加熱缶または再沸器(reboiler)，蒸留塔および全縮器(total condenser)それぞれ1個ずつであり，それらに液や蒸気の供給，取出し装置が付属したものとなっている．再沸器とは蒸留塔の塔底液を取り出したのち，熱媒体で加熱して蒸発させ，蒸気を塔底にもどして液だけ缶出液とする機能をもった蒸発装置を意味する．主体となる蒸留塔は，塔の内部構造により棚段塔(plate tower)と充填塔(packed tower)に大別される．全縮器とは，塔頂から出た蒸気を全部凝縮させるもので凝縮液の一部は塔へ還流されて残りは塔頂留出物として取り出されることはすでに述べたとおりである．

棚段塔は塔内に多数の棚段(トレー, tray)を設け，その段上で蒸気と液の接触を行なわせる型式のものである（図5・20 参照）．トレーは構造によって図5・20(b)に示すように泡鐘トレー(bubble cap tray)，フレキシトレー(flexi tray)，多孔板トレー(sieve tray)のほか，格子トレー(grid tray)に分けられる．

なお充填塔（図5・28）も蒸留塔として広く用いられている．詳しくは5・3節で述べるが，種々の充填物を円筒形の塔につめたもので，構造も簡単で段塔に比べて小型ですみ，圧力損失を小さくしたり，腐食性の強い混合物の処理を行なうことが容易であるという利点をもっている．充填塔における気液の接触は5・

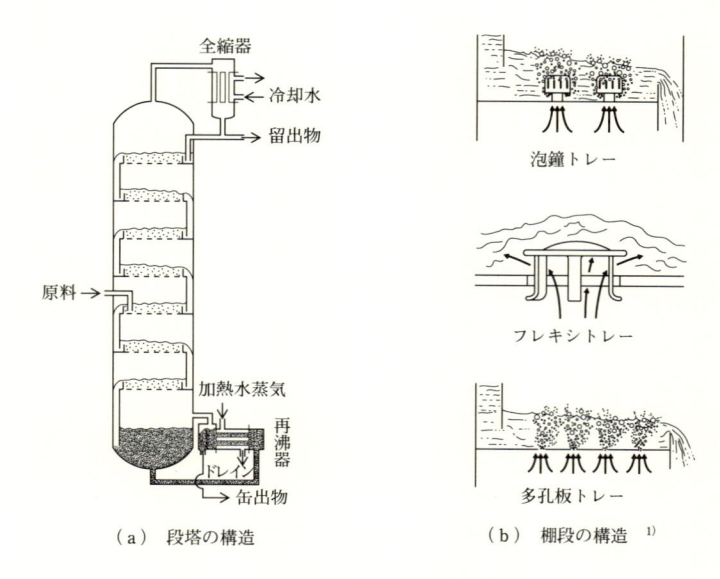

図 5・20 棚段式蒸留塔と棚段の構造

(a) 段塔の構造
(b) 棚段の構造 [1]

泡鐘トレー
フレキシトレー
多孔板トレー

1節の分類によれば，微分接触型であって，気液の組成は塔内で高さ方向に連続的に変化する。前述のように一つの理論段に相当する高さとしてHETP (height equivalent to a theoretical plate)を定義し，それと理論段数 N の積から分離に必要な層高を求める方法がある。また，移動単位高さ(height of a transfer unit ; HTU と略記)を定義し，それと移動単位数(number of transfer units ; NTU と略記)の積から分離に必要な塔高 Z を求める方法がとられる。

$$Z = \text{HETP} \cdot N \qquad Z = \text{HTU} \cdot \text{NTU}$$

となる。塔内における理論段の高さを HETP とよび，それと理論段数 N との積を塔高さと定義すると後述の充填塔の高さにもこの考えをあてはめて論議が行われる。連続的変化のみられる充填塔にこのHETPの考えを適用することには疑問がある。

---

1) Malther van Winkle : "Distillation", Mc Graw-Hill(1967)

5・3 ガス吸収

　気体混合物と液体を接触させ，気体中の特定成分(溶質，solute)を選択的に液相へ移動させて有用成分を回収したり，不要または有害成分を除去し，あるいは溶液の濃度調整などを行なう操作をガス吸収または単に吸収(absorption)とよぶ。吸収には，化学反応を伴う反応吸収または化学吸収(reactive または chemical absorption)と，反応を伴わない物理吸収(physical absorption)がある。吸収に用いる液は水や有機溶媒であって，吸収液または溶媒(solvent)とよばれる。

　化学吸収は，硫酸，硝酸，塩酸，アンモニア水などの製造をはじめ，化学工業できわめて重要な生産プロセスに利用されている操作であるが，多くの場合に化学反応速度は物質移動速度に比べて大きく物質移動速度が問題となるので，ここでは物理吸収についてのみ述べることにする。

　吸収と逆に溶液中の特定成分をそれを含まない気体と接触させて，平衡関係を利用して気体中に移動させる操作を放散(desorption)またはストリッピング(stripping)とよび，ガスを吸収させた吸収液から着目成分を回収して吸収液を再利用する場合などに用いられている。この放散操作の基本的な考え方はガス吸収と同じである。

　吸収操作には蒸留塔とよく似た段塔または充填塔が用いられる。段塔の計算は，気液平衡関係と物質収支に基づく操作線を用いる蒸留計算と同じであるが，充填塔を用いる場合の操作設計では，物質収支のほかに物質移動速度を考慮して必要な高さを決定することが重要な事柄である。

5・3・1 吸収平衡

　吸収成分，すなわち溶質ガス成分と同伴ガス(carrier gas，または不活性ガス；inert gas)の混合ガスを吸収液(solvent)と接触させると，一定温度，一定圧力のもとではやがて平衡に達して，気相と液相の濃度はそれぞれ一定となる。このときの液相濃度は溶質ガスの溶解度(solubility)とよばれ，温度と圧力の関数であるが大気圧近くでは全圧にはよらないとみなせる。溶解度を分圧の関数として示した曲線を溶解度曲線(solubility curve)または平衡曲線(equilibrium curve)という。

　(a) **溶解度とヘンリーの法則**　吸収成分の気相での分圧 p[Pa]と溶解度 x[モル分率]が比例関係にあるとき，この系はヘンリーの法則(Henry's law)に従うといい，その係数をヘンリー定数 H[Pa]と定義する。ヘンリー定数が大きい物質ほど溶解度が低い。(以下では吸収成分を示す添え字 A を省略して表わす。)

表 5・6 水に対する種々の気体のヘンリー定数 $H \times 10^{-3}$ [MPa/(モル分率)]

温度 [K]	空気	CO_2	CO	CH_4	C_2H_6	C_2H_4	H_2	N_2	O_2
273.2	4.42	0.0735	3.55	2.20	1.27	0.618	5.77	5.31	2.57
283.2	5.56	0.106	4.49	2.91	1.89	0.827	6.43	6.65	3.30
293.2	6.70	0.144	5.43	3.66	2.63	1.06	6.96	7.95	4.05
303.2	7.80	0.189	6.31	4.41	3.44	1.30	7.36	9.15	4.77

$$p = Hx \tag{5・65}$$

式(5・65)以外にも，気相と液相の濃度の表わし方によって様々な単位をもつヘンリー定数が定義されるので注意が必要である．たとえば，気相組成をモル分率 $y(=p/P : P[\mathrm{Pa}]$ は全圧) で表わした場合の $y = mx$ や，液相濃度を C [kmol/m³] としたときの $C = H'p$ の関係式中の係数，$m[-]$ や H' [kmol/m³・Pa] もまたヘンリー定数として用いられている．

ヘンリーの法則は，比較的溶解度の低い気体または気体中の分圧が低い場合に成立する．表5・6に水に対するいくつかの気体のヘンリー定数の値を示した．

(b) ヘンリーの法則に従わない場合 溶質ガスが液体に溶けて解離する場合にはヘンリーの法則は成り立たないが，未解離の分子に関してはヘンリーの法則を適用することができる．ここでは，塩素の水への溶解度を例にしてその扱いを考えてみる．

水に溶解した塩素は Cl_2 として存在する他に，水との反応で Cl^- と $HClO$ としても存在する．

$$Cl_2 + H_2O \longleftrightarrow H^+ + Cl^- + HClO$$

このとき生成した H^+，Cl^-，$HClO$ の量は互いに等しく，その濃度は Cl_2 の全溶解量 C [kmol/m³] から Cl_2 として存在する量を引いたものに等しいので，

$$[H^+] = [Cl^-] = [HClO] = C - [Cl_2]$$

と表わせる．塩素の水への溶解度が低いので水の濃度変化を無視すると，この解離反応の平衡定数 K は次式で与えられることから，

$$K = [H^+][Cl^-][HClO]/[Cl_2]$$

塩素の全溶解量は，

$$C = [Cl_2] + (K[Cl_2])^{1/3} \tag{5・66}$$

と表わすことができる．ここで，未解離の Cl_2 に対してヘンリーの法則を適用すると，

$$C = H'p + (KH'p)^{1/3} \quad \text{または} \quad x = ap + bp^{1/3} \tag{5・67}$$

と表わすことができ (a, b は定数)，この式は実験データをよく表わすことが知

5・3 ガス吸収

られている[1]。

例題 5・7 293Kにおける塩素の水への溶解度は表5・7のように与えられている。式(5・67)中の係数 a と b を求めなさい。

表 5・7

分圧 $p \times 10^{-3}$ [Pa]	0.667	1.34	4.00	6.67	13.4
溶解度 $x \times 10^{-3}$ [モル分率]	0.111	0.146	0.238	0.308	0.451
20.0	26.6	33.3	40.0	46.6	53.3	60.0	66.7
0.577	0.697	0.811	0.923	1.03	1.14	1.24	1.34
79.9	93.3	106.4	119.6	133.7	266.5		
1.56	1.75	1.95	2.15	2.35	4.33		

【解】 式(5・67)の両辺を $p^{1/3}$ で割ると

$$x/p^{1/3} = ap^{2/3} + b \tag{1}$$

となって、方眼紙の縦軸に $x/p^{1/3}$、横軸に $p^{2/3}$ をとると傾きが a、切片が b の直線となることを示す。与えられたデータからこれらの項を求めてプロットしたのが図5・21で、これから $a = 1.32 \times 10^{-8}$ [Pa^{-1}] と $b = 1.16 \times 10^{-5}$ [Pa$^{-1/3}$] が得られる。a の値からヘンリー定数 H を求めると $H = 1.32 \times 10^{-8}$ [Pa^{-1}] $= 0.0740$ [kmol/m^3/atm] となる。

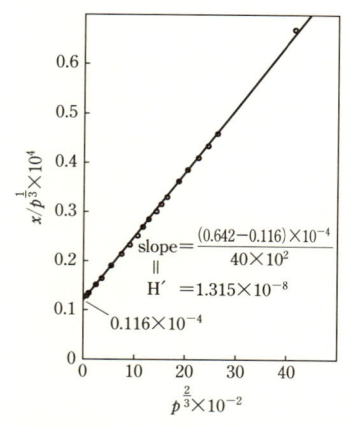

図 5・21 式(5・67)による塩素の水への溶解度の整理

例題 5・8 15 vol%のSO_2と85 vol%の乾き空気より成る混合ガスを293Kで向流接触充填塔の底部に供給し、同じ温度で塔頂に供給された水と接触させ、ガス中のSO_2を除去したい。供給水は、純水1.00 kgあたり0.005 kgのSO_2を含んでい

---

1) R. P. Whitney, J. E. Vivian, *Ind. Eng. Chem.,* **33**, 741 (1941).

る．また供給ガスの圧力は 101.3 kPa(1atm) であって，塔内の圧力損失は無視できるものとする．このとき，最大可能な SO_2 の除去率 [％] を求めなさい（溶解度は表 5・8 参照）．

【解】 SO_2 の除去量が最大になるのは，塔頂を出る空気が供給される水と平衡に達したときである．表 5・8 から $X_2' = x_2'/(1-x_2') = 0.005 \text{ kg-SO}_2/\text{kg-H}_2\text{O}$ に対する SO_2 の平

表 5・8

液相濃度 X' [kg-SO_2/kg-H_2O]	0.002	0.005	0.010	0.025	0.050
SO_2 分圧 p_{SO_2} [kPa]	1.13	3.47	7.86	21.46	44.79

衡分圧は 3.47 kPa である．したがって塔頂を出る空気中の SO_2 濃度 Y_2 は

$$Y_2 = 3.47/[101.3-(3.47+2.33)] = 0.0363 \text{ kmol-SO}_2/\text{kmol-乾き空気}$$

である．ここに 2.33 は 293 K における水の蒸気圧 [kPa] である（水と接触すると，空気中には最終的に飽和蒸気圧に相当する水蒸気が含まれることになるので，付録 6．の水蒸気表より，20℃ で 17.5 mmHg = 17.5×133.3 Pa = 2.33 kPa）．

吸収塔に入る空気中の SO_2 分圧は $(0.15)(101.3) = 15.20 \text{ kPa}$ であるから，入口空気の濃度 Y_1 は

$$Y_1 = 15.20/(101.3-15.2) = 0.176 \text{ kmol-SO}_2/\text{kmol-乾き空気}$$

である．したがって，除去率はつぎのようになる．

$$[(Y_1-Y_2)/Y_1](100) = [(0.176-0.036)/0.176](100) = 79.5\%$$

5・3・2 吸収速度

気相から特定の成分（溶質）を液相に効率よく移動させるためには，界面積を大きくとるとともに二つの相をよく混合する必要がある．気液界面では両相の相対速度は 0 であると考えられるので，界面をはさんで両方の相に境膜が存在していて，その境膜内を通過する吸収成分の物質移動が律速段階であると考えよう．さらに，界面には移動抵抗はないと仮定する．このことは，気液界面で平衡が成り立っていると仮定することに等しい．これらの条件のもとでは，定常状態で吸収成分は，まずガス本体からガス側の境膜を通過して界面に到達し，その後同じ速度で液側の境膜を通過して最終的に液体本体へと移動すると考えられる．したがって，吸収成分の濃度は界面近傍の境膜で大きく変化しており，これを模式的に表わすと図 5・22 のようになる．このように界面をはさんで二つの境膜が存在するという考え方を二重境膜説（two-film theory）とよび，異相間の物質移動速度の解析に広く用いられている．

（a）物質移動係数 5・1 で述べたように，気相および液相中の移動成分（吸収成分）の濃度が低いとき，気液界面を挟んでそれぞれの相に境膜を考え（二重境膜説），それらを通る成分の移動速度および濃度差の積で表わされるとし，両相の移動速度が等しいとおくと次のようになる．

5・3 ガス吸収

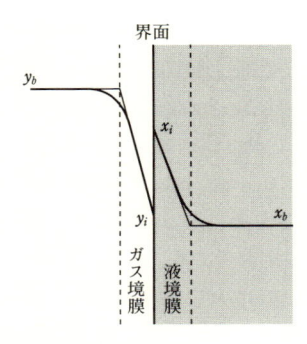

図 5・22 気液界面近くの濃度分布と境膜

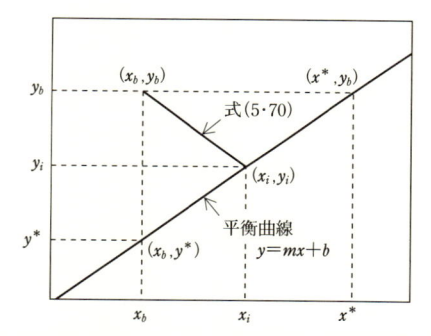

図 5・23 ガス吸収における平衡曲線と物質移動の推進力

$$N = k_G A C_y (y_b - y_i) = k_L A C_x (x_i - x_b) \tag{5・68}$$

ここで，$A[\mathrm{m}^2]$ は気液界面積，k_G および $k_L[\mathrm{m/s}]$ はそれぞれ気相および液相の物質移動係数，C_y と C_x もそれぞれ気相と液相のモル濃度 $[\mathrm{kmol/m}^3]$ である。また，$(y_b - y_i)$ と $(x_i - x_b)$ はそれぞれ気相と液相の濃度差すなわち物質移動の推進力で，添え字の b は本体，i は界面での値を示すものとする。

ガス吸収操作では，式(5・68)の物質移動係数の代わりにそれのモル密度との積 (kC) を新たに物質移動係数 k_y および $k_x[\mathrm{kmol/m}^2 \cdot \mathrm{s}]$ として定義することが多いので，これに従うとすると，

$$N = k_y A (y_b - y_i) = k_x A (x_i - x_b) \tag{5・69}$$

となり，これを書き換えると，

$$(y_b - y_i)/(x_b - x_i) = -k_x/k_y \tag{5・70}$$

となって，気液両相本体の組成を表わす点から物質移動係数の比 (k_x/k_y) の直線をひき，平衡曲線との交点をから図 5・23 に示すように気液界面での濃度

(x_i, y_i) が求められる。

多くのガス吸収操作では気泡を液中に分散させたり,液滴を気体中に分散させて気液界面積を大きくする工夫がなされている。その場合には,表面積を直接測定できないので装置の単位体積あたりの気液界面積,すなわち比表面積(specific surface area) $a[\mathrm{m^2/m^3}]$ と装置容積 $V[\mathrm{m^3}]$ の積を用いて面積を算出する方が便利である。たとえば,式(5・69)に $A=aV$ の関係式を代入した次式で物質移動速度を表わすことができる。

$$N = k_y aV(y_b - y_i) = k_x aV(x_i - x_b) \tag{5・71}$$

(b) 総括物質移動係数 気液界面での気相または液相の組成が,液相本体の組成または気相本体の組成とそれぞれ平衡にある場合を仮定してみよう。つまり,液相中または気相中のそれぞれの物質移動の抵抗がない(すなわち物質移動のための推進力が不要)と仮定したことになる。このとき,物質移動速度を次式で表わすと,

$$N = K_y aV(y_b - y^*) = K_x aV(x^* - x_b) \tag{5・72}$$

K_y, K_x をそれぞれ気相濃度基準および液相濃度基準の総括物質移動係数(overall mass transfer coefficient)とよび,単位は k_y や k_x と同じ $[\mathrm{kmol/m^2 \cdot s}]$ である。

式(5・69)と式(5・72)からつぎの関係式が導かれる。

$$N = \frac{y_b - y_i}{1/k_y aV} = \frac{x_i - x}{1/k_x aV} = \frac{y_b - y^*}{1/K_y aV} = \frac{x^* - x_b}{1/K_x aV} \tag{5・73}$$

ここで,気液平衡関係としてヘンリーの法則($y=mx$)が成り立つ場合,または $y=mx+b$ のように直線で表わされる場合は,図5・23で示したように平衡曲線上にある3点 (x_i, y_i), (x_b, y^*), (x^*, y_b) 間を結ぶ直線の傾きはすべて m に等しい。そこで,

$$\frac{y_i - y^*}{x_i - x_b} = \frac{y_b - y_i}{x^* - x_i} = \frac{y_b - y^*}{x^* - x_b} = m \tag{5・74}$$

の関係式を式(5・73)に代入して整理すると,

$$\frac{1}{K_y} = \frac{1}{k_y} + \frac{m}{k_x} \quad \text{および} \quad \frac{1}{K_x} = \frac{1}{mk_y} + \frac{1}{k_x} = \frac{1}{mK_y} \tag{5・75}$$

の関係が導かれる。このように各相の物質移動係数と平衡関係から総括物質移動係数を算出できる。(平衡関係が $x \sim x^*$ 間で1本の直線で近似できないときは,$x \sim x_i$ 間と $x_i \sim x^*$ 間をそれぞれ直線で近似してその傾き m と m' を用いて式(5・75)を修正すればよい。)

5・3・3 吸収操作の解析と計算

通常,吸収操作は塔型の装置を用いて連続向流接触方式で行なわれる。この場合,吸収成分を含むガス(気相)は装置内を上昇し,吸収液は重力によって下

5·3 ガス吸収

降するのが普通である。塔内では溶質は気相から液相へと移動し、塔上部の出口では気相中の溶質の組成は所望の濃度にまで低下する。塔内で気相と液相の接触をよくするために、特殊な形状をした充塡物や棚段が設置されている。これについては次節で述べる。

いま、図5·24に示すような高さ $Z[\mathrm{m}]$、断面積 $S[\mathrm{m}^2]$ の塔型装置とその中の気相と液相の流れを考える。装置単位断面積あたりのガスと液の流量をそれぞれ $G_M[\mathrm{kmol/m^2 \cdot s}]$ と $L_M[\mathrm{kmol/m^2 \cdot s}]$ で表わし、さらに両相の組成を溶質のモル分率 $y[\mathrm{kmol}\text{-}溶質/\mathrm{kmol}\text{-}ガス]$、$x[\mathrm{kmol}\text{-}溶質/\mathrm{kmol}\text{-}液]$ で表わし、高さ方向の微小区間 dz での単位断面積あたりの微分物質収支をとると、

$$d(G_M y) = d(L_M x) = dN/S = na\,dz \tag{5·76}$$

が成り立つ。ここで $n[\mathrm{kmol/m^2 \cdot s}]$ は気液間の物質移動流束、$a[\mathrm{m^2/m^3}]$ は装置単位容積あたりの気液有効界面積を表わす。したがって塔の断面積を考慮すると、$aS\,dz$ は微小区間 dz での全気液界面積を表わすことになる。

式(5·76)において、気相と液相の流量は溶質の溶解によって塔内で変化するので一定ではない。しかし、溶質以外の同伴ガスと溶媒のみのモル流量を、$G_M'[\mathrm{kmol}\text{-}同伴ガス/\mathrm{m^2 \cdot s}]$、$L_M'[\mathrm{kmol}\text{-}溶媒/\mathrm{m^2 \cdot s}]$ で表わすとこれらは塔内で一定である。さらに両相の組成を同伴ガスまたは吸収液基準のモル比 $Y[\mathrm{kmol}\text{-}吸収成分/\mathrm{kmol}\text{-}同伴ガス]$、$X[\mathrm{kmol}\text{-}吸収成分/\mathrm{kmol}\text{-}吸収液]$ で表わすことを考えると、$Y=y/(1-y)$、$X=x/(1-x)$ の関係があるので、微小区間の気相における移動量は次式で与えられる。

$$na\,dz = d(G_M y)$$
$$= G_M'\,dY = G_M'\,d\left(\frac{y}{1-y}\right) = G_M'\,\frac{dy}{(1-y)^2}$$
$$= G_M\,\frac{dy}{1-y} \tag{5·77}$$

同様に、液相についても、

$$na\,dz = d(L_M x)$$
$$= L_M'\,dX = L_M'\,d\left(\frac{x}{1-x}\right) = L_M'\,\frac{dx}{(1-x)^2}$$
$$= L_M\,\frac{dx}{1-x} \tag{5·78}$$

このとき、式(5·76)は次式のように書き表わせる。

$$G_M'\,d\left(\frac{y}{1-y}\right) = L_M'\,d\left(\frac{x}{1-x}\right) = dN = na\,dz \tag{5·79}$$

したがって、塔全体のの物質収支は、

$$N/S = naZ = G_M'\left(\frac{y_B}{1-y_B} - \frac{y_T}{1-y_T}\right) = L_M'\left(\frac{x_B}{1-x_B} - \frac{x_T}{1-x_T}\right) \tag{5·80}$$

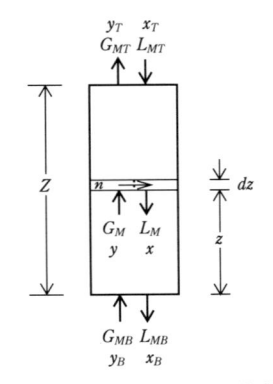

図 5·24 連続向流ガス吸収の物質収支

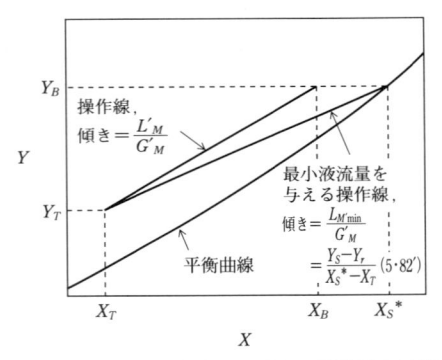

図 5·25 連続向流ガス吸収の操作線と平衡曲線

式(5·80)において出口での液体の組成が気相と平衡にある，すなわち図5·25に示すように，飽和しているとすると液体の流量はもっとも少なくて済む。このときの液体流量を最小液流量 $L_{M'\min}$ とよぶ。実用される液流量は一般にこの $L_{M'\min}$ 1.25～2.0 倍の値をとる。

また，塔頂と任意の高さ z までの物質収支は，

$$naz = G_{M}'\left(\frac{y}{1-y} - \frac{y_T}{1-y_T}\right) = L_{M}'\left(\frac{x}{1-x} - \frac{x_T}{1-x_T}\right) \tag{5·81}$$

で表わされる。ここで，各項の単位は[kmol-吸収成分/m²·s]となっている。式(5·81)を書き改めると，塔内の任意の位置での気相組成 Y と液相組成 X の関係を示すつぎの操作線の式が得られる。(図5·25)

$$\frac{Y - Y_T}{X - X_T} = \frac{L_{M}'}{G_{M}'} \quad \text{または} \quad Y = \left(Y_T - \frac{L_{M}'}{G_{M}'}X_T\right) + \frac{L_{M}'}{G_{M}'}X \tag{5·82}$$

5・3 ガス吸収

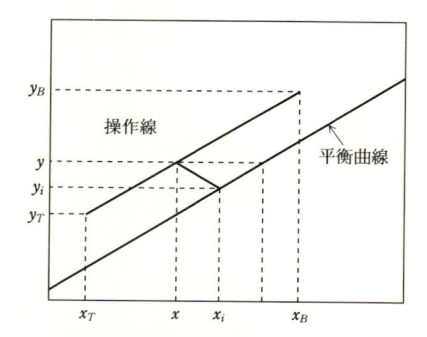

図 5・26 低濃度の場合の連続向流ガス吸収

この式は，気液両相の組成をモル比で表わした場合，操作線が直線で表わせることを意味している。

$$\frac{y}{1-y} = \left(\frac{y_T}{1-y_T} - \frac{L_M'}{G_M'}\frac{x_T}{1-x_T}\right) + \frac{L_M'}{G_M'}\frac{x}{1-x} \tag{5・83}$$

したがって，気液平衡を x-y 図上で表わすと操作線は直線とはならない。しかしながら，気相中の溶質成分の濃度が十分に低いとき近似的に $Y \approx y$ および $X \approx x$ が成り立つので，このときは式(5・80)および(5・83)中の $y/(1-y)(=Y)$ と $x/(1-x)(=X)$ をそれぞれ y と x に置き換えた簡単な式が利用でき，この操作線は直線で表わされる。(図5・26)

さて，式(5・77)に物質移動速度式(5・69)または(5・72)を代入すると，

$$G_M' d\left(\frac{y}{1-y}\right) = \frac{G_M}{1-y} dy = k_y a (y-y_i) dz = K_y a (y-y^*) dz \tag{5・84}$$

ただし，微小区間の単位断面積あたりの気液界面積として A の代わりに adz を用いている。

液相に対しても同様に次式が成り立つ。

$$L_M' d\left(\frac{x}{1-x}\right) = \frac{L_M}{1-x} dx = k_x a (x_i-x) dz = K_x a (x^*-x) dz \tag{5・85}$$

式(5・84)と(5・85)を塔全体について積分すると，

$$Z = \frac{G_M}{k_y a}\int_{y_T}^{y_B}\frac{dy}{(1-y)(y-y_i)} = \frac{G_M}{K_y a}\int_{y_T}^{y_B}\frac{dy}{(1-y)(y-y^*)} \tag{5・86 a}$$

$$Z = \frac{L_M}{k_x a}\int_{x_T}^{x_B}\frac{dx}{(1-x)(x_i-x)} = \frac{L_M}{K_x a}\int_{x_T}^{x_B}\frac{dx}{(1-x)(x^*-x)} \tag{5・86 b}$$

が得られる。これらの式を用いると，組成が y_B のガスを y_T にまで低下させるのに必要な塔の高さ Z が計算できる。

式(5・86)中の右辺の積分項は物質移動の推進力の逆数の積分を表わしてお

り，それぞれ気相の移動単位数 N_y（気相 N. T. U., number of gas transfer units），液相の移動単位数 N_x（液相 N. T. U.）として定義されている．

$$N_y = \int_{y_T}^{y_B} \frac{dy}{(1-y)(y-y_i)} \tag{5・87 a}$$

$$N_x = \int_{x_T}^{x_B} \frac{dx}{(1-x)(x_i-x)} \tag{5・87 b}$$

なお，総括物質移動係数を用いた場合の移動単位数 N_{Oy}, N_{Ox} も同じように定義されている．

N. T. U. の計算にあたっては，N_y を例にとると，気相組成 y から式(5・70)の関係を利用して y_i を求め $(1-y)(y-y_i)$ を計算し，その逆数を y に対してプロットして曲線下の面積を図積分または数値積分すればよい（図5・26 参照）．なお，十分に希薄な系の N_{Oy} に関しては，操作線と平衡関係が直線で近似できるのでつぎの式が成り立つ．

$$\int_{Y_T}^{y_B} \frac{dy}{y-y^*} = \frac{y_B - y_T}{(y_B - y_B^*) - (y_T - y_T^*)} \ln \frac{y_T - y_T^*}{y_B - y_B^*} \tag{5・88}$$

また，積分項の前の項 $(G_M/k_y a$ など)は長さの次元をもっており，それぞれ気相移動単位あたりの高さ H_y（気相 H. T. U., height of a gas transfer unit），液相移動単位あたりの高さ H_x（液相 H. T. U.）とよばれている．

$$H_y = G_M/k_y a \qquad H_x = L_M/k_x a \tag{5・89}$$

総括物質移動係数を用いた場合の H. T. U.（H_{Oy}, H_{Ox}）も全く同様に定義でき，希薄系に関しては気相 H. T. U. と液相 H. T. U. との間につぎの関係がある．

$$H_{Oy} = H_y + \frac{mG_M}{L_M} H_x \qquad H_{Ox} = H_x + \frac{L_M}{mG_M} H_y \tag{5・90}$$

様々な充填物に対して，H. T. U. の相関式が提出されているので推算に利用できる．（詳しくは化学工学便覧などを参照のこと．）

このとき，装置の高さ Z は，N. T. U. と H. T. U. の積として求められる．

$$Z = H_y \cdot N_y = H_x \cdot N_x = H_{Oy} \cdot N_{Oy} = H_{Ox} \cdot N_{Ox} \tag{5・91}$$

例題 5・9　1.5% のアセトンを含む 30 ℃，大気圧の空気 1800 m³/h を最小液流量の 2 倍の水で洗浄して，空気中のアセトン蒸気の 99% を吸収する向流充填塔をつくりたい．用いる充填物の特性から，$H_x = 0.46$ m，$H_y = 0.76$ m と与えられるとき必要な塔の高さを求めなさい．ただしアセトン-水系の気液平衡関係は $y = 2.74x$ で表わされ，30 ℃において，$Sc_L = 556$，$Sc_G = 1.42$ とする．

【解】　アセトンの分子量は 58 kg/kmol，30 ℃の空気のモル体積は理想気体を仮定して 24.8 m³/kmol である．したがってガスのモル流量は，

$$G_{MB}S = 1800/(3600)(24.8) = 0.500/24.8 = 0.0202 \text{ kmol/s}$$

となる．希薄系であるので，式(5・80)を簡略化した式の両辺に塔の断面積 S [m²] を掛

5·3 ガス吸収

けて得られる次式は，塔内でのアセトンの全吸収速度を表わす．

$$N = naSZ = G_M'S(y_B - y_T) = L_M'S(x_B - x_T) \tag{1}$$

上式を用いて最小液量を求めるために，ガスの流量と与えられた条件から y_T および x_T を算出するが，ここでも希薄系のために $G_M' = G_M$ および $L_M' = L_M$ の近似が十分に成り立つので

$$G_M'S = G_MS = 0.0202 \text{ kmol/s},$$

出口ガスの濃度はアセトンの 99 % が除去されるので，

$$y_T = (1-0.99) \times 0.015/((1-0.015) + (1-0.99) \times 0.015)$$
$$= 1.52 \times 10^{-4} [-]$$

供給液はアセトンを含まないとして

$$x_T = 0$$

液の出口濃度 x_B は供給ガスの濃度 ($x_B = 0.015$) と平衡にあるとして，

$$x_B^* = y_B/2.74 = 0.00547 [-]$$

となる．

これらを式(1)に代入して最小液流量 $L_{M\min}S = 5.48 \times 10^{-2}$ kmol/s が得られる．したがって，液流量はこの 2 倍として $L_MS = 1.10 \times 10^{-1}$ kmol/s が求められる．

塔高は $Z = H_{Oy} \cdot N_{Oy}$ の関係式から求める．

（1） HTU の算出　　式(5·90)に適当な値を代入して，

$$H_{Oy} = H_y + \frac{mG_M}{L_M}H_x = 0.76 + 2.74 \times 0.020/0.110 \times 0.46 = 0.99 \text{ m} \tag{2}$$

（2） NTU の算出　　式(5·88)を用いて N_{Oy} を算出する．

$$y_B = 0.015, \quad y_T = 1.52 \times 10^{-4}, \quad y_T^* = 0 \quad (\because x_T = 0 \text{ に平衡})$$

また，y_B^* は x_B に平衡な値であるから，上式から $x_B = 2.74 \times 10^{-3}$ が求められるので，$y_B^* = 7.53 \times 10^{-3}$．これらを式(5·88)に代入して，$N_{Oy} = 7.90 [-]$，これより塔高は $Z = 0.99 \times 7.9 = 7.8$ m となる．

例題 5·10　　SO_2 25 vol% を含む 293 K，101.3 kPa (1 atm) の空気 3.00 m³ を水 20.0 kg と接触させ，その温度，圧力のもとで平衡に達したとする．各相における SO_2 の平衡濃度 X [kmol-SO_2/kmol-H_2O]，Y [kmol-SO_2/kmol-同伴ガス] を求めなさい．ただし，空気の水への溶解は無視できるものとし，また 293 K における SO_2 の水への溶解度は表 5·8 (p. 146) に示したとおりである．

【解】　　表 5·8 より X, Y を求める．たとえば，$X' = 0.050$ kg-SO_2/kg-H_2O，$p = 44.79$ kPa に対しては，単位を換算することにより

$$X = 0.050(18.0/64.0) = 0.0141 \text{ kmol-}SO_2/\text{kmol-}H_2O$$

ここに 64.0, 18.0 はそれぞれ SO_2, H_2O の分子量である．気体は理想気体として

$$Y = 44.8/(101.3-44.8) = 0.793 \text{ kmol-}SO_2/\text{kmol-同伴ガス}$$

同様にして計算を進めると表 5·9 が得られる．

つぎに与えられた条件より，最初の気液両相中の SO_2 濃度 Y, X は

表 5・9

X [kmol-SO_2/kmol-H_2O]	0.000 563	0.001 41	0.002 81	0.007 03	0.014 1
Y [kmol-SO_2/kmol-同伴ガス]	0.011 3	0.035 4	0.084 2	0.269	0.793

$$Y_B=0.25/0.75=0.333, \quad X_B=0.000$$

また同伴ガス量 G_M' は，1 kmol が 0°C，1 atm で 22.4 m³ であることから

$$G_M'=(3.00)(1-0.25)(273/293)/(22.4)=0.0936 \text{ kmol}$$

使用水量 L は

$$L_M'=20.0/18.0=1.111 \text{ kmol}$$

したがって操作線（物質収支式）は，式(5・93)にそれぞれの値を代入して

$$(0.333-Y)/(0-X)=-L/G=-1.111/0.0936=-11.9$$

$$\therefore \quad Y=0.333-11.9\,X$$

この操作線と表 5・9 のデータを用いて描いた平衡曲線の交点を求めると $X=0.0067$，$Y=0.252$ が得られる。

ガスの流れの向きが，液の流れの向きと同じ操作を並流接触操作(cocurrent flow operation)という。このときの塔全体の物質収支は式(5・80)と同様に，

$$N=naSZ=G_M'S\left(\frac{y_B}{1-y_B}-\frac{y_T}{1-y_T}\right)=L_M'S\left(\frac{x_T}{1-x_T}-\frac{x_B}{1-x_B}\right) \quad (5\cdot92)$$

と表わせる。また，塔頂と任意の高さ z までの物質収支式，すなわち操作線の式は，

$$naSZ=G_M'S\left(\frac{y}{1-y}-\frac{y_T}{1-y_T}\right)=L_M'S\left(\frac{x_T}{1-x_T}-\frac{x}{1-x}\right) \quad (5\cdot93)$$

で与えられる。これを気液平衡図に重ねて表わすと図 5・27 となり，気体と液体の組成は平衡線に近づくことがわかる。したがって並流接触操作では溶質の除去には限界があるので，一般には向流接触法が用いられる。

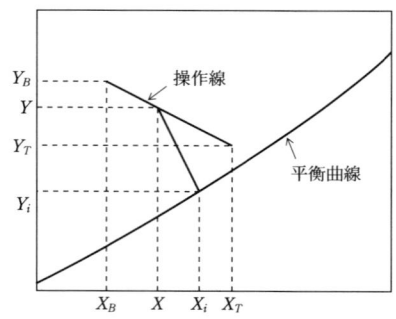

図 5・27 並流ガス吸収操作の操作線

5・3・4 向流吸収塔の構造と設計

向流吸収塔の基本構造は蒸留装置と同じである。塔内には，気相と液相の界面積を大きくし，接触をよくするために棚段や充填物が設置されている。多くの装置では液体は連続相として下降し，その中を気泡が上昇する形式が取られている。さらに物質移動速度を高めるために，気泡は棚段または充填物によって合一と分散を効率よく繰り返している。

逆に，液相を液滴として気相中に分散させるスプレー塔が用いられることがある。この場合は気相中のゴミ粒子の除去（集塵）が同時に行なえる利点はあるが，1または2理論段以上の吸収性能は期待できない。

吸収に伴って発熱が起こる場合には，流下液膜型の装置が用いられ，その代表的な装置に濡れ壁塔（wetted wall column）がある。気液間の接触面積は装置の形状で決まってしまうので，気泡または液滴を分散させる装置のように大きくとることはできないが，吸収温度の制御が容易なために大きな発熱を伴う吸収操作に用いられている。また，界面積が正確にわかるので吸収速度の解析が容易であって，基礎実験の装置としても用いられる。

（a）充填塔 充填物（packing）を充填した塔で（図5・28），液は充填物の表面に沿って流下し，その際に上昇する気体と向流で接触する。充填物としてはラシッヒリング（Raschig ring）やベルルサドル（Berl saddle），ポールリング（Paul ring）などの不規則充填物の他に，近年では多くの規則充填物が用いられている。材質も使用する系に合わせてセラミック，プラスチック，金属など

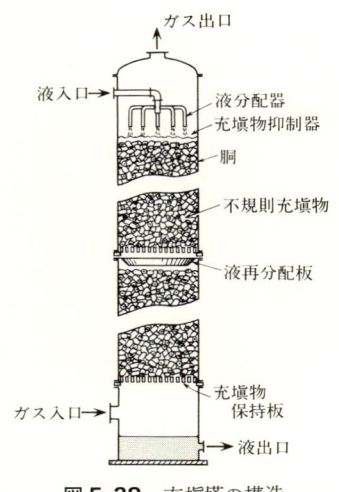

図5・28 充填塔の構造

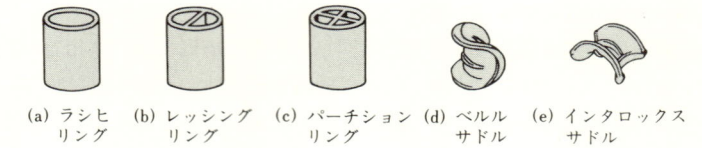

156　　　5　流体混合物の分類操作と装置

(a) ラシヒリング　(b) レッシングリング　(c) パーチションリング　(d) ベルルサドル　(e) インタロックスサドル

住友/スルザーパッキング

Saint-Gabain Nor Pro(旧 Norton)社提供，Intalox®規則充填物

図 **5・29**　各種の不規則充填物と規則充填物

5·3 ガス吸収

が用いられている。規則充填物は塔の直径に合わせて作製され，気相および液相の偏流(channelling)を少なくして良好な接触を保つように工夫されている。また，いずれの場合にも，偏流を防ぐために装置内の適当な位置に液の再分配器を設置する必要がある。図5·29に不規則充填物と規則充填物の例を示す。これらの特性については，それぞれのカタログまたは資料集に掲載されている。

向流の不規則充填塔における塔高1m当たりの圧力損失 $\Delta P/Z$ [Pa/m]は，気液の空塔基準の質量速度 G, L [kg/m²·s]と図5·30に示すような関係にある。液体の流量によって圧力損失が増加するのは，液流量が増えると充填物に保持されている液量(液体のホールドアップ：hold up)が増えて空間率が減り，一定量の気体を流すための圧力損失が増加するからである。

また，気体の流量を増加させると液相は次第に流下しにくくなり，ある流量以上ではホールドアップが増加し始め，さらに気体の流量が増すと液は流下できなくなり塔頂からあふれ出るようになる。これらの変化は図5·30では圧力損失の変化として表わされ，圧力損失が増大する現象をローディング(loading)，液体があふれ出る現象をフラッディング(flooding)とよぶ。それぞれの現象が始まる点をローディング点，フラッディング点とよび，またその時の気体の流速をそれぞれローディング速度，フラッディング速度という。通常の充填塔では，塔内のガス流速はローディング速度以下またはフラッディング速度の50〜70％程度となるように設定されている。

充填塔のフラッディング速度を求めるには充填物の特性を知る必要があるが，カタログや資料集，化学工学便覧などを参考にして計算する。

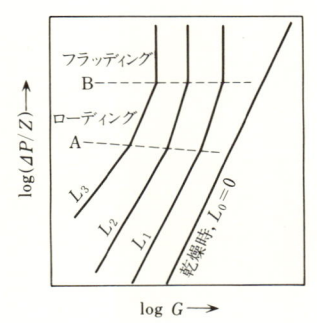

G：ガスの空塔質量速度 [kg/m²·h]
L：液の空塔質量速度 [kg/m²·h]
ΔP：圧力損失 [kgf/cm²]
Z：塔高 [m]
$L_1 < L_2 < L_3$

図 **5·30** 不規則充填された塔における圧力損失

5・4 液液抽出

お互いに溶け合わない二つの溶媒が接していて，その両者に第3の成分である特定の溶質が溶けているとき二つの相の濃度は大きく異なることがある．このような場合の平衡関係を液液分配平衡という．

これを利用して，まず原料の混合液にそれと溶け合わない液(溶媒)を加えて特定の成分を取り出す操作が実験室でも，また工業的にも行なわれているが，そのような操作は液液抽出(liquid-liquid extraction)とよばれる．この操作は溶解度の相違を利用して，ある溶質を一つの溶媒から他の溶媒へ移す操作であって，その操作の後で溶媒から溶質を分離するには後処理として蒸留などの他の分離操作が必要となる．なお，お互いに溶け合わないといっても実際には溶媒同士に多少の相互溶解が生じるので，液液抽出はほとんど常に3成分の混合液を扱うことになり，相平衡の表わし方や物質収支の計算は蒸留やガス吸収に比べて面倒であり，独特な方法が必要となる．

液液抽出操作の応用分野は，石油化学，食品製造，医薬品製造，原子力，冶金などの広範囲の産業にわたっている．

5・4・1 液液平衡

抽出では少なくとも三つの成分を考える必要がある．このうち，もとの原料混合液(抽料：feed)中の着目成分を溶質または抽質(solute)，そうではない成分を原溶媒(diluent)，新たに加える液を抽剤(extracting solvent)とよぶ．そして抽剤を加えることで生じた液相を抽出相(extract)，残りの液相を抽残相(raffinate)という(図5・31参照)．これらの相の組成と量は三角図上に表わした相平衡関係と物質収支から求められる．とくに抽出相と抽残相が平衡にあると考えている．

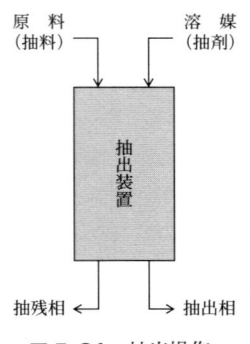

図 5・31 抽出操作

5・4 液液抽出

(a) 三角座標とてこの原理　三角座標(triangular coordinate)は，図5・32に示すように一般に抽質(A)，原溶媒(B)，抽剤(C)の純成分を頂点として表わす。ここでは直角三角形を用いてあるが正三角形でも何でもかまわない。このときたとえば，線分AB上の任意の点はAとBの混合液の組成を表わし，等間隔で目盛りを振ると，点Aからの距離として成分Bの組成(または点Bからの距離として成分Aの組成)を読みとることができる。各辺の長さは実際の長さに関係なくすべて1(100％)であると考える。線分BCとCAについても同じであって，それぞれ成分BまたはCと成分AまたはCの組成がよみとれる。たとえば，図中の点Dは成分Bと成分Cの混合物であって，その組成はCが40％，Bが60％であることを意味している。

この混合液に成分Aを少しずつ加えてゆくと，その組成は点Dから点Aに向かって移動する．例として示す線分DA上の点Pは，混合物Dと成分Aを同量加えた場合の全体の平均組成を表わしている。この例では各成分の濃度はAが50％，Bが30％，Cが20％である。このように，三角形内部の任意の点はその点での混合物の組成を表わす。任意の点の組成を読むには，点から三つの辺に並行に3本の直線をひき，各辺との交点の座標が3成分系の各成分の濃度になっていることを利用する。

上述の点Pでは，PからBCに並行に直線を引いて辺ABと交わった点の点Bからの距離は成分Aの組成(50％)を表わし，ACに並行に引いた線との交点と点Aとの距離は成分Bの組成(30％)を表わす。残りの距離が成分Cの組成を表わすことは三角形の相似を使って証明できる。直角三角座標を用いたとき

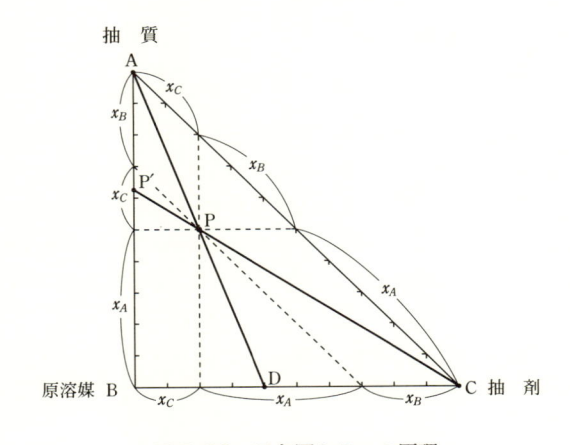

図 5・32　三角図トテコの原理

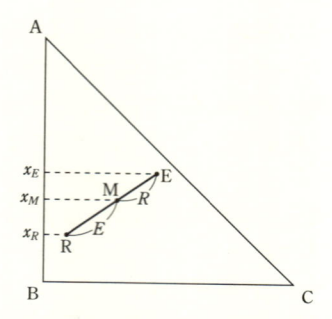

図 5·33 2液の混合(テコの法則)

は，図に示すような目盛りをふって成分Aと成分Cの値を読みとることが多い。

さて，三角図の上で，二つの混合物を混ぜた場合の組成変化を考える。たとえば，図5·33中に点Rと点Eで示す混合液を，それぞれ質量R[kg]とE[kg]で加えたときに生成する混合液Mの組成はつぎのようにして求められる。抽出操作では混合物の量を質量で表わすことが多いので，組成は質量分率で表わされる。(量をモルで表わすとき組成はモル分率とする。)各混合液中の成分Aの組成をx_Rとx_Eとすると，2液の混合前後の質量と組成の変化は次式で与えられる。

$$M = R + E \tag{5·94}$$

$$Mx_M = Rx_R + Ex_E \tag{5·95}$$

ただし，Mとx_Mはそれぞれ混合後の全体の液量と組成を表わすものとする。ここで，Mを消去して整理すると，

$$R(x_M - x_R) = E(x_E - x_M) \quad \text{すなわち} \quad \frac{R}{E} = \frac{x_E - x_M}{x_M - x_R} \tag{5·96}$$

となるので，x_Mはx_Eとx_Rを$R:E$に内分する点である。この関係はすべての成分について成り立つから，点Mは点Eと点Rを結ぶ直線ERを$R:E$に内分する点であることがわかる。これをテコの法則(lever rule)という。

逆に，M[kg]の混合液Mから組成が異なる混合液RをR[kg]だけ取り出すと，残りはE[kg]の混合液Eになることもまったく同様にして証明できる。

例題 5·11 抽質，原溶媒，抽剤が質量分率でそれぞれ0.50，0.30，0.20含まれている溶液から，抽剤を完全に分離除去した後の抽質濃度を求めなさい。

【解】 三角図を用いると，与えられた最初の溶液の組成を表わす点は図5·32の点Pである。溶液Pから抽剤Cを除去した後の液の濃度は，テコの法則により線分CP

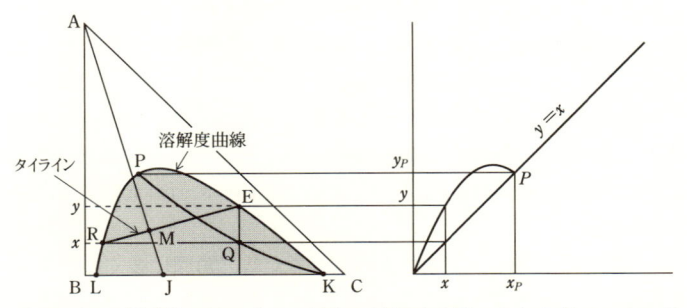

図 5・34 部分的に溶け合う2液相の溶解度曲線，共役曲線，分配曲線

の延長と辺 AB との交点 P′ で与えられる．点 P′ の座標より，求める抽質濃度 $x_{P'}$ は 0.625 [質量分率] である．

また，物質収支によって算出してもよい．計算の基礎として，最初の溶液の質量を 100 kg とすれば，その中には抽質 A，原溶媒 B，抽剤 C がそれぞれ 50 kg, 30 kg, 20 kg ずつ入っている．したがって，抽剤を分離した後の液の質量は 100−20=80 kg であって，この中に抽質が 50 kg 含まれているので求める濃度は $x_{P'}$=50/80=0.625 [質量分率] と与えられる．

(b) 3成分系の液液平衡(相平衡)　液液抽出では抽料は均一相で，抽質 A と原溶媒 B は完全に相互溶解性である(miscible)ことが多く，これに対して抽剤 C と原溶媒は互いに不溶性である(immiscible)．さらに，抽剤は抽質を優先的に溶かし込む必要がある．したがって，抽出操作で用いられる3成分系の相平衡では組成の異なる2液相を形成する領域がある．3成分系で2相が共存する平衡関係であるから，ギブス(Gibbs)の相律によって三つの自由度があり，温度と圧力を与えても自由度が1だけ残る．このことは，一定温度および一定圧力の条件下でも互いに平衡にある2液相の組成は一定ではないことを意味している．

このことを模式的に示したのが図 5・34 である．図中の曲線は，2液相を形成する領域と1液相の領域の境を表わし，溶解度曲線とよばれる．この例では，原溶媒(B)と抽剤(C)は部分的に相互溶解性をもっており，B と C を JC : BJ の比で混合して得られる混合物 J は，それぞれ L と K で表わされる組成の2液相に分かれて存在している．このような混合液 J に抽質 A を少しずつ加えてゆくと，全体の平均組成は点 J と A を結ぶ線に沿って移動し，途中の任意の点 M では組成が R と E で表わされる2液相(抽出相と抽残相)となって共存している．互いに平衡にある2液相を結ぶ線分 RE をタイライン(tie line)という．

さらに，成分Aを加え続けると曲線LRPEKで囲まれた領域の外に出て，混合液は均一な1相となる。このように，3成分系の平衡関係を表わすには溶解度曲線とタイラインのデータが必要である。

タイラインの長さは，抽質濃度が高くなるにつれて次第に短かくなり，ついには一点Pに収束して2液相の組成が等しくなるプレイトポイント(plait point)または共溶点(consolute point)となる。この点の位置は溶解度曲線の頂点とはかぎらない。

2液間の平衡関係はタイラインで表わされるが，三角図に多くのタイラインをひく代わりに，タイラインの両端RとEからそれぞれ水平線と垂線をひいて得られる交点Qの軌跡，すなわち曲線PQKを示しておくと，一方の液組成からそれと平衡にあるもう一方の液相の組成を求めることができ便利である。この曲線を共役曲線(conjugate curve)という。

互いに平衡にある抽出相と抽残相中の抽質の組成をそれぞれ x, y で表わし，これらを直交座標上にプロットしたものを分配曲線(distribution curve)といい，共役曲線と同様に平衡関係の内挿に用いられるほかに，抽出操作を解析する際にも用いられる(図5・34)。なお，x と y の比 $m=y/x$ を分配係数(distribution coefficient)といい，つぎに述べるように抽剤の抽出能力を示す重要な性質である。

(c) 抽剤の選択 抽剤の選択に当たって考慮すべき項目としては以下のようなものがある。

(1) 選択度(selectivity) 抽剤としては抽質を多く溶かし，原溶媒を少ししか溶かさないものが望ましい。この指標としての選択率は，抽質の分配係数と原溶媒の分配係数の比として定義されている。

$$\text{選択度 } \beta_{AB}=\frac{\text{抽質の分配係数 } m_A}{\text{原溶媒の分配係数 } m_B}=\frac{y_A/x_A}{y_B/x_B}=\frac{y_Ax_B}{y_Bx_A} \tag{5・97}$$

これは蒸留操作における相対揮発度 α_{AB} に相当するものである。α_{AB} と β_{AB} をまとめて分離係数(separation factor)とよぶこともある。選択度の値は抽質濃度によっても大きく変化するが，$\beta_{AB}=1$ のとき分離は不可能である。

(2) 分配係数 抽質の分配係数は1より大きい必要はないが，この値が大きいほど抽剤量は少なくてすむので大きな値ほど望ましい。

(3) 抽剤と抽料との不溶性 2液相に分かれる領域が広いほど抽剤量が少なくてすむ。

(4) 回収性 一般に抽剤は繰り返し使用するため，抽質および原溶媒からの分離回収が容易なものが望ましい。回収は蒸留によることが多いので，蒸発潜熱が小さく抽質と共沸混合物をつくらず，また相対揮発度の大きいことが

5·4 液液抽出

望ましい。

(5) **その他の物性**　液滴の安定性の点からは界面張力が大きく化学的に安定であること，系の他の成分や装置材料に対して不活性であること，粘度，蒸気圧，凝固点が低いこと，毒性のないこと，不燃性，低価格などが望まれる。

5·4·2　液液抽出装置

　液液抽出は2液相間の平衡および物質移動速度に依存する操作であるから，ガス吸収の項で説明した2重境膜説が適用できる。抽出速度を高めるためには，単位容積当たりの界面積を大きくするとともに移動抵抗を小さくし，さらに2液相間の濃度差を大きくすることが必要である。

　工業的抽出操作では，これらの点を考慮して目的に応じた様々な形式の装置が用いられている。最も広く用いられている装置は図5·35に示すミキサーセトラー(mixer-settler)型で，撹拌槽で機械的な撹拌を行なって2液間の良好な接触，すなわち界面積の増大と物質移動抵抗の減少をはかり，セトラー(沈降器)とよばれる分離器で密度差によって抽出相と抽残相とに分けるものである。一対のミキサー部とセトラー部をまとめて1段という。後述の向流多段抽出方式を用いると，移動の推進力である両相の総括濃度差を大きく保つことができるために抽出の効率が高められる。

　図5·36は連続向流の塔型抽出装置の例でスプレー塔，充填塔などの微分連続接触型と，段塔などの階段接触型で撹拌器を備えていない型と，回転円盤型(rotary disk contacter：RDC)，往復動多孔板塔など内部に機械的な撹拌機構を備えた型とがある。塔型装置では仕切板等で区切られた部分は段として扱われる。

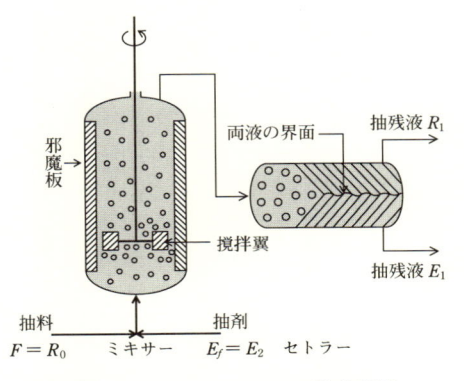

図 5·35　ミキサーセトラー型抽出装置

5・4・3 抽出操作と段数計算

実際の抽出操作は装置形式とは別にいくつかの操作法が用いられている。階段接触装置は単抽出(single-stage extraction)，多回抽出(multistage cross-current extraction)および向流多段抽出(multistage countercurrent extraction)操作に分けられる。単抽出は図5・35に示すように抽料と抽剤を十分に接触混合させて，平衡に達してから抽出液と抽残液に分離する操作でミキサーセトラー型の装置が用いられる。抽残液に新たに抽剤を加えて抽出を繰り返す操作が多回抽出操作である。

向流多段抽出操作は，図5・36のように抽料を装置の一端(1段目)に供給し，抽剤を他端(n段目)に供給して向流接触させる操作法で，吸収など他の多段操作と同様に最終抽出液組成は抽料に平衡な組成以上にはなりえない。

以下の計算では，A，B，Cはそれぞれ抽質，原溶媒，純抽剤成分の量[kgまたはkg/s]を，E，R，F，Sはそれぞれ，抽出液，抽残液，抽料，抽剤の量[kgまたはkg/s]を表わすものとし，x_iおよびy_iは抽残液および抽出液中の成分$i(i=A, B, C)$の質量分率で表わした濃度とする。さらに，抽剤を除いた組成比として$X=x_A/x_B=x_A/(1-x_A)$および$Y=y_A/y_B=y_A/(1-y_A)$を用いる。

（a）単抽出操作 図5・37の点Fで示す組成x_Fの2成分混合物(抽料)F[kg]（またはkg/s）に，点Sの組成をもつ抽剤をS[kg]（またはkg/s）を加える単抽出操作を考える。加える抽剤が純粋であればその組成を示す点は頂点に一致する。混合によって得られる混合液の平均組成は，線分SF上の点Mで与えられる。この混合液は2相に分かれていて，それぞれは十分な撹拌混合によって平衡状態にあるので，点Mを通るタイラインの両端で示される抽出液(組成

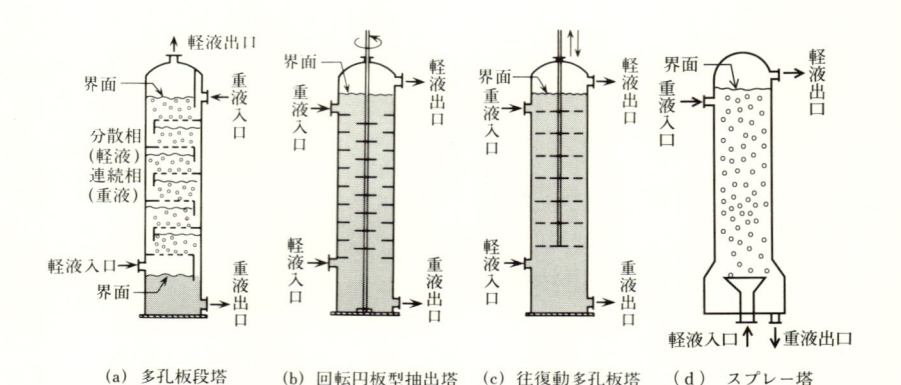

(a) 多孔板段塔　(b) 回転円板型抽出塔(RDC)　(c) 往復動多孔板塔　(d) スプレー塔

図5・36 直立塔型抽出装置

E)と抽残液(組成R)になっている。このとき物質収支をとると以下のようになる。

全体の収支：　$F+S=M=E+R$ 　　　　　　(5・98)

抽質の収支：　$Fx_F+Sx_S=Mz_M=Ey+Rx$ 　　　(5・99)

ただし、ここでは抽質成分を示す添え字Aは省略してあり、さらに混合物中の抽質成分の濃度をz_Mで表わしている。z_Mはてこの原理を用いて線分SFを$F:S$に内分する点として求めてもよい。

抽出液と抽残液のそれぞれの量[kg]（または kg/s）EとRは点Mが線分REを$E:R$に内分することから求められるが、式(5・99)から次式の関係を用いて計算によっても求められる。

$$E=M[(z_M-x)/(y-x)]$$
$$R=M[(y-z_M)/(y-x)] \quad (5 \cdot 100)$$

抽出操作の後工程で抽出液Eから抽出に用いた抽剤を完全に取り除いた後の製品液の組成は、点Sと点Eの延長線と辺ABの交点E′で与えられる。（ただし、純粋な抽剤Cを除いた場合は点Cと点Eを結ぶ線の延長と辺ABとの交点から組成が求められる。）

抽出率は抽料中の抽剤成分量がどれだけ抽出液として回収されたかを表わし、単抽出の場合、次式で定義される。

$$\eta = Ey/Fx_F \quad (5 \cdot 101)$$

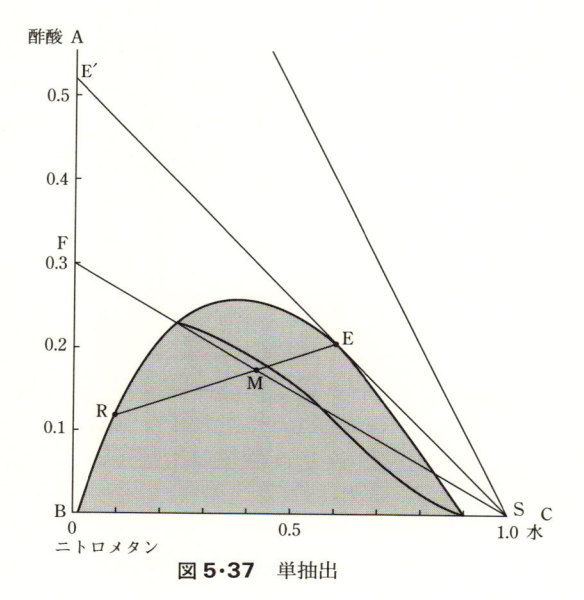

図 5・37　単抽出

例題 5・12 酢酸 30 % を含むニトロメタン 10 kg を水で抽出した後，抽出液の水を完全に除去して得られる混合液中の酢酸濃度を最大にしたい．加えるべき水の量と最大の酢酸濃度を求めなさい．平衡関係を表 5・10 に示す．

表 5・10 酢酸(A)-ニトロメタン(B)-水(C)系の液液平衡(300 K)[a]

抽残液 [mass %]			抽出液 [mass %]		
A	B	C	A	B	C
2.8	94.2	3.0	6.7	12.5	80.8
5.0	90.8	4.2	11.4	15.0	73.6
6.5	88.0	5.5	14.2	16.0	69.8
7.4	86.6	6.0	16.3	17.1	66.6
11.9	78.9	9.2	20.6	19.4	60.0
22.7	54.3	23.0	22.7	54.3	23.0

a) A. E. Skrzec, N. F. Murphy, *Ind. Eng. Chem.*, 46, 2245 (1954) をもとに作成

【解】 抽出液から抽剤 C を完全に除去する操作は図 5・37 で示すように，三角図上では C から E を通る直線を引いて AB 軸との交点を求めることに等しい．この交点の最大値は C から溶解度曲線に接線を引くことで得られるから，図のように E を通る接線と AB 軸の交点 E′ を求めればよい．このとき E を通るタイラインと FC の交点を M とすると，加えるべき水の量 S と原抽料 F の比は，$F/S = MC/FM$ で与えられ，1.41 であるから，$F = 10$ kg とすると $S = 7.1$ kg となる．最大濃度は，E′ より 0.515 となる．

（b）多回抽出操作 単抽出操作で得られる抽残液中には抽質成分がまだ多く含まれていることがあり，このような場合には抽残液にさらに抽剤を加えて抽質成分を回収することが行なわれる．これを多回抽出操作という．この操作法は図 5・38 に示すように，毎回同じ組成の抽剤を用いるときには簡単な作

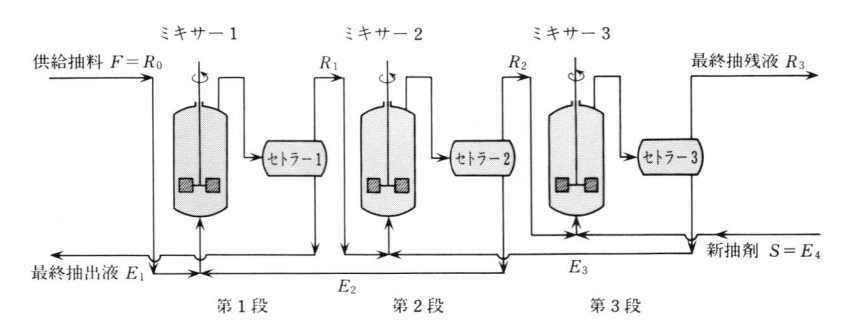

図 5・38 向流 3 段ミキサーセトラー型抽出装置

5・4 液液抽出

図で必要な回数を求めることができる。組成 z_F の抽料 $F[\mathrm{kg}]$（または $\mathrm{kg/s}$）に対して抽剤 $S_1[\mathrm{kg}]$（または $\mathrm{kg/s}$）を加えて混合液 M_1 を作り平衡に到達してから，抽出液 E_1 と抽残液 R_1 に分け，この R_1 に抽剤を S_2 だけ加えて混合液 M_2 とする。この抽残液 R_2 に抽剤を S_3 だけ加え，以下同様な操作を重ねて N 回目の抽出が終わったときの抽残液の濃度が所定の濃度以下になるまで抽出を繰り返す。最終的な抽出率 η は，各回の抽出液中の抽質量を加え合わせて次式から求められる。

$$\eta = \sum_{i=1}^{N} E_i y_i / F x_F \tag{5・102}$$

例題 5・13 （1）酢酸(A)濃度 40 wt % のイソプロピルエーテル(B)溶液 150 kg に，毎回 50 kg の純水(C)を用いて温度 293 K で酢酸の 3 回抽出を行なう。このとき，各回の抽出液，抽残液の量および組成を求めなさい。
（2）単抽出で(1)と同一の最終抽残液濃度を得るために必要な抽剤量を求めなさい。なお，この系の 293 K における平衡データを表 5・11 に示す。

表 5・11 酢酸(A)-イソプロピルエーテル(B)-水(C)系の平衡データ(293 K)

抽残液[wt %]			抽出液[wt %]		
A	B	C	A	B	C
0	99.4	0.6	0	1.2	98.8
0.18	99.3	0.5	0.69	1.2	98.1
0.37	98.9	0.7	1.41	1.5	97.1
0.79	98.4	0.8	2.89	1.6	95.5
1.93	97.1	1.0	6.42	1.9	91.7
4.82	93.3	1.9	13.30	2.3	84.4
11.40	84.7	3.9	25.50	3.4	71.1
21.60	71.5	6.9	36.70	4.4	58.9
31.10	58.1	10.8	44.30	10.6	45.1
36.20	48.7	15.1	46.40	16.5	37.1

【解】（1）平衡データから溶解度曲線と共役線をプロットすると，図 5・39 が得られる。読みやすくするために縦軸を拡大して必要部分のみを描いてある。

第 1 段：$F=150\,\mathrm{kg}$，$x_F=0.40$，$y_S=0.0$，$S_1=C_1=50\,\mathrm{kg}$ であるから
$$M_1 = F + S_1 = 150 + 50 = 200\,\mathrm{kg}$$
この組成は A について
$$z_{M1} = (Fx_F + S_1 y_S)/M_1 = [150(0.40) + 0.0]/200 = 0.300$$
成分 B, C の組成は，それぞれ
$$(150)(0.60)/(200) = 0.45,\quad (50)/(200) = 0.25$$
これより，点 M_1 を図にとり，それを通るタイラインの両端より

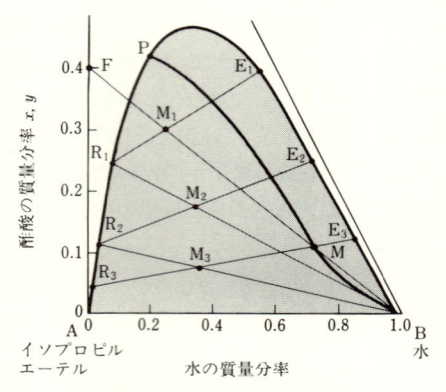

図 5·39 溶解度曲線と共役線

$$x_1 = 0.245, \quad y_1 = 0.393$$
$$\therefore \quad E_1 = M_1(z_{M1} - x_1)/(y_1 - x_1)$$
$$= 200(0.300 - 0.245)/(0.393 - 0.245) = 74.3 \text{ kg}$$

式(5·98)より
$$R_1 = 200 - 74.3 = 125.7 \text{ kg}$$

第2段： $S_2 = C_2 = 50 \text{ kg}, \quad M_2 = R_1 + S_2 = 125.7 + 50 = 175.7 \text{ kg}$
$$z_{M2} = (R_1 x_1 + S_2 y_S)/M_2 = [125.7(0.245) + 0]/175.7 = 0.175$$

M_2 を通るタイラインより
$$M_2 = 0.115 \quad y_2 = 0.248$$
$$\therefore \quad E_2 = M_2(z_{M2} - x_2)/(y_2 - x_2)$$
$$= 175.7(0.175 - 0.115)/(0.248 - 0.115) = 79.3 \text{ kg}$$
$$R_2 = 175.7 - 79.3 = 96.4 \text{ kg}$$

第3段：同様にして，
$$S_3 = C_3 = 50 \text{ kg}, \quad M_3 = R_2 + S_3 = 96.4 + 50 = 146.4 \text{ kg}$$
$$z_{M3} = (R_2 x_2 + S_3 y_3)/M_3 = [96.4(0.115) + 0]/146.4 = 0.0757$$

同様に，M_3 を通るタイラインより
$$x_3 = 0.045, \quad y_3 = 0.122$$
$$\therefore \quad E_3 = M_3(z_{M3} - x_3)/(y_3 - x_3)$$
$$= 146.4(0.0757 - 0.045)/(0.122 - 0.045) = 58.4 \text{ kg}$$
$$R_3 = M_3 - E_3 = 146.4 - 58.4 = 88.0 \text{ kg}$$

最終抽残液の酢酸含有量は
$$R_3 x_3 = (88.0)(0.045) = 4.0 \text{ kg}$$
$$\text{抽出液総量} = E_1 + E_2 + E_3 = 74.3 + 79.3 + 58.4 = 212 \text{ kg}$$

この中の酢酸の量は
$$E_1 y_1 + E_2 y_2 + E_3 y_3 = (74.3)(0.393) + (79.3)(0.248) + (58.4)(0.122)$$
$$= 29.20 + 19.67 + 7.12 = 55.99 \fallingdotseq 56.0 \text{ kg}$$

5・4 液液抽出

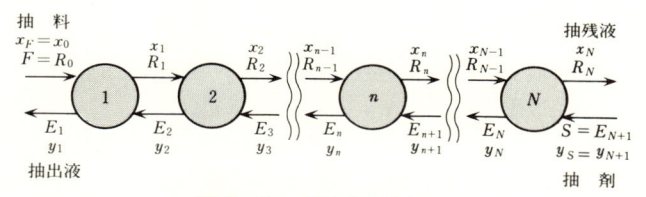

```
抽料                                                          抽残液
$x_F = x_0$     $x_1$      $x_2$    $x_{n-1}$   $x_n$   $x_{N-1}$   $x_N$
$F = R_0$       $R_1$      $R_2$    $R_{n-1}$   $R_n$   $R_{N-1}$   $R_N$
     → ①  →  ②  → 〜〜 →  n  → 〜〜 →  N  →
     ← $E_1$ ← $E_2$ ← $E_3$  ← $E_n$ ← $E_{n+1}$ ← $E_N$   $S = E_{N+1}$
        $y_1$   $y_2$   $y_3$    $y_n$   $y_{n+1}$   $y_N$   $y_S = y_{N+1}$
抽出液                                                          抽 剤
```

図 5・40　向流多段抽出

検算：抽質である酢酸量を抽出前後で比較すると
　　　　入量＝原抽料中の酢酸量＝(150)(0.4)＝60.0 kg
　　　　出量＝最終抽残液および全抽出液中の酢酸量の和＝4.0＋56.0＝60.0 kg
となって，物質収支がとれている．

（2）　単抽出で(1)と同じ抽残液組成 $x=0.045$ を得るためには，点 M が $x=0.045$ を通るタイライン R_3E_3 と線分 FB との交点である必要がある．すなわち $z_M=0.110$ となるから，単抽出での所要抽剤量 S は，式(5・98)と式(5・99)から導かれる次式を用いて計算できる．

$$S = F(x_F - z_M)/(z_M - y_S) = (50)(0.40 - 0.110)/(0.110 - 0) = 395.5 \text{ kg}$$

したがって，3回抽出の場合の総抽剤量 150 kg の約 2.6 倍が必要となる．

（c）　**向流多段抽出**　抽剤量が同じ場合には，多回抽出操作に比べて同じ抽出率を得るための所用段数が少なくてすみ，また段数が指定された場合には所要抽剤量が少なくてすむなどの利点が多いので，工業的な抽出操作ではもっとも広く用いられている操作である．図 5・40 には向流抽出操作の概念と各段を流れる各液の流量および組成を示してある．一般に交流多段抽出は連続操作であるので各液量の単位を [kg/s] で表わす．

この図の記号に従って，物質収支をとると，
$$\text{全　体：} F + S = R_N + E_1 (= M) \tag{5・103}$$
$$\text{抽質成分：} Fx_F + Sy_S = R_N x_N + E_1 y_1 (= Mz_M) \tag{5・104}$$

となって，点 F と点 S を結ぶ線分は点 E_1 と点 R_N を結ぶ線分と交わり，その交点は M であって，その点の抽質成分組成は次式で与えられることを意味している．

$$z_M = \frac{Fx_F + Sy_S}{F + S} = \frac{R_N x_N + E_1 y_1}{R_N + E_1} \tag{5・105}$$

式(5・104)を書き改めると
$$F - E_1 = R_N - S = O \quad (= \text{一定}) \tag{5・106}$$

ここで一定値 O は，最終段から系外に去る正味の流量，または第1段に供給

される正味の流量である。この式から，線分 $R_N S$ と FE_1 を延長した線は点 O で交わる。また，任意の i 段に着目して物質収支をとると，

全体収支：$F - E_1 = \cdots\cdots = R_i - E_{i+1} = \cdots\cdots R_N - S = O$　　　(5・107)

成分収支：$Fx_F - E_1 y_1 = \cdots\cdots = R_i x_i - E_{i+1} y_{i+1}$
$= \cdots\cdots R_N x_N - S y_S = O z_O$　　　(5・108)

となって，線分 $R_i E_{i+1}$ の延長線もまた全て一点 O を通ることがわかる。点 O を操作点とよぶ。

　図5・41 を用いて向流多段抽出の図解法を示す。通常は原抽料の組成と量，抽出後の抽残液組成および抽剤の組成と量が条件として与えられるので，三角図に点 F，S，R_N をプロットする。続いて，式(5・103)またはてこの法則から M 点を求め，同式を用いて点 R_N と点 M を結ぶ線分を延長して溶解度曲線との交点から点 E_1 決定する。点 F と点 E_1 を結ぶ線分の延長と，点 R_N と点 S の延長の交点は式(5・107)によって点 O となる。つぎに E_1 を通るタイラインを描き R_1 を決める。さらに R_1 と点 O を結んで E_2 点を決める。以下，R_i が R_N を超えるまで，つまり x_i の値が与えられた x_N よりも小さくなるまでこの操作を繰り返し，必要な段数を決定する。

例題 5・14　酢酸 20% を含むニトロメタン 1.00 kg/s を同量の水で向流多段抽出し，抽残液中の酢酸濃度を 2.0% 以下にしたい。必要な理論段数を求めなさい。

【解】　まず，原抽料の組成を示す点 F，抽剤を示す点 S，および点 R_N を三角図にプロットする。抽料と抽剤が等量なので点 M を線分 FS の中点にとって，点 R_N と M を結ぶ線分を延長して点 E_1 を溶解度曲線上にとる。さらに点 F と E_1 を結ぶ線分の延長と，点 R_N と S を結ぶ線分の延長の交点として点 O を求める。E_1 を通るタイラインを共役線を用いて描き，R_1 と点 O を結ぶ線分と溶解度曲線の交点から E_2 を求め

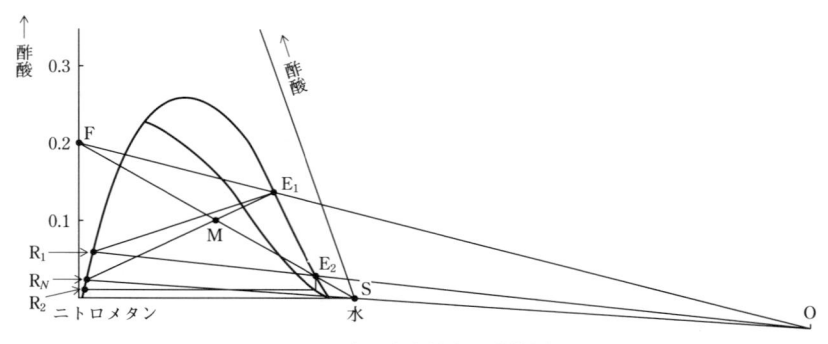

図 5・41　向流多段抽出の計算図

る。続いて，E_2 を通るタイラインを描いて R_2 を求めると，2段目の抽残液中の酢酸濃度は1.5%となっており，この分離に必要な理論段数は2段であることが分かる（図5・41）。

さて，抽剤の量を変えると式(5・104)からわかるように，点 M の位置が動く。抽剤の量が多くなるほど，点 M は点 S（純抽剤のときは頂点 C）に近づく。したがって，最終的に E_1 は F と S を結ぶ線分と溶解度曲線の交点で与えられる。これ以上の抽剤を用いると液は1相となって抽出操作は不可能となってしまう。逆に抽剤量を減らしていくと，点 M は次第に点 F に近づく。このとき，線分 E_1R_1 は一般に短くなりながら点 F の方向にずれていく。前に述べたように，点 E_1 と点 F を結んだ線の延長は点 O を通り，また，E_1 を通るタイラインの他端 R_1 と点 O を結ぶ線は，2段目の抽出液の組成を表わす点 E_2 を与える。そこで点 R_1 が線分 E_1F 上にくると，そこで段数は無限大となってしまう。したがってこのときの抽剤の量を最小所要抽剤量 S_{min} とよぶ。（タイラインの傾きが大きく変化するような系ではタイラインの延長上に点 O がくることがあり，その場合も同じく最小抽剤量を与える条件となる。）

5・5 晶析操作

　液体混合物を飽和温度以下に冷却したり，それから溶媒を蒸発させて飽和濃度以上に濃縮すると多くの場合固体の析出が見られる。この現象を利用して分離を行なったり粒状の製品を得る操作を晶析(industrial crystallization)とよぶ。食品や医薬品を始めとして，様々な工業で最終製品や中間製品の分離・精製に広く用いられている。広義には，気相からの結晶化操作すなわち逆昇華操作も晶析に含めることができる。工業的に用いられている晶析操作としては，水や有機溶媒を用いて溶質を析出させる溶液晶析(solution crystallization)が多い。この場合には得られる結晶粒子群の形状や平均粒径，粒径分布が重要な製品のスペック（仕様）となっている。これに対して，有機物の異性体など沸点が近いために蒸留操作では分離が難しい有機混合物の分離を目的とした融液晶析操作(melt crystallization)が利用されることがあり，この場合は製品の純度が重要になっている。しかしながら，ともに固液平衡に基づく操作であって，生じている現象は本質的には同じである。ここでは，主に溶液からの晶析操作に関する工学的な扱いについて述べる。

5・5・1 平衡関係と物質収支

　晶析操作では，操作条件の設定や収率の計算に際して系の固液平衡関係が必

要である。一般に2成分系の固液平衡関係は圧力一定の下で組成と温度の関係として図示される。多くの溶媒-溶質からなる系では，溶液と平衡にある固相は溶質成分のみまたは溶媒和した溶質成分であるので，相平衡は溶解度曲線として表わされる。

理想系に対しては，溶解度 x の対数と温度の逆数 $1/T$ [1/K] は負の傾きをもつ直線で表わされ，次式の関係からその傾きによって結晶化熱(ΔH [J/mol])が求められる。なお，T_m は純成分の融点である。

$$\ln\frac{1}{x} = -\frac{\Delta H}{R}\left(\frac{1}{T_m} - \frac{1}{T}\right) \tag{5・109}$$

この場合，溶解度の単位はモル分率であるが他の単位でも直線関係が成り立つことが経験的に知られている。一般に溶解度は高温ほど高く，溶解現象は吸熱過程であることを意味している。そのような系は式(5・109)からわかるように，結晶化に際しては結晶化熱を放出する。逆に，セッコウのように高温ほど溶解度が低下する系もあり，熱交換器の伝熱面へのスケール発生現象に関係している。

さて，温度 T_0 [K]，濃度 w_{A0} [kg-溶質/kg-溶液]の液体混合物 W [kg]を冷却および濃縮して，溶質を結晶粒子として回収する操作を考えよう。この操作を図5・42の溶解度曲線を用いて考える。溶媒の蒸発量を W_B [kg]および冷却後の温度を T_1 [K]とし，この温度での飽和濃度(溶解度)を質量分率で $w_{AS}(T_1)$ とする。溶媒の蒸発によって溶質濃度は w_{A1} に変化したとすると，この濃度は次式で与えられる。

$$w_{A1} = \frac{w_{A0}W}{W - W_B} = \frac{w_{A0}}{\left(1 - \dfrac{W_B}{W}\right)} \tag{5・110}$$

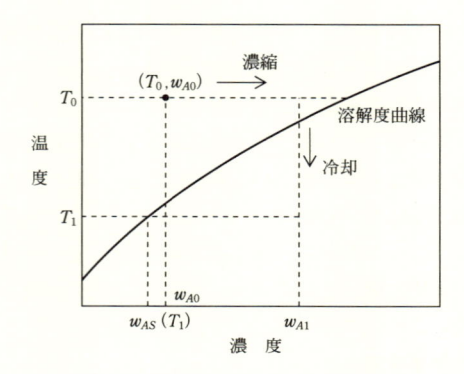

図 5・42 溶解度曲線と晶析の方法

5・5 晶析操作

この後 T_1 まで冷却して飽和濃度になったとすると，w_{A1} と $w_{AS}(T_1)$ の濃度差の分だけ結晶が析出する。このときの溶液の量は $(W-W_B)$ であるから，析出量 W_A[kg]は次式から計算できる。

$$W_A = (w_{A1} - w_{AS}(T_1))(W - W_B) \tag{5・111}$$

冷却操作のみの場合は $W_B=0$ とおけばよく，等温で蒸発のみの場合は飽和濃度の値を $T_1=T_0$ として求めればよい。

例題 5・15 1トンの海水(3.0％の塩化ナトリウム水溶液として扱う)から10kgの塩化ナトリウム結晶を得るには何kgの水を蒸発させる必要があるか求めなさい。ただし操作は298Kで行ない，この温度での塩化ナトリウムの溶解度(飽和濃度)は $w_{AS}(298)=0.264$ であるとする。

【解】 式(5・111)に与えられた数値を代入すると，

$$10 = (w_{A1} - 0.264)(1000 - W_B) \text{ kg}$$

となり，また式(5・110)から

$$w_{A1} = 0.03 \times 1000 / (1000 - W_B)$$

の関係があるので，これを解いて $W_B = 9.2 \times 10^2$ kg が得られる。

5・5・2 晶析現象と晶析速度

他の流体-流体平衡と異なり，晶析では固体粒子が発生し成長する現象が特徴的である。過飽和(または過冷却)状態の溶液でも過飽和度が小さいときは，見かけ上安定で結晶の発生はみられない。これを準安定な状態とよんでいる。この状態にある溶液に結晶粒子を入れると，その結晶は成長して大きくなるが結晶粒子の数は増えない。これに対して，一般に大きな過飽和状態は不安定で，その状態を維持することは難しく自然に結晶の核が発生してしまう。準安定な状態と不安定な状態の境は溶解度曲線にほぼ並行で，過溶解度曲線とよば

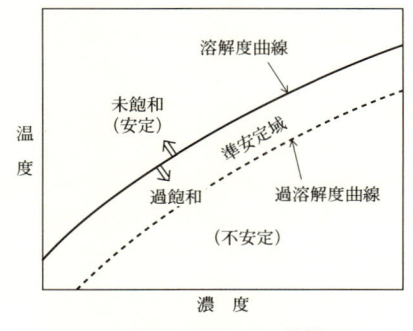

図 5・43 溶液の状態

れる(図5・43参照)。

このことからわかるように,製品結晶の粒径分布が大切な場合には適切な数の結晶を発生させて成長させる工夫が必要である。核が発生する現象は核化または核発生(nucleation)とよばれ,その後の粒子が大きくなる現象は成長(growth)とよばれる。工学的には,その速度は過飽和度 σ の関数としてつぎのように表わされる。

$$核化速度: \quad B^0 = k_b M_T^a \sigma^b \quad [\#/(m^3 \cdot s)] \tag{5・112}$$

$$成長速度: \quad G = k_g \sigma^g \quad [m/s] \tag{5・113}$$

ただし,#は数を表わす記号とする。また,無次元過飽和度(相対過飽和度)は図5・42の濃度の記号を用いて次式で定義されている。

$$相対過飽和度: \quad \sigma = \frac{w_{A1} - w_{AS}(T_1)}{w_{AS}(T_1)} \tag{5・114}$$

また,M_T は結晶の質量分率で表わした懸濁密度,$k_b[1/m^3 \cdot s]$,$k_g[m/s]$ はそれぞれ核化速度係数,成長速度係数とよばれる実験から決定される係数で,とくに k_g は通常アレニウスの式で相関される。これらの係数は撹拌条件によって変化する。とくに成長速度に関しては,物質移動と結晶表面での集積過程の両方が関与するので成長速度を支配している速度過程を知ることが大切であるが,これから述べる完全混合槽タイプの装置では,混合が十分に行われているとして撹拌速度の影響を考慮しないこともある。その場合,多くの系では $a=1$,$b=2\sim4$,$g=1\sim2$ であることが経験的に知られている。

5・5・3 代表的な晶析装置の例

晶析装置は混合状態で分類すると完全混合型と分級型に,操作方法では連続式と回分式に,析出方法では蒸発式と冷却式に分類できる。広い分野で用いられている装置としてクリスタル・オスロ(Krystal Oslo)型があり(図5・44 a),分類としては分級,連続,蒸発型に属している。装置内は大きく蒸発部と成長部に別れていて,溶媒(水)の蒸発で濃縮し,冷却された母液は核発生しながら結晶粒子群が浮遊している成長部へ送られ,そこで結晶の成長によって過飽和度を失う。粒子群の浮遊は母液の上昇流で支えられていて,装置断面積の変化にもとづく上昇速度の違いにより分級作用が生じているので,所定の大きさに成長した粒子が製品として取り出される。

これに対して,装置内で結晶粒子群と母液がともに混合状態で撹拌されているDTB(Draft-Tube and Baffle)型晶析装置(図5・44 b)では,装置内はほぼ完全混合状態にあるとみなせる。操作および装置形状はオスロ型よりも簡単であり,製品の粒径分布に対する要求が強くない場合によく用いられる装置である。

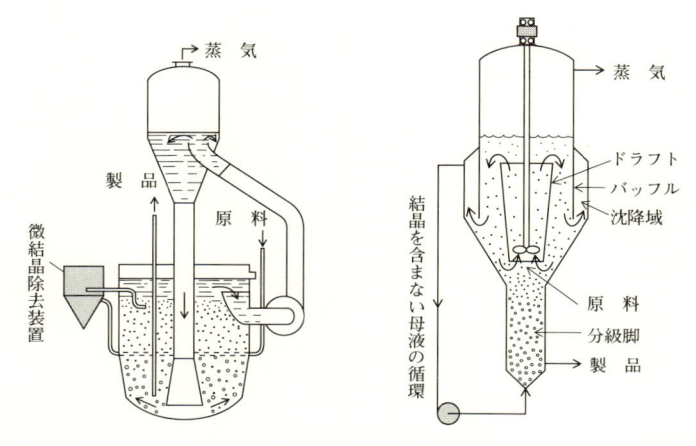

図 5・44(a)　クリスタル・オスロ型晶析装置　　図 5・44(b)　DTB 型晶析装置

5・5・4　完全混合槽型(MSMPR)晶析装置の解析と設計

　完全混合が期待できる連続装置(完全混合槽型(MSMPR：Mixed Suspension Mixed Product Removal；混合懸濁，混合製品抜き出し))内では，冷却または蒸発によって過飽和状態が作り出され核発生と成長が同時に進行している。供給された母液の滞留時間は，完全混合槽内ではよく知られているように広い分布をもち，その結果，結晶粒子群にも広い粒径分布が見られる。結晶粒子の大きさを代表長さ L[m]で表わし，懸濁液単位体積あたりの $L\sim L+\Delta L$ の範囲にある結晶の数を ΔN[1/m³]とするとき，粒径分布の密度関数 $n(L)$ [1/m³・m]は次式で定義される。

$$n(L) = \lim_{\Delta L \to 0} \frac{\Delta N}{\Delta L} = \frac{dN}{dL} \quad (5\cdot115)$$

これから，粒径 L 付近の結晶の数 dN は $n(L)dL$ と表わせることがわかる。ここで完全混合の条件に加えて成長速度は粒径によらないこと，および装置へ供給する原料には結晶粒子が含まれていないことを仮定すると，定常状態では $n(L)$ は核化速度 B_0[1/m³・s]と成長速度 G[m/s]および平均滞留時間 τ[s]の関数として次式で表わせる(つぎの例題を参照)。ここで成長速度は $dL/d\theta$ で定義され，線成長速度とよばれることもある。

$$n(L) = \frac{B_0}{G} \exp\left(-\frac{L}{G\tau}\right) \quad (5\cdot116)$$

したがって，粒径分布を測定して $n(L)$ を求め粒径 L に対して片対数プロットすると，平均滞留時間がわかっていればその傾きから成長速度 G を，$L=0$ へ外挿した時の切片から核化速度 B_0 を決定することができる(図5・45)。

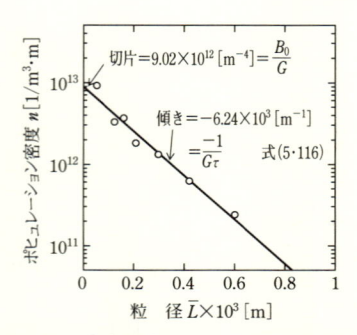

図 **5·45** 完全混合槽(MSMPR)型晶析装置からの結晶粒子群の粒径分布

例題 5·16 式(5·116)を導きなさい。

【解】 大きさが $L \sim L + \Delta L$ の範囲にある結晶粒子数の収支,すなわち母集団収支(population balance)をとる。この範囲に出入りする結晶粒子の数は製品流に乗って出て行くものと,成長によって出入りするものとからなっている。製品の体積流量を $Q[\mathrm{m^3/s}]$,装置の体積を $V[\mathrm{m^3}]$ とすると定常状態では,

- 製品流として装置から出て行く数 : $Qn(L)dL$
- 成長によってこの範囲から出て行く数 : $GVn(L)$
- 成長によってこの範囲に入ってくる数 : $GVn(L-dL) = GV\{n(L)-dn(L)\}$

定常状態では入量＝出量であるから

$$GV\{n(L)-dn(L)\} = GVn(L) + Qn(L)dL \tag{1}$$

すなわち,

$$GVdn(L) + Qn(L)dL = 0$$

$\tau = V/Q$ の関係を代入して整理し,$n(0) = n^0$ の境界条件で解くと

$$n(L) = n^0 \exp(-L/G\tau) \tag{2}$$

が得られる。ここで粒径が0での結晶数の物理的な意味を考え,成長速度が粒径の関数ではないとすると,つぎの関係式が導かれる。

$$n(0) = \frac{dN}{dL}\bigg|_{L=0} = \frac{dN}{d\theta}\bigg|_{L=0} \bigg/ \frac{dL}{d\theta} = B_0/G \tag{3}$$

これから式(5·116)が得られる。

このようにして,得られた相関式から与えられた系の核化速度と成長速度を求め,式(5·116)に代入して結晶粒子群の粒径分布が求められる。これより個数平均の平均粒径 $L_N[\mathrm{m}]$ は次式から求められる。

$$L_N = \frac{\int_0^\infty Ln(L)dL}{\int_0^\infty n(L)dL} = G\tau \tag{5·117}$$

これより平均粒径は成長速度と平均滞留時間の積に等しいことになる。式(5·117)の

分母は装置内の単位体積あたりの結晶数を表わすが，これは$B_0\tau$すなわち核化速度と平均滞留時間の積に等しいことを表わしている．

5・6 吸着・イオン交換と固液抽出

この節では，固体と流体の接触により起こる相平衡や成分分離操作をまとめて述べる．それは，吸着，イオン交換，固液分離である．別な分類をすれば，界面現象をもとにした分離操作であるが液液界面で起こる凝集，分散，あるいは気泡分離などは対象外である．

固体と流体を接触させると流体中の特定成分が固体側に濃縮される．このとき，固体への吸着(adsorption)が生じたという．たとえば，活性炭を用いて空気の脱臭を行なったり，シリカゲルにより食品などを乾燥状態に保つことは身近にみられる吸着操作の応用例である．そのほかクロマトグラフィとよばれる分析技術も特殊な充塡剤による吸着分離が基本となっている．流体中の特定成分の分離に用いられる吸着操作は触媒反応の場合と異なり，物理的あるいは可逆的なタイプであって吸着に続いて脱離を行ない，繰り返し操作を行なうことが原則となっている．

イオン交換体とよばれる材料により水中のイオンを除いたり，代わりのイオンを放出してそれにより純水を得たり，あるいは特定のイオンを回収・除去・する操作はイオン交換(ion exchange)とよばれ，材料としては主に特殊な官能基をもつ高分子が用いられる．この操作自体は化学反応に基づくため吸着とは異なるが，操作の解析や設計法は吸着に近いので一般には吸着・イオン交換としてまとめて記述される．

コーヒーをお湯で溶出させる場合のように，固体材料中のある物質を溶媒により溶かし出す(抽出する)操作は固体と液体が関与する操作である．工業的には，有用な金属を溶媒に溶かして取り出す場合がこれに相当する．これは固液抽出とよばれ，吸着・イオン交換に類似した事柄が多いのでこの節でまとめて説明する．

以上述べた三つの操作はいずれも一方が固体，とくに多孔質固体である点に特徴がある．そして，固体と流体の間の相平衡と物質移動が操作の基本となっている．以下，吸着操作を主体に述べる．

5・6・1 吸着操作と装置形式

吸着操作は，流体中のある特定の成分(吸着質，adsorbate)をある材料(吸着剤，最近は吸着材という．英語ではadsorbent)により吸着分離する操作である．その材料は，一般に多孔質で内部に微細な孔(細孔，pore)が発達していて

吸着力が強く，そのため少量でも気体または液体中の成分を選択的かつ多量に吸着するものが選ばれる．吸着操作は蒸留，吸収，液液抽出などに比べてとくに微量成分を分離する場合に用いられてきた．

一般に相界面ではエネルギー状態が相本体(バルク相)と異なるため，相を構成する成分の界面の濃度は相本体のそれと異なってくる．これが吸着とよばれる現象である．

吸着には物理(可逆的)吸着と化学(不可逆的)吸着とがある．物理吸着はファンデルワールス力などにより起こるもので，その結合力は化学結合の力に比べて小さく，分子の蒸発潜熱程度である．工業的に用いるのは，大部分がこの物理吸着であって，吸着に続く吸着質の脱離(脱着ともいう，desorption)をどのようにして円滑に行なうかが成功の鍵といってもよい．吸着材の側からいえば再生(regeneration)とよばれる．これに対して，化学吸着は固体表面と吸着分子との間の化学反応により表面に新しい化学種を生じさせるものであって，触媒作用に大きな役割を果たす．繰り返して吸着材を利用する吸着分離では，この化学吸着を防ぐことが課題となることも多い．吸着材としては，活性炭やゼオライトがもっとも多く用いられ，他にシリカゲルや活性アルミナなども用いられる．形状は粉末，粒状の他，繊維状のものや種々の形状に成形されたもの，あるいは基材にコートしたものが用いられる．表5・12に吸着材(剤)の平均的物性をまとめて示した．

吸着操作の工業的利用例は，気体処理では排ガス処理(排空気中の有用あるいは有害成分の回収・除去・精製)，たとえば溶剤蒸気の回収・除去(solvent recovery/removal)，脱臭(deodorification)の他，空気の脱湿，炭化水素の分離，空気分離(酸素や窒素の濃縮)，水素などの気体の精製があげられる．また，液体混合物の処理については水処理(water treatment，端的にいえば溶存有機物の除去)，溶液の脱色(decolorization)・精製，液状炭化水素の分離(直

表 5・12 吸着材とその基本物性

吸着材	形状	かさ密度 [g/cm^3]	真密度 [g/cm^3]	細孔率 [%]	平均細孔径 [nm]	比表面積 [m^2/g]
活性炭	粉末	—	約1.9	約50	1.5〜5.0	800〜1500
	粒状	0.35〜0.62	約1.9	50〜70	1.5〜2.5	900〜1500
	繊維状	〜0.05	約1.9	約50	1.5〜2.5	1000〜2000
合成ゼオライト	粒状	0.57〜0.73	約2.3	約50	3, 4, 5, 10 (A型，X型で)	—
シリカゲル	粒状	0.7〜0.82	2.2〜2.3	0.45	2〜3	550〜700
アルミナ	粒状	0.5〜0.92	3.0〜3.3	0.4〜0.76	4〜12	150〜330

5・6 吸着・イオン交換と固液抽出　　　　　　　　　　　　　　　　　　　　　179

鎖と側鎖炭化水素の分離)がある。また，日常的には食品の脱湿(シリカゲルなどによる)の他，タバコのヤニ取り，冷蔵庫の脱臭，および食品の保存(主に活性炭，とくに薬品添着炭による)をあげることができる。

さて工業的な吸着操作が行なわれるときの操作方式と装置を考えてみよう。

吸着に限らず広く成分分離に関わる操作は目的によって除去，回収，あるいは精製操作に分けられる。このほか，分別(バルク分離)といっていくつかの成分に分ける操作もある。

吸着操作では，粉末吸着材を用いる場合は容器に詰めてそこへ流体(主に液体)を流し，沪過する時と同じようにして用いる(パーコレーション方式)か，撹拌槽に粉末を投入して一定時間接触させた後，固液分離を行なう接触沪過方式(contact filtration)が用いられてきた。いずれにしてもこれらの場合は連続

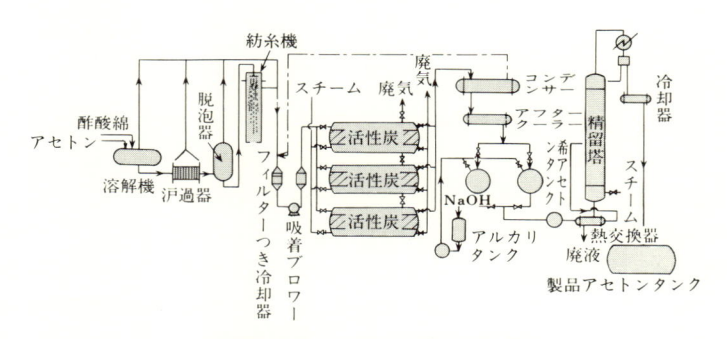

図 5・46　アセトン回収工程の例

写真 5・3　溶剤回収装置の例（日鉄化工機㈱提供）

(a) フローシート

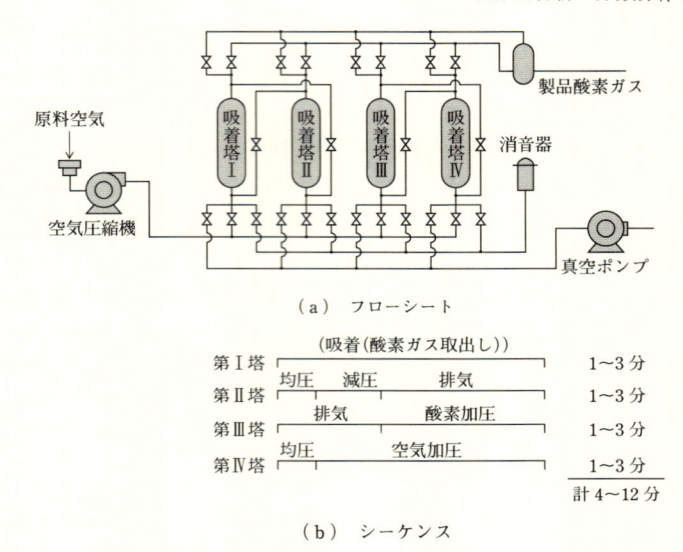

(b) シーケンス

図 5·47　酸素濃縮 PSA プロセス (4 塔式) の例[1]

処理は困難なので，多段接触方式か多回接触方式が取られる。

　粒状吸着材の場合はそれを容器に詰め，流体を流して吸着材により目的成分を吸着させ，容器出口からは目的成分の除かれた流体を得る方法がもっとも一般的に用いられる。これを固定層吸着方式という。この場合，出口濃度は操作の進行につれて次第に増していき，最後には入口（供給物）の濃度と等しくなるはずである。この出口の濃度変化を破過曲線とよび，許容される最大濃度（破過濃度）に達したら操作を打ち切り，別な容器に流体を流して操作の連続化を計るのである。この吸着破過曲線や破過に達する時間を決めることが設計の要点である。一定の形状に成形した大型吸着材ではそのまま流体を流すか，あるいは固定層方式に準じた操作が行なわれる。

　近年，気体の分離において高圧下での吸着と低圧下での脱離を繰り返す連続操作（圧力スイング吸着 pressure swing adsorption，略して PSA）が普及してきた。これは空気分離や気体の精製にも広く応用されている。

　このほか，吸着材粒子を層内で動かす移動層吸着や固定層への流体（原料や脱離液）の供給口を変えて，吸着・脱離を半連続的に行なう擬似移動層方式も実用されている。また，流動層方式も一部で用いられているが，吸着熱が大きくないため熱の供給・除去が重要となる反応操作ほどの利点はなく，スケール

---

1)　西田啓一；ケミカルエンジニアリング，29(7)，60(1984)

アップの盛んであった時代ほどは注目されていない。結局,吸着操作の多くは依然として高度分離・精製が目的で,固定層吸着が多く用いられている。

5・6・2 吸着操作の解析と設計

（a）吸着平衡 ある組成の気体や液体を吸着材と長時間接触させると,気体や液体中の特定の成分(吸着質)が吸着され,ついに平衡に達する。流体中の吸着質の濃度(または気体の場合,分圧)と吸着材単位質量あたりの吸着質の量(単位は質量またはモル量で表わし,吸着量(amount adsorbed)という)の関係,つまり平衡濃度(または平衡圧)と平衡吸着量の関係が吸着平衡とよばれる。平衡吸着量 q^* は吸着系に特有であり,濃度 C または分圧 p,および温度 T により変わることが知られている。差しあたり,単一の吸着質を含む系の温度一定下での吸着平衡(吸着等温線または等温式 Adsorption isotherm)を知ることが重要となる。それより,ある条件下でどの程度の量の吸着質が吸着されるかを知ることができる。

吸着等温線の例を図5・48,5・49に示した。式(5・118)および(5・119)はこれらの実測結果によく合うものとして,一般にも頻繁に用いられる等温式である。

ラングミュア(Langmuir)式 $q^* = q_\infty KC/(1+KC)$ (5・118)

フロインドリッヒ(Freundlich)式 $q^* = kC^{1/n}$ (5・119)

ここに q_∞, K, n は系,温度などで変わる定数である。

一般に吸着操作に利用される系の吸着等温線は式(5・118)の形,あるいは式(5・119)では $n>1$ の場合である。この形を好ましい(favorable)形の等温線と

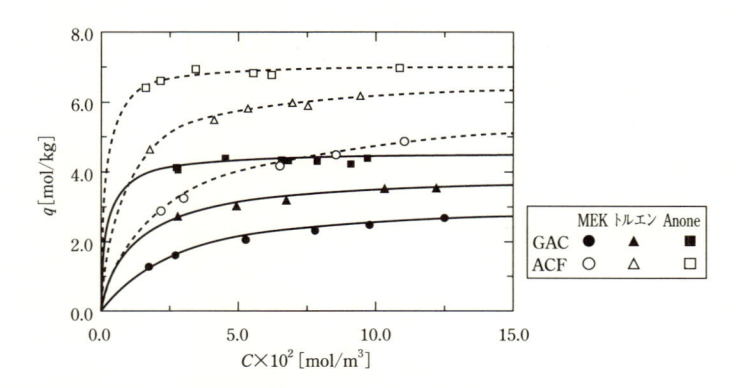

図 5・48 粒状および繊維状活性炭(GAC, ACF)に対するメチルエチルケトン(MEK),およびシクロヘキサノン(Anone)蒸気の吸着平衡(303.2 K)[1]

---

1) 竹内ら：Sep. Technol., 1993, Vol. 3, pp. 46-52(1993)

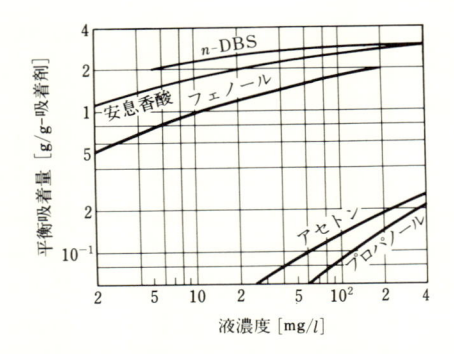

図 5・49　水溶液中の有機物の 活性炭に対する吸着平衡

いう。反対の場合($n<1$)は好ましくない(unfavorable)形の等温線とよばれる。吸着平衡は，吸着等温線のほか吸着等圧線および吸着等温線によっても表わされる。

あとで説明するように固定層吸着において実際に吸着が起こる部分(吸着帯)が小さくなるか，あるいは条件次第で長くなってしまうか，つまり操作上都合がよいかどうかが吸着等温線の形で決まるために用いられる表現である。

平衡吸着量 q^* と平衡濃度 C^* の比 β(ベータ)を吸着係数(adsorption coefficient)とよび，それにかさ密度 γ を掛けた値 $\beta\gamma$(ベータガンマ，これは無次元数)は吸着材層単位体積あたりその何倍の量の流体に含まれる吸着質を吸着できるか，したがってその流体のどれだけの量を処理できるか表わすもので一種の分配係数である。固定層吸着において吸着操作を用いるには，普通はこの $\beta\gamma$ の値が最低数百以上であることが経済的に必要である。

例題 5・17　ある活性炭に対するトルエン蒸気の吸着平衡(等温線)はラングミュア式で表わされ，常温(25℃)でラングミュア定数は $q_\infty=0.449$ kg-トルエン/kg-活性炭，$K=1.03\times10^3$ m³-空気/kg-トルエン である。この活性炭を用いて 1 atm，25℃ においてトルエン蒸気を容積で 0.2% 含む空気中のトルエンを吸着回収したい。10 kg の活性炭固定層により最大何 m³ の清浄空気が得られるか求めなさい。ただし空気の吸着は無視してよい。

【解】　トルエンの分子量 $M=92.13$ である。1 atm，25℃ の空気 1 m³ 中のトルエンの量 w [kg] は，理想気体の法則より

$$w = M \cdot pV/RT = (92.13)(0.0020)(1.00)/(0.08205)(298) = 7.536\times10^{-3} \text{ kg/m}^3\text{-air}$$

濃度は　　　$C=(7.536\times10^{-3})/(1-0.002)=7.521\times10^{-3}$ kg/m³

このトルエン濃度に対する平衡吸着量は

5・6 吸着・イオン交換と固液抽出

$(0.449)(1.03×10^3)(7.521×10^{-3})/[1+(1.03×10^3)(7.521×10^{-3})]=0.3977 \text{kg/kg-活性炭}$

したがって，得られる最大空気量はつぎのようになる。

$$(0.398)(10)/(7.521×10^{-3})=529 \text{m}^3$$

例題 5・18 フェノール水溶液から活性炭へのフェノールの吸着においては，平衡吸着量は $q^*=0.42 C^{0.33}$ で表わされる（q^* の単位は kg/kg-活性炭，C の単位は kg/m³）。フェノール 0.8 kg を含む水 10 m³ に活性炭 15 kg を投入すると，平衡到達時のフェノールの濃度はいくらになるか求めなさい。

【解】 これは回分吸着槽の問題である。初濃度を C_0[kg/m³]，液量を V[m³]，吸着剤を W[kg] とし，吸着前後での液量変化を無視すれば，物質収支から

$$(C_0-C)V=qW \tag{1}$$

となる。左辺は液側における吸着質の量の減少分，右辺は吸着剤に関する吸着質の量の増加分である。式(1)は図 5・50 に示す操作線を表わし，その傾きは $-V/W$ である。平衡到達時の C と q は操作線と平衡線（吸着等温線）の交点で与えられるから，作図によって求められる。また

$$q^*=(C_0-C^*)(V/W) \tag{2}$$

を式(5・119)に代入して

$$q^*=kC^{*1/n} \tag{3}$$

から C^* を求めてもよい。結果は $1.8×10^{-3}$ kg/m³ となる。

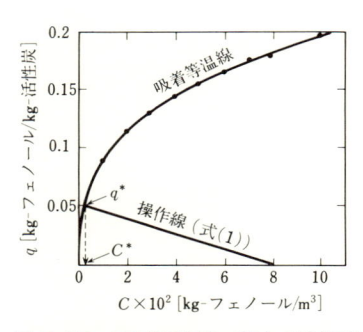

図 5・50 回分吸着槽に関する計算例

（b）固定層における破過時間と吸着帯 例題 5・17 では移動抵抗を考えずに層内のいたるところで平衡成立（吸着速度無限大）として精製空気量を算出したが，実際には物質移動抵抗のため層内の一部が平衡に達しない前に吸着質が層から流出する。図 5・51 に示すような固定層吸着装置では，ある吸着質を含む流体を入口濃度，温度，流量一定で吸着材の固定層に流したとして，層内のある場所で吸着が進行しているとき，その場所で吸着量が入口濃度に平衡な

値から実質的に吸着量ゼロまで変わることになる。その結果，濃度は入口濃度からゼロまで変わる。今，測定場所を層出口に取り，層から流出する流体の濃度を測定すればこの濃度変化が確かめられる。出口濃度がある許容される濃度に達したとき破過(break)に達したといい，その点を破過点(break point)，その後さらに操作を続けて得られた濃度の時間的変化を示した結果を破過曲線(breakthrough curve)という。吸着材層内の状況は調べにくいので，層出口での濃度変化から層内で起こる吸着質の挙動を調べるわけである。

層内で吸着が進行している部分は吸着帯(adsorption zone)，または物質移動帯(mass transfer zone，略してMTZ)とよばれる。好ましい形の吸着等温線を示す系では，上に示した一定の条件下で吸着帯はある時間経過ののち一定の長さのまま進行することが知られており，定形の吸着量変化(constant pattern)とよぶ。破過に達した後は流体を第二の固定層に通して操作を行なうことが必要である。また，はじめの吸着材層では吸着質の脱離，したがって吸着材の再生が行なわれる。

図5・52で，時間 t_0 は移動抵抗がない，つまり直ちに吸着が完了すると考えたときの仮想的破過時間であって，C_0 に対する平衡吸着量でも変わる(例題5・19参照)。すなわち，物質収支から

$$q_0 W = C_0 v t_0 \tag{5・120}$$

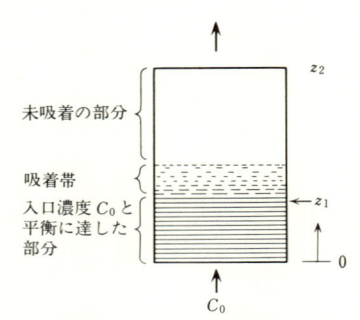

図 5・51　吸着槽内の吸着量分布

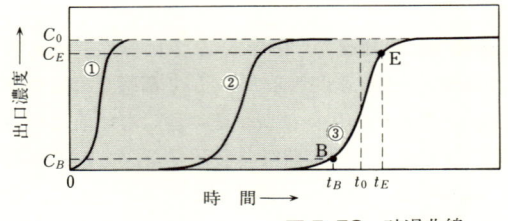

図 5・52　破過曲線

① : 図5・51で層入口付近($z=0$)における濃度変化
② : 図5・51で層内の中間の位置 $z=z_1$ における濃度変化
③ : 図5・51で $z=z_2$ (層出口)における濃度変化(破過曲線)，②と同じ形

5・6 吸着・イオン交換と固液抽出

ここに C_0 は入口濃度 [kg/m³], q_0 は C_0 に平衡な吸着量 [kg/kg], W は吸着剤質量 [kg], v は流体の流量 [m³/s] である。式(5・120)から

$$t_0 = q_0 W/C_0 v = (q_0/C_0) \times (\gamma ZS/\bar{u}S) = \beta\gamma Z/\bar{u} \tag{5・121}$$

ここに $\bar{u}$ は空塔基準の線流速 [m/s], Z は吸着剤固定層の層高 [m], S は断面積 [m²] である。$Z/\bar{u}$ は見かけの接触時間であり,その逆数 $\bar{u}/Z$ は空間速度 (space velocity; SV) とよばれる。t_0 は平衡吸着量がわかっているときは与えられた $Z/\bar{u}$ について式(5・121)によって求められるが,また逆に図5・52のような破過曲線を測定し,(曲線③までのアミの部分の面積)を C_0 で割って t_0 を求め,それから C_0 に対応する q_0 を求めることもできる。このように固定層に流体を通して平衡吸着量や吸着される速さを求める方法を流通(吸着)法 (flow method) という。

固定層装置の設計にとって重要なのは,破過点における吸着容量または破過時間である。図5・52に示すように一般に t_0 は点Bと点E†のほぼ中央にあるので,破過時間 t_B は t_0 と吸着帯の長さ Z_a から次式で求められる。

$$t_B = t_0(1 - Z_a/2Z) \tag{5・122}$$

なお吸着剤固定層の飽和度 η [-] (=有効利用率)は次式で表わされる。

$$\eta = \frac{(Z-Z_a)S\gamma q_0 + (1-f)Z_a S\gamma q_0}{ZS\gamma q_0} = \frac{Z-fZ_a}{Z} \tag{5・123}$$

ここに f は吸着帯の残留吸着能力 [-] である。式(5・122)は $f=1/2$ とおいたものに対応する。

定形の吸着量分布が得られる場合の吸着帯の長さ Z_a は,ガス吸収の項で述べた向流接触の場合の塔高の計算と同様な方法で,移動単位数 N_{OF} と移動単位高さ H_{OF} の積で求められる。

$$Z_a = H_{OF} N_{OF} = \frac{\bar{u}}{K_F a_v} \int_{C_B}^{C_E} \frac{dC}{C-C^*} \tag{5・124}$$

ここに K_F は流体濃度基準の総括物質移動係数,a_v は充填塔単位容積あたりの吸着剤外表面積である。$K_F a_v$ は総括物質移動容量係数 (overall volumetric coefficient of mass transfer) とよばれる。

式(5・124)の誘導 物質移動速度は

$$\gamma(\partial q/\partial t)_z = K_F a_v (C-C^*) \tag{1}$$

吸着帯内の微小高さ dz における物質収支は,濃度小,$u=$ 一定として

$$\gamma(\partial q/\partial t)_z + \bar{u}(\partial C/\partial z)_t = 0 \tag{2}$$

---

† 点Eは exhaustion point とよばれる。消耗点とでもいうべきであろうが,きまった訳語はない。C_E は exhaustion point における濃度であり,$C_E = C_0 - C_B$ で定義される。

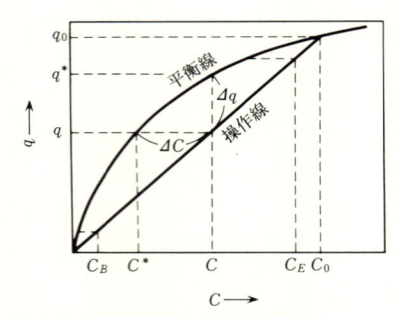

図 5・53 好ましい形の等温線の系における固定層吸着に関する操作線と推進力

式(1)に式(2)を代入して整理すると次式が得られる。
$$-\bar{u}(dC/dz) = K_F a_v (C - C^*) \qquad (3)$$
$K_F a_v =$ 一定として $C = C_B \sim C_E$, $z = Z_B \sim Z_E$ の範囲で積分すると式(5・124)が得られる。

吸着帯の後端では吸着剤と流体は平衡にあり，前端では濃度，吸着量とも 0 となっているので，吸着帯内の流体濃度と吸着量の関係を示す操作線は図 5・53 のように，微量成分分離の場合，原点と点 (C_0, q_0) を結ぶ直線となる。したがって移動単位数の計算には，普通 $C_B/C_0 = 0.1$ または 0.05，したがって $C_E/C_0 (= (C_0 - C_B)/C_0) = 0.9$ または 0.95 とする。

定形吸着帯の進行速度は，式(5・121)を微分して
$$dZ/dt = \bar{u}/\beta\gamma \equiv v_f$$
の関係が得られる。これは吸着帯の中央の位置 $(q = \frac{1}{2}q_0)$ の点の進行速度であるが，一定長さの吸着帯が成立する系では $C = C_B$ でも任意の C でも吸着帯の進行速度は同じとなる。したがって吸着帯の長さ Z_a と破過曲線の時間幅 $\Delta t = t_E - t_B$ の関係はつぎのようになる。
$$Z_a = v_f \Delta t, \qquad [v_f \equiv \bar{v}/\beta\gamma] \qquad (5 \cdot 125)$$
式(5・125)は，時間幅を長さ Z_a に換算する式でもある。

例題 5・19 トルエン蒸気を $8.28 \times 10^{-3}\,\text{kg/m}^3$-空気 の濃度で含む排空気を粒状活性炭の固定層に通してトルエンを吸着回収したい。25℃ で固定層吸着実験を行ない，定形吸着帯が形成されること，および線流速 $\bar{u} = 25.3\,\text{cm/s}$ で $\Delta t = t_{0.9} - t_{0.1} = 57.0\,\text{min}$ を得た。$Z = 30.0\,\text{cm}$ の固定層における破過時間，吸着帯長さおよび総括物質移動容量係数 $K_F a_v$ を求めなさない。ただし活性炭層のかさ密度 $\gamma = 0.356\,\text{g/cm}^3$ とし，平衡吸着量は例題 5・17 に示した値を用いなさい。

5・6 吸着・イオン交換と固液抽出

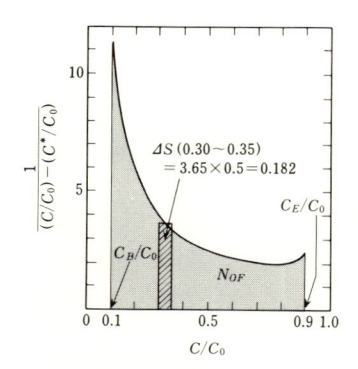

図 5・54 N_{OF} の計算

【解】 入口濃度 C_0 に対する平衡吸着量を求めると

$q_0 = (0.449)(1.03 \times 10^3)(8.28 \times 10^{-3})/[1+(1.03 \times 10^3)(8.28 \times 10^{-3})] = 0.402 \text{ kg/kg}$

$\beta\gamma = [(0.402)/(8.28 \times 10^{-3})] \times 0.356 \times 10^3 = 17\,300 \;[-]$

$t_0 (= \beta\gamma Z/\bar{u}) = (17\,300)(30.0)/(25.3) = 20\,500 \text{ s} \approx 340 \text{ min} = 5.7 \text{ h}$

吸着帯長さ $Z_a = (\bar{u}/\beta\gamma)\Delta t = [(25.3)/(17\,300)](57.0)(60) = 5.0 \text{ cm}$

破過時間 $t_B = t_0(1 - Z_a/2Z) = 5.7[1 - 5.0/(2 \times 30)] = 5.2 \text{ h}$

移動単位数は図 5・54 の図積分によって求められる。これより

$N_{OF} = 2.74$

∴ $H_{OF} = Z_a/N_{OF} = (5.0)/(2.74) = 1.82 \text{ cm}$

$K_F a_v = \bar{u}/H_{OF} = (25.2)/1.82 = 13.9 \text{ s}^{-1}$

なおラングミュア式を積分して N_{OF} を求めることもできる。実際の設計では，吸着剤を繰返し使用することによる性能低下を考え，q_0 を上記の 2/3～1/2 とする。

5・6・3 イオン交換操作と装置

前述のように，イオン交換体（多くはイオン交換樹脂とよばれる高分子物質で，液状のものもあるが大抵は粒子状）を用いてその交換基とそれに接する水中のイオンの交換反応を応用し，特定のイオンの回収，除去を行なう操作がイオン交換とよばれる。現在，実験室で純水とよばれているものは，酸性および塩基性イオン交換樹脂の混合層によりそれぞれ塩基性および酸性イオンが除かれたもので，正しくはイオン交換水とよばれる。したがって，それにはイオン交換樹脂で除きにくい溶存有機物は多少含まれ，蒸留水とは少し性質が異なることから，精密を要する実験ではイオン交換水を蒸留したものが用いられる。ただし，この場合はエントレインメント（飛沫同伴）を防ぐ必要がある。

イオン交換樹脂の性質としては，粒子径，粒子密度，かさ密度の他イオン交

換容量(mol/kg, あるいは mol/m³-樹脂層)があげられる。ほとんどが液体しかも希薄水溶液を対象にするので, 1 mm 前後の大きさの粒子が用いられ, かさ密度は湿潤状態で約 1 g/cm³ 前後である。交換容量は樹脂のもつ官能基の形で変わるが, 陽イオン交換樹脂で約 1 mmol/cm³, 陰イオン交換樹脂で 0.5 mmol/cm³ 前後となる。

イオン交換における物質移動の抵抗としては, 吸着の場合と同様に (1) 粒子外の流体側の移動抵抗(端的には境膜物質移動抵抗), (2) 粒子内拡散における拡散抵抗, (3) イオン交換反応の抵抗(これは一般に小さい)が考えられ物質移動容量係数の逆数の形で表わされる。

イオン交換装置には吸着装置と同様に固定層(床), 移動層が多く用いられる。粉末のイオン交換体を用いた撹拌槽型イオン交換装置も考えられるが, 実用例は少ない。経費の点で粉末の使い捨てが許されないためでもあろう。

5・6・4 固液抽出

固液抽出(solid-liquid extraction)は, 固体原料中の可溶成分を溶剤中に溶解させ分離する操作で, 浸出(leaching), パーコレーション(percolation)とよばれる場合もある。熱湯によるコーヒーや茶の抽出は日常眼にふれる抽出の例であるが, 工業的利用の例には湿式金属精錬, 植物種子からの油脂の採取, 甜菜からの砂糖の抽出などがある。

装置と操作方式には, 固定層または撹拌槽を用いる回分式操作のほか, 半連続または連続式に行なうものがある。図5・55 はいずれも植物種子の抽出に用

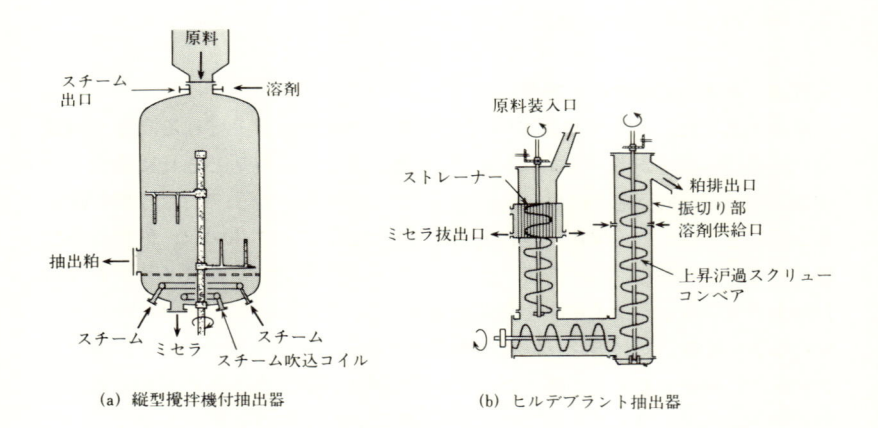

(a) 縦型撹拌機付抽出器   (b) ヒルデブラント抽出器

図5・55　油脂抽出装置

いられる装置で，(a)は撹拌槽型であり，(b)は連続向流接触型のものである[1]。動植物油脂の抽出液はとくにミセラとよばれている。

固液抽出では，固体原料が天然物であり，固体内部の構造や抽質の存在形態がさまざまであるところから，物質移動速度などについて一定した値を得にくい。そこで抽出時間や抽出温度についての経験的なデータにもとづいて装置設計が行なわれることが多い。

5・7 調 湿

化学工業やその他の製造工業では，しばしば空気の温度や湿度を一定に保つ必要がある。そのための操作は空気調和(略して空調；air conditioning)とよばれる。最近は空調が一般家庭やオフィスにも普及している。このうち湿度の調節をとくに調湿といい，空気中の湿度を高める操作を増湿(humidification)，湿度を低くする操作を減湿(dehumidification)とよんでいる。繊維，フィルム，紙などを扱う工場では空調が要求され，精密機器製造工場，包装工場，倉庫，電気機器室などの雰囲気は減湿されることが多い。高度の減湿は除湿(moisture removal)ともいう。この節では，基礎的事項を中心に調湿操作を説明する。冷水操作は温水の冷却を目的とするものであるが，その原理は空気の増湿と同じなのであわせてこの節で述べる。

5・7・1 空気の湿度

(a) 湿度の定義　水蒸気を含んでいる空気を湿り空気†，まったく含まない空気を乾き空気といい，湿り空気中の水蒸気の量を湿度(humidity)という。湿度には絶対湿度(absolute humidity)，比較湿度(percentage humidity)，相対湿度††(relative humidity)などの表わし方がある。

絶対湿度 H は，1kg の乾き空気または乾きガスと共存する水蒸気の kg 数であり，化学工学で単に湿度といえば絶対湿度をさす。絶対湿度は次式で表わされる。

$$H = (M_{H_2O}/M_1)[p/(P-p)] \qquad (5\cdot 126)$$

ここに M_{H_2O} は水の分子量であり，M_1 は乾きガス分子量で，空気では 29.0 とする。また p は水蒸気の分圧，P は全圧である。

水蒸気が飽和した湿り空気の湿度を飽和湿度とよび H_s で表わす。1atm 下

---

† 液滴を含んだ蒸気を湿り蒸気とよぶが，これと区別しなければならない。
†† 関係湿度ともいう。
1) 平田光穂，城塚正，"抽出工学"，p. 287, 298, 日刊工業新聞社(1964).

の H_s は次式で表わされる。

$$H_s = 0.621 [p_s/(760 - p_s)] \tag{5・127}$$

ここに p_s は飽和水蒸気圧である。

比較湿度 ψ は飽和度ともよばれ，次式で定義される。

$$\psi = (H/H_s) \times 100 \tag{5・128}$$

図5・56には，飽和湿度と比較湿度30%のときの絶対湿度を温度の関数として実線で示した。

相対湿度 ϕ は $(p/p_s) \times 100$ で定義され，気象学などで用いられる。これは比較湿度と異なり，湿り空気を基準とした分圧で表わした湿度の飽和空気の値に対する比であって，図5・56に示すように高温，低相対湿度では ψ と ϕ の値は開いてくる。

湿り空気を冷却していくと，ある温度で水蒸気が凝縮して露を結ぶ。この温度を露点(dew point)という。これは図5・56の t_d の点で表わされる。これより露点も空気の湿度を表わす一つの尺度として用いられる。

(**b**) **湿り空気の性質** 湿り空気の定圧比熱を湿り比熱(humid heat)といい，乾燥空気1kgとその中に含まれる水蒸気 H [kg]の合計の湿り空気の温度を1K(1°C)だけ上昇させるに必要な熱量として定義され，C_H[kJ/kg-乾燥空気・°C]で表わす。乾燥空気，水蒸気の比熱容量は温度による変化が小さく，常温近くの温度範囲でそれぞれ1.00および1.88 kJ/kg・°Cであるから，湿り比熱はつぎの直線の式で与えられる。

$$C_H = 1.00 + 1.88 H \tag{5・129}$$

湿り空気のエンタルピー i は，温度0°C(273.2 K)，圧力1 atmにおける空気

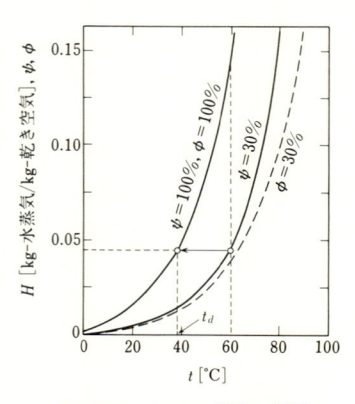

図 5・56 温度と湿度の関係

および液状の水を基準にして次式で表わされる。

$$i = C_H t + 2500\,H \quad [\text{kJ/kg-乾き空気}] \tag{5・130}$$

ただし 2500 は $0°\text{C}(273.2\,\text{K})$ における水の蒸発潜熱である。

湿り比容(humid volume)v_H は，1 kg の乾き空気と H [kg] の水蒸気から成る湿り空気の体積であり，1 atm，T [K] における湿り比容は次式で計算される。

$$v_H = 22.4\left(\frac{1}{29.0} + \frac{H}{18.0}\right)\left(\frac{273+t}{273}\right) \quad [\text{m}^3/\text{kg-乾き空気}] \tag{5・131}$$

外部と断熱した状態で不飽和の湿り空気を水と長時間接触させると，水温と気温は等しくなり，空気は水蒸気で飽和される。水が空気から得た蒸発潜熱と空気が失った顕熱とが等しい場合のこのような平衡到達時の温度を断熱飽和温度(adiabatic saturation temperature)t_s という。断熱飽和温度とはじめの空気温度 t，湿度 H との関係はつぎのようになる。

$$C_H(t-t_s) = \lambda_s(H_s - H) \tag{5・132}$$

ここに λ_s は温度 t_s における水の蒸発潜熱 [kJ/kg] である。

式(5・132)はまた不飽和の湿り空気が断熱飽和温度に向かってしだいに湿度を増し，温度が低下するときの温度と湿度の関係を表わしている。これは図 5・57 の直線 AB で表わされ，これを断熱冷却線(adiabatic cooling curve)という。

（c）**湿度図表** 湿り空気に関する諸性質たとえば湿度，比熱（あるいは比熱容量），比容，エンタルピーなどと湿度の関係，その他断熱冷却線などを一つの図表から求められるようにまとめたものを湿度図表(humidity chart, psychnometric chart)という。図 5・58 は質量基準湿度図表とよばれるもので，温度対湿度(t-H, φ)，湿度対湿り比熱(H-C_H)，湿度対湿り比容(H-v_H)，温度対蒸発潜熱(t-λ)，断熱冷却線の諸関係が描かれている。他に相対湿度 φ の代わりに比較湿度 ϕ を使った図表も用いられ，また高温用のモル基準湿度図表がある。

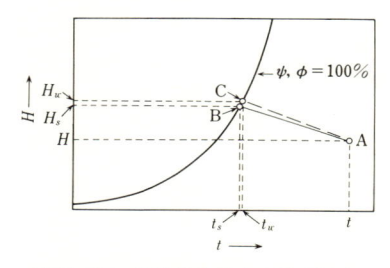

図 5・57 断熱飽和温度と湿球温度

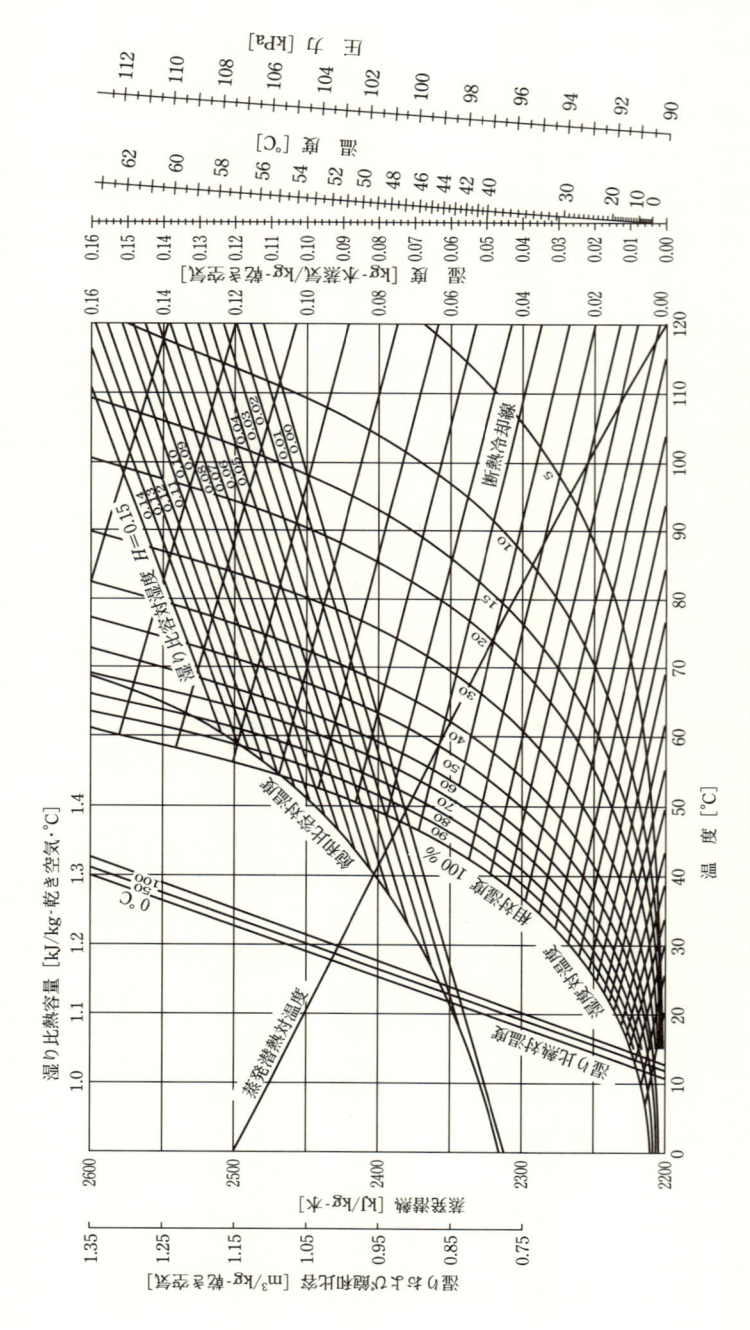

図 5・58　質量基準湿度図表（全圧 760 mmHg，kg-乾き空気基準）

5・7 調湿

例題 5・20 全圧 1 atm, 温度 50 ℃ (このときの飽和水蒸気圧は 92.5 mmHg), 相対湿度 80 % の湿り空気の (1) 絶対湿度, (2) 露点, (3) 比較湿度, (4) 湿り比容, (5) 湿り比熱を求めなさい。

【解】 92.5 mmHg に 0.80 を掛けて水蒸気分圧を求める。これを式(5・126)に代入して絶対湿度 H が求められ, この水蒸気分圧が飽和蒸気圧となる温度を表から求めれば露点が得られ, さらに H と式(5・129)から湿り比熱 C_H が求められる。

図 5・58 の湿度図表には相対湿度が記載されているので, ここでは湿度図表から直接よみとってみる。

（1） 相対湿度 80 % 線上の温度 50 ℃ の点を右端の湿度目盛りでよむと $H=0.067$ kg-H$_2$O/kg-乾き空気 (式(5・126)より求めると $H=(18.0/29.0)(92.5)(0.8)/[760-(92.5)(0.8)]=0.0670$ kg-H$_2$O/kg-乾き空気) となる。

（2） 露点は湿度図表上で(1)の点と同じ絶対湿度の相対湿度 100 % の点の温度をよみとると, $t_d=45.6$ ℃ となる。

（3） 50 ℃ の飽和湿度は, 湿度図表の相対湿度 100 % の線より 50 ℃ で $H_s=0.086$ kg-H$_2$O/kg-乾き空気, よって

$$\phi=(0.067/0.086)\times 100=77.9\%$$

（4） 湿り比容対温度線図上で温度 50 ℃ の $H=0.067$ の点を補間により求め, 左端の湿り比容の目盛りでよんで $v_H=1.01$ m^3/kg-乾き空気 を得る。

（5） 右端の湿度目盛りが 0.067 kg-H$_2$O/kg-乾き空気 の点を湿り比熱対湿度の線上にとり, それに対応する目盛りを上端の湿り比熱の目盛りでよみとると, $C_H=1.13$ kJ/kg-乾き空気・K となる。

(d) 湿球温度 湿度計の一つに図 5・59 に示す乾湿球温度計または乾湿球湿度計[†] (dry and wetbulb psychrometer) がある。つねに水にぬれている湿球の温度 t_w は乾球の温度よりも低い。この二つの温度から表 5・13 を用いて湿度が求められる。

湿球の表面からは空気中へたえず水蒸気の蒸発が生じ, この蒸発に必要な潜熱はたえずまわりの空気から供給され, 一定の湿球温度のところで釣合いがとれている。このように熱移動と物質移動が同時に反対の方向に起こり, 動的平衡を保っているときの熱収支はつぎのようになる。

$$h(t-t_w)=k\lambda_w(H_w-H) \qquad (5\cdot 133)$$

ここに h は境膜熱伝達係数 [kJ/m^2・h・K], t は乾球温度, t_w は湿球温度, k は境膜物質移動係数 [kg/m^2・h・ΔH], λ_w は湿球温度における水の蒸発潜熱 [kJ/kg], H は空気の湿度 [kg-H$_2$O/kg-乾き空気], H_w は湿球温度における

[†] 乾球, 湿球というのは, 棒状温度計の下部液だめが球状であるためと思われる。

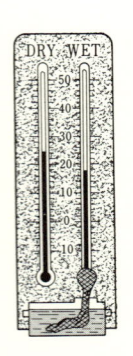

図 5·59　乾湿球温度計

表 5・13　乾湿球湿度計用湿度表

乾球 (t)	乾球と湿球との差 $(t-t_w)$																				
	0.0	0.5	1.0	1.5	2.0	2.5	3.0	3.5	4.0	4.5	5.0	5.5	6.0	6.5	7.0	7.5	8.0	8.5	9.0	9.5	10.0
40	100	97	94	91	88	85	82	79	76	73	71	68	66	63	60	58	56	53	51	49	47
35	100	97	93	90	87	83	80	77	74	71	68	65	63	60	57	54	52	49	47	44	42
30	100	96	92	89	85	82	78	75	72	68	65	62	59	56	53	50	47	44	41	39	36
25	100	96	92	88	84	80	76	72	68	65	61	57	54	51	47	44	41	37	34	31	28
20	100	95	91	86	81	77	72	68	64	60	56	52	48	44	40	36	32	29	25	21	18
15	100	94	89	84	78	73	68	63	58	53	48	43	38	34	30	25	21	16	12	8	4
10	100	93	87	80	74	68	62	56	50	44	38	32	27	21	15	10	5				
5	100	92	84	76	68	60	53	46	38	31	24	16	9	2							
0	100	90	80	70	60	50	40	31	21	12	3										
−5	100	87	73	60	47	34	22	9													
−10	100	82	64	46	29	11															

湿球が氷結していないとき

飽和湿度 [kg-H₂O/kg-乾き空気]，$\Delta H = H_w - H$ である。

　式(5·133)は図5·57の破線ACで表わされ，これを等湿球温度線という。空気中への水の蒸発の場合，式(5·133)の h/k の値は実験の結果ほぼ 1.09 kJ/kg·K であることが知られている。これはかなり広い範囲にわたり式(5·129)により得られる C_H の値に近い。したがって近似的に

$$h/k \fallingdotseq C_H \tag{5·134}$$

が成り立つ。これをルイス(Lewis)の関係とよぶ。それゆえ，式(5·132)と式(5·133)はほぼ等しく，断熱冷却線(図5·57の実線AB)と等湿球温度線(図5·57の破線AC)は，水-空気系の場合ほぼ一致するから，湿度図表では断熱冷却線を用いて湿球温度 t_w をよんでさしつかえないことになる。

5・7 調湿   195

例題 5・21   乾球温度 80.0°C，湿球温度 40.0°C の加熱空気(1 atm)の相対湿度を求めなさい。

【解】   等湿球温度線の代わりに断熱冷却線を用いることができるので，温度 40°C，$\varphi=100\%$ の点を通る断熱冷却線上で温度 80°C の点をよむと $H=0.031\,\mathrm{kg\text{-}H_2O/kg\text{-}}$乾き空気となる。図から相対湿度 $\varphi=10\%$ となる。なお，φ は式(5・126)と H，p_s から計算してもよい。

5・7・2 調湿操作と装置

空気の増湿には，充填塔や噴霧塔を用いて水と空気を接触させる方法が広く使われている。操作の方法には，断熱増湿と温水増湿の二つがある。

（a）断熱増湿   断熱条件下で空気をその断熱飽和温度に等しい温度の水と接触させる方法を断熱増湿という。図 5・60 において，点 $\mathrm{A}(t_1, H_1)$ の空気から点 $\mathrm{D}(t_2, H_2)$ の空気を得るには，まず A を点 B の温度 t_B まで予熱し，こ

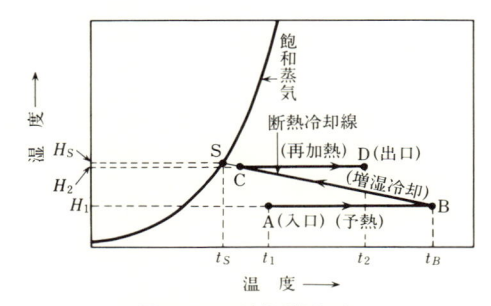

図 5・60   断熱増湿操作

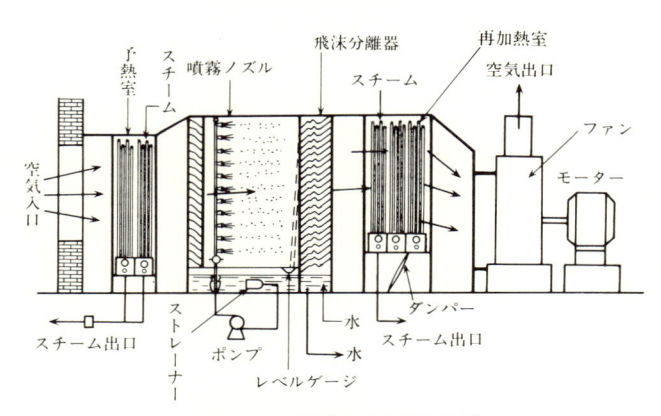

図 5・61   横型噴霧室増湿装置

れを温度 t_s の水と接触させ，必要とする湿度 H_2 に達した点 C の空気を t_2 まで加熱して D の空気を得る。点 C を飽和点 S の手前に定めたのは，完全に飽和させようとすると装置や時間が大きくなりかえって不経済となるためである。図 5・61 にスプレー塔式の断熱増湿装置を示す。このほか充塡塔式の装置も用いられている。

（b）温水増湿　これは水をあらかじめ適当な温度に加熱させてから空気と接触させる方法である。供給水の温度を一定に保つ必要があるが，蒸発速度が大きく，装置が小型ですむ。

（c）減湿　空気中の湿度を減少させる方法には，冷却法，吸収法，吸着法がある。

冷却法はもっとも広く用いられ，冷凍機で冷却したコイルなどの壁面に水蒸気を凝縮させる方法と，空気の露点より温度が低い冷水に接触させる方法とがある。吸収法は，塩化カルシウム，塩化リチウムなどの水溶液に湿分を吸収させる方法であり，吸着法はシリカゲル，アルミナゲル，ゼオライトなどの吸着剤を用いて湿分を吸着除去する方法である。

例題 5・22　温度 20 °C，絶対湿度 0.010 kg-H$_2$O/kg-乾き空気の湿り空気を断熱増湿操作によって 80 °C，絶対湿度 0.040 kg-H$_2$O/kg-乾き空気まで増湿する。増湿効率を 90 % とするとき，予熱すべき温度を求めなさい。また予熱に必要な熱量は空気 1 m^3 あたりいくらか。なお，増湿効率とは，図 5・60 において BC と BS の比（百分率）である。

【解】　図 5・60 の点 S を求める。

$$0.90 = (H_2 - H_1)/(H_s - H_1) = (0.040 - 0.010)/(H_s - 0.010)$$

$$\therefore \quad H_s = 0.043 \text{ kg-H}_2\text{O/kg-乾き空気}$$

図 5・58 において，点 A(20 °C, $H = 0.010$)から横軸に平行にひいた線と，$\varphi = 100\%$ の曲線上の点 S($H = 0.043$)を通る断熱冷却線との交点から

$$t_B = 116 \text{ °C}$$

(t_1, H_1)の空気の湿り比容は，図 5・58 の比較湿度の線（図の右上がりの平行線群）を左端の縦の目盛り（湿り比容）からよみとり

$$v_H = 0.84 \text{ m}^3/\text{kg-乾き空気}$$

これより空気 1 m^3 は

$$1/0.84 = 1.19 \text{ kg-乾き空気}$$

H_1 における湿り比熱線図から 1.02$_4$ kJ/kg-乾き空気・K であるから，余熱に必要な熱量 Q は

$$Q = 1.02_4 \times 1.19 \times (116 - 20) = 117 \text{ kJ/m}^3\text{-空気}$$

となる。

5・7・3 冷水操作

化学工場では一般に多量の冷却水が使われる。そのさい，間接的な熱交換によって温度が上昇した水を捨ててしまうと用水費がかさむので，冷却水の一部分を蒸発させ，それによって水温を下げて，水を再利用する方法がとられている。これは温水増湿のさいに水温が下がることと同じ原理によっている。装置としては，強制通風冷水塔，自然通風冷水塔，噴水池などが用いられる。図5・62，5・63に冷水塔の例を示す。

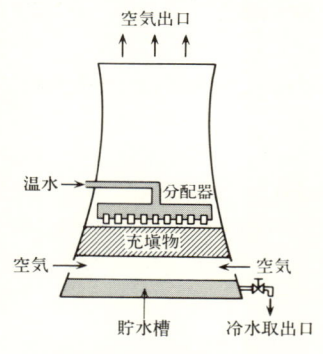

図 5・62 自然通風冷水塔

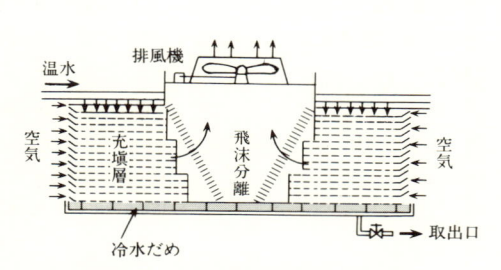

図 5・63 強制通風十字流式冷水装置

5・8 乾 燥

固体材料中の水分を加熱蒸発させて取り除く操作のことを乾燥(drying)という。このほか，溶液または泥漿から水分を除き，洗剤や粉ミルクのような材料を固体として取り出す操作も乾燥操作に含めて論ずる。比較的少量の水分を含む液体や気体中の水分の除去は乾燥とよばず脱水，減湿とよんで，吸着操作や減湿操作として取り扱われるのが普通である。

乾燥操作の原理は，加熱によって水分の蒸発に必要な熱を供給し，一方 水蒸気を空気中に移動させる点では増湿や蒸発の操作と同様である。しかし固体の構造が液体に比べて複雑なため固体内の熱移動や物質移動も単純でないので，そのことを考慮して，材料に応じて加熱方法や材料の装入，搬送手段を選ぶ必要がある。

5・8・1 含水率

（a）**含水率の表わし方** 固体に含まれている水分の量を表わすのに，湿った材料の全重量に対する水分の量で表わす湿量基準の含水率と，乾いた固体材料の重量に対する水分の量で表わす乾量基準の含水率とがある。乾量基準の

表わし方は前節の絶対湿度と同じ表わし方で、乾燥操作では乾量基準を用いるのが便利である。

湿った材料 1 kg の中に w [kg] の水分が含まれているとすれば、w は湿量基準の含水率であり、乾量基準の含水率 W はつぎのように表わされる。

$$W = w/(1-w) \quad [\text{kg-H}_2\text{O/kg-乾量}] \tag{5・135}$$

数値は 100 倍してパーセントで表わすことも多い。また逆に湿量基準の含水率 w を乾量基準の含水率 W で表わせばつぎのようになる。

$$w = W/(1+W) \quad [\text{kg-H}_2\text{O/kg-湿量}] \tag{5・135'}$$

例題 5・23 乾量基準の含水率 0.40 の湿り材料 100 kg を含水率 0.05 まで乾燥するときの水分蒸発量はいくらになるか求めなさい。

【解】 式 (5・135') より
$$w = (0.40)/(1+0.40) = 0.286$$
湿り材料 100 kg 中の水分量は 28.6 kg、乾き固体の量は 71.4 kg である。また含水率 0.05 に乾燥後の水分量は $(71.4) \times (0.05) = 3.6$ kg となる。したがって除去水分量は
$$28.6 - 3.6 = 25.0 \text{ kg}$$

(b) **平衡含水率と自由含水率** 材料を温度および湿度が一定の空気中に長時間おくと、ついに一定の水分量を示して平衡に達する。このときの水分量を平衡含水率 (equilibrium moisture content) という。図 5・64 に各種の材料の平衡含水率を示す。

材料の含水率 W から平衡含水率 W_e を差し引いた値を自由含水率 (free moisture content) F といい、次式で表わされる。

$$F = W - W_e \quad [\text{kg-H}_2\text{O/kg-乾量}] \tag{5・136}$$

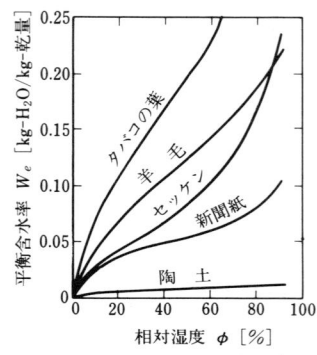

図 5・64 各種の材料の平衡含水率 (25 ℃)

5·7·2 乾燥速度

（a）恒率乾燥と減率乾燥　乾燥に伴い固体材料の重量は時間とともに図5·65のように減小する。この減量曲線の傾きの絶対値が乾燥速度であり、乾燥速度と自由含水率との関係は図5·66に例を示す乾燥特性曲線で示される。

乾燥の初期には多くの場合、図5·65, 5·66が示すように乾燥速度が一定であって、この範囲を恒率乾燥期間(constant rate period)という。点Bの自由含水率を限界含水率(critical moisture content)とよび、この点から減率乾燥期間(falling rate period)に入る。減率乾燥期間は第1段と第2段に分かれることがしばしばある。

（b）乾燥の機構　恒率乾燥期間は、材料の表面はつねに液体の水でぬれている。表面から蒸発した水の量は固体内部から毛管現象による液状水分の移動によって補給され、表面の温度はほぼ湿球温度に保たれている。いま湿度Hの熱風による乾燥を考えると、表面の湿球温度における飽和湿度はH_wであり（図5·57参照）、水の蒸発速度、つまり乾燥速度 [kg-H$_2$O/(m^2·h)] は次式で表わされる。

$$-M dw/dt = k_H A(H_w - H) \tag{5·137}$$

ここにMは乾燥固体の質量、k_Hは含水率の差を推進力とした物質移動係数で、単位は [kr-乾き空気/(m^2·h)]、Aは濡れている固体と空気の接触面積 [m^2] である。

減率乾燥期間に入ると、材料内部からの液状水の移動が表面蒸発に追いつかなくなり、蒸発水面は材料内部に後退していく。表面の近くは乾燥し、熱の供給はこの乾いた多孔性断熱層を通して行なわれ、水蒸気もこの多孔性の層を通って移動し除去されなければならないので、乾燥速度はしだいに低下し、同時に表面温度は上昇してゆく（図5·66）。

固体中に存在する水分は（1）自由水、表面水、（2）毛管水、（3）吸着

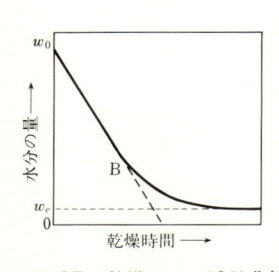

図 5·65　乾燥による減量曲線

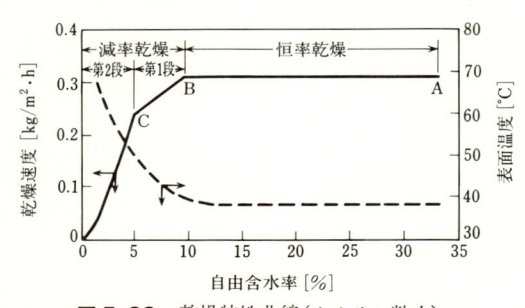

図 5·66　乾燥特性曲線（カオリン粘土）

水，結合水などの種類があり，吸着水および結合水は固体と比較的強く結合しているので乾燥しにくい。そのため減率乾燥の中でも乾燥速度の低い第2段が生じることになる。

例題 5・24 含水率0.6の湿った固体材料100kgを面積2.0m^{2}のトレイに入れて熱風乾燥を行なう。熱風の温度は90℃，湿度は0.015kg-H$_2$O/kg-乾き空気である。この材料の限界含水率が0.3，材料と空気流間の熱伝達係数が335kJ/m^2・h・Kのとき，限界含水率まで乾燥するのに何時間を要するか求めなさい。

【解】 乾燥固体材料の質量M[kg]は$100=M+0.60M$より62.5kg-乾燥固体。等湿球温度線が断熱冷却線に一致するとして，湿度図表より90℃，湿度0.015kg-H$_2$O/kg-乾き空気の湿球温度を求めると35℃が得られる。材料表面の空気は35℃で飽和しているので，同じく湿度図表から$H_w=0.038$kg-H$_2$O/乾き空気が得られる。

一方，ルイスの関係$h/k_H \fallingdotseq C_H$から物質移動計数を求めるため式(5・129)を用い，
$$C_H = 1.00+1.88\times 0.037 = 1.07 \text{kJ}/(\text{kg-乾き空気})/(\text{m}^2\cdot\text{h})$$
$$\therefore k_H = 335/1.07 = 313 \text{kg-乾き空気}/(\text{m}^2\cdot\text{h})$$

これらの値を式(5・137)に代入すると
$$-dW/dt = (313)(2.0)(0.038-0.015)/62.5 = 0.23 \text{kg-H}_2\text{O}/(\text{kg-乾燥固体}\cdot\text{h})$$

これより限界含水率までの乾燥に要する時間はつぎのようになる。
$$(\text{含水率の変化量})/(\text{含水率の減少速度}) = (0.60-0.30)/0.23 = 1.30[\text{h}]$$

5・8・3 乾燥操作と装置

乾燥の対象となる材料は，木材や衛生陶器の成形品のような大型のものから粉粒状，泥状，液状のものまで多様であり，それらを処理する乾燥器の種類もまたきわめて多いので，材料に適しかつ経済性も考慮した上で最適の形式の乾燥器を選定することが大切である。

乾燥装置は表5・14のように分類される。

表5・14 乾燥装置の分類

加熱方式	材料の状態	回分，連続の別	乾燥器の種類
熱風	静置	回分	箱型
	機械的移送	連続	トンネル型，コンベア型，シート移送型
	熱風移送	連続	気流式
	噴霧化移送	連続	噴霧式
	撹拌状態	回分，連続	撹拌式，回転式
	流動化状態	回分，連続	流動層型
伝導	静置	回分	箱型
	撹拌状態	回分，連続	撹拌式
	機械的移送	連続	ドラム型，ベルト型
輻射	各種	回分，連続	赤外線加熱式
高周波	各種	回分，連続	高周波加熱式

5・8 乾　燥

図5・67の各種の乾燥器の例を示す。(a)は棚段箱型乾燥器で，粉粒状，塊状の材料に広く用いられる小規模回分式のものである。(b)は赤外線加熱式のトンネル型乾燥器であり，大形材料の長時間乾燥に適している。熱風加熱も用いられる。(c)は回転ドラム型乾燥器で，泥状，溶液状材料に向いている。原液を下から吹きつけるもの，ドラムを反対に回転させるものおよび単一ドラム型もある。(d)は噴霧乾燥器の一例であり，向流接触型のものである。粉ミルク

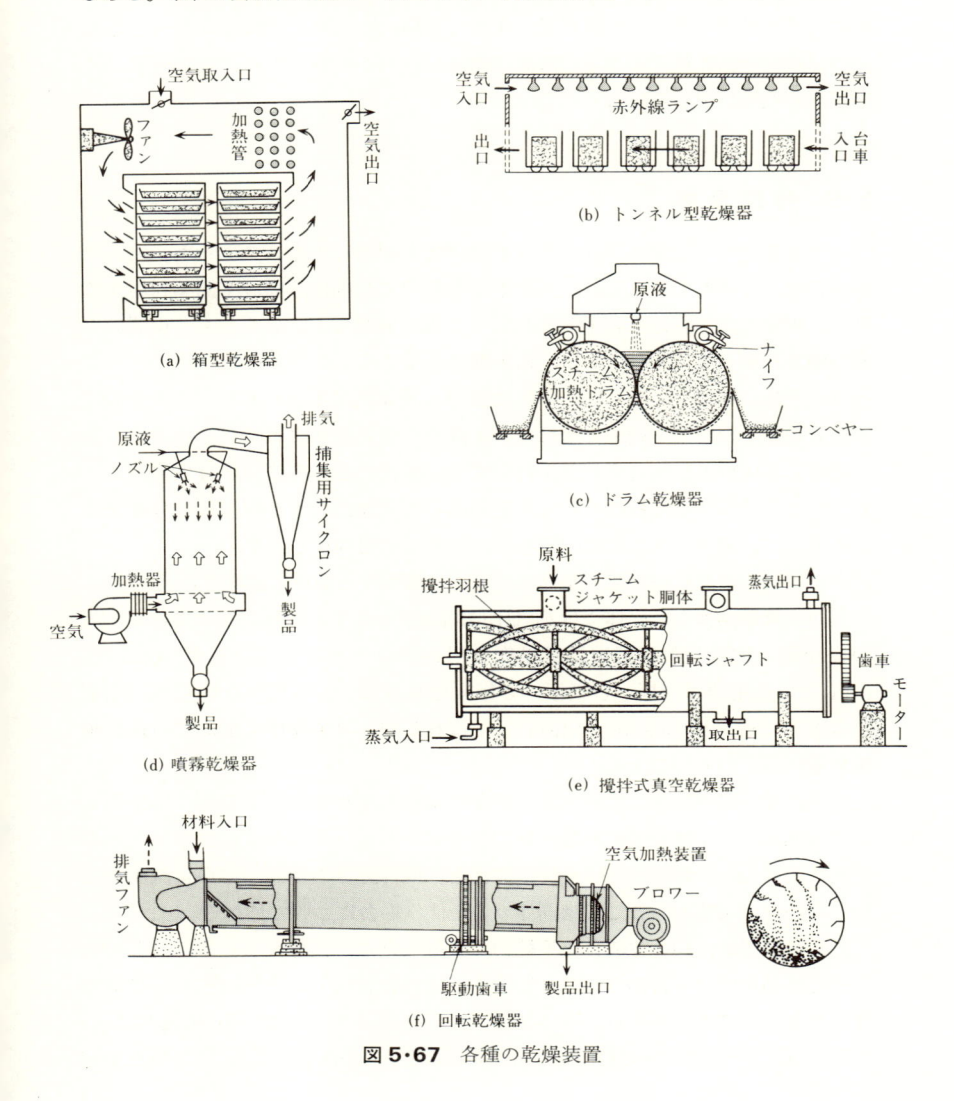

(a) 箱型乾燥器

(b) トンネル型乾燥器

(c) ドラム乾燥器

(d) 噴霧乾燥器

(e) 攪拌式真空乾燥器

(f) 回転乾燥器

図 5・67　各種の乾燥装置

や洗剤の乾燥にはこの形式の装置が多く用いられ，乾燥時間が短い。(e)は撹拌式真空乾燥器であり，加熱は主として壁面からの熱伝導によっている。蒸気出口は凝縮器および排気装置に接続している。(f)はロータリーキルン型回転乾燥器で，フレーク状，粉粒状の材料はかき上げと落下を繰り返しながら移動する。

乾燥コストについていえば，熱風乾燥は設備費がもっとも低い。ただし熱損失のため加熱用スチームの消費量は多くなる傾向がある。設備品がもっとも高いのは真空凍結乾燥であるが，低温で乾燥し材料が変質しないので，医薬品や嗜好品の乾燥に用いられる。

5・9 特殊分離

いままで述べた分離操作はいずれも相平衡を利用したものであった。気液平衡を利用する蒸留とガス吸収，液液平衡を利用する抽出，固液平衡を利用する晶析，固体と流体間の吸着平衡を利用する吸着分離など，いずれも2相間の平衡関係を利用している。ほかに，相平衡を利用する工業規模の分離操作としては気固平衡に基づく昇華，固液平衡に基づく固体抽出などがある。気液界面での吸着現象を利用する起泡分離は染料の除去などに利用されている。また，混合物中の各成分の移動速度の差を利用する分離操作として膜分離は広く用いられている。ほかにも熱拡散やレーザを利用した分離法などが同位体の分離をはじめとして，通常の方法では困難な系の分離に応用されている。

ここでは，それらの中で昇華操作と起泡分離操作を簡単に説明する。

（a）**昇華操作**　固体には蒸気圧（昇華圧）を有する物質が多くあるが，その様な混合物の分離精製に昇華操作を用いることができる。昇華(sublimation)という用語は固相から気相への相変化を意味し，気相から固相への相変化はとくに逆昇華(desublimation)と呼ばれるが，昇華操作は主にこの逆昇華現象を利用したものである。

代表的な基礎実験としてヨウ素の昇華が知られているが，工業的な応用例としては無水フタル酸などの分離・精製が挙げられる。昇華操作には空気などの不活性ガス（または同伴ガス）を伴う方法と，同伴ガスを用いずに単に減圧下で行う方法とがあるが，ここでは同伴ガスを伴う場合について述べる。

この方法では，結晶化成分と不純物の蒸気を含んだ同伴ガスを冷却面と接触させて結晶化成分を析出させる。装置内の圧力は各成分の分圧の和としてではなく任意の値にきめられる。固体状態で互いに混ざり合わない系（単純共晶系）では，成分 i の気相中の分圧（p_i）と冷却面温度での平衡蒸気圧（p_i^*）との差を推

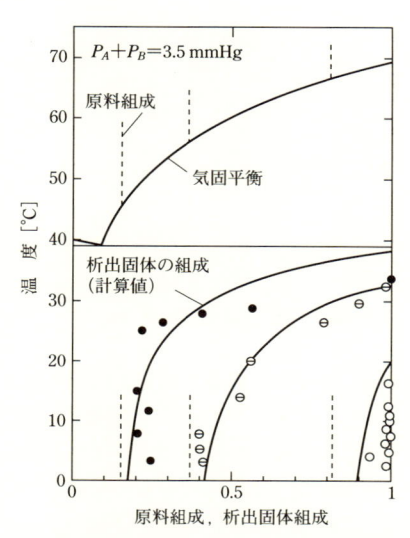

図 5·68 昇華操作による混合物の分離結果

進力として各成分が析出する。このため，不活性ガスを除く成分A，Bからなる2成分系では，析出固体の組成 z_A（成分Aのモル分率）は全体の析出速度 (N_A+N_B) に対する成分Aの析出速度 $(N_A\mathrm{[mol/s]})$ の割合で表わすことができる。

$$z_A = \frac{N}{N_A + N_B} = \frac{K_A A C (p_A - p_A^*)/\pi}{[K_A A C (p_A - p_A^*)/\pi] + [K_B A C (p_B - p_B^*)/\pi]}$$
(5·138)

ここで，K_i は各成分の析出速度係数[m/s]，π[Pa]は全圧，$A\mathrm{[m^2]}$は冷却面の面積，$C\mathrm{[mol/m^3]}$は気相全体のモル密度を表わすものとする。また，例えば p_A/π は成分Aの気相中のモル分率に等しい。析出速度係数 K_i は用いる装置について，それぞれの成分に対して実験的に決定しておく必要がある。この式から，気相中の濃度が冷却面温度における平衡蒸気圧より低い場合，逆昇華操作では揮発性の不純物は析出しないことがわかり，それは実験で確認されている（図5·68参照）。有機混合物の多くが共晶系であることから，昇華操作が有機物の精製にとって有効な操作法であるといえる。

　（b）**起泡分離**　　気液界面で起こる吸着現象（濃縮）を利用して，溶液中に空気を吹き込んで気泡を生じさせ，溶存する界面活性剤や染料などの成分を分離する操作を起泡分離（または泡沫分離）(foam separation)とよぶ。主に廃水中の界面活性剤の除去に応用されている。他の成分を除去する場合には界面活

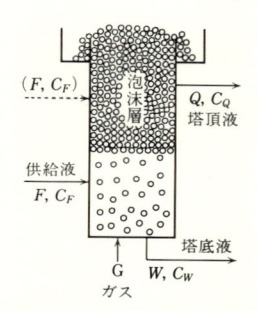

図 5・69 気泡分離装置の概念図

性剤を添加する必要がある。古くから鉱業で分離に用いられている浮遊選鉱法も同じ原理に基づいているほか，家庭での洗濯も気液界面での吸着作用を利用している。その方法としては処理液に空気や不活性ガスを吹き込んで安定な気泡を生成させ，大きな界面積をつくり，気液界面に分離または除去すべき成分を吸着させる。このとき，気泡間には液が同伴されるが十分に長い泡沫層を作ると，気泡の形状は球よりは12面体に近くなり同伴液量は減少して効率のよい分離が行なえる。

図5・69に示すような塔型の装置では，液相は十分に撹拌されていて，また泡沫層では飽和状態にあると仮定できるとすると，そこでは平衡が成立していると考えられるので，物質収支式から塔頂の液組成 $C_Q[\mathrm{mol/m^3}]$ および塔底の液組成 $C_W[\mathrm{mol/m^3}]$ はつぎのように与えられる。

$$C_Q = C_W + Ga\Gamma_W/Q$$
$$C_W = C_F - Ga\Gamma_W/F \tag{5・139}$$

ここで，F，Q はそれぞれ図5・69に示すように供給液と塔頂液の流量[m³/s]，$G[\mathrm{m^3/s}]$ は不活性ガスの体積流量，$\Gamma_W[\mathrm{mol/m^2}]$ は界面過剰吸着量で，界面での吸着により増加した分の濃度を表わす。また，$a[\mathrm{m^2/m^3}]$ は泡沫層単位体積あたりの気液界面積で Ga は単位時間あたりに生成する気液界面積となる。気泡の直径を $d[\mathrm{m}]$ とすると，球状の気泡では，$a = 6/d$ で与えられる。また12面体の時は $6.59/d$ となる。

溶液中の濃度 C と界面過剰吸着量 Γ の間には，一般にラングミュア型吸着等温式が成り立つことが多い。ここで k_1，k_2 は定数である。

$$\Gamma = \frac{k_1 C}{1 + k_2 C} \tag{5・118′}$$

低濃度では $k_2 C \ll 1$ となるため，平衡関係は直線関係，つまりヘンリー型の式で近似できる。図5・69のような装置では液膜は薄く，移動が速いので C_W と Γ_W の間に平衡関係が成り立つと考えてよい。

問題

(基　礎)

5・1 293 K における水中の希薄溶質であるメタノール，フェノールそれぞれの拡散係数を求めなさい。ただし，それぞれの分子容を 41.6 および 108.0 cm³/mol とする。[ヒント：式(5・20)を用いる。粘度は付録7.のノモグラフより求める]

5・2 直径 1 cm の試験管に上端から 5 cm のところまで水が入っていて，室温の乾燥空気中におかれている。この水が蒸発して液面が 0.1 mm 下がるのに要する時間を求めなさい。ただし，室温(293 K)での水の蒸気圧は 2.34 kPa，空気中の水分子の拡散係数は $2.5×10^{-5}$ m²/s とする。[ヒント：式(5・16)，(5・20)を用いる]

5・3 次元解析法により，式(5・12)の型を求めなさい。[ヒント：$k = const × D_{AB}{}^a L^b u^c \rho^d \mu^e$ として各次元についての等式を求めて，$a \sim e$ から三つを消去する

5・4 平均速度 0.3 m/s で流れている 293 K のベンゼン中に置かれた直径 1 cm の安息香酸の球の溶解速度[g/s]を求めなさい。ただし，この温度での安息香酸の溶解度を 0.0895(質量分率)，拡散係数を $1.25×10^{-9}$ m²/s，ベンゼンの密度と粘度をそれぞれ，$0.879×10^3$ kg/m³，$6.60×10^{-4}$ Pa·s とする。[ヒント：式(5・13)により k を求める]

(蒸　留)

5・5 ベンゼンとトルエンの等モル混合液を 101.3 kPa で加熱すると何度で沸騰するか。また，ベンゼンとトルエンの等モル混合蒸気を冷却した場合の凝縮温度は何度になるか求めなさい。

5・6 ベンゼン 30 mol%，トルエン 70 mol% の混合液 100 mol を 101.3 kPa のもとで単蒸留する。仕込液量の 40%(モル基準)を留出させたときの缶液組成および留出液量とその組成を求めなさい。

5・7 前問で缶液組成が 10 mol% ベンゼンになったときの缶液量および留出液量とその組成を求めなさい。

5・8 メタノール 30 mol%，水 70 mol% の混合液を 101.3 kPa でフラッシュ蒸留する。原料の 50%(モル基準)を蒸気とするとき，蒸気と液の組成を求めなさい。[ヒント：$x=0.30$，$y=0.30$ より傾き -1 の q 線をひき，平衡曲線との交点を求める]

5・9 前問で，留出液として 51.7 mol% メタノールの製品を得たい。原料に対してどれだけの量の蒸気を発生させたらよいか。

5・10 ベンゼン 40 mol%，トルエン 60 mol% の混合液を 101.3 kPa で連続蒸留する。留出液として 92 mol% ベンゼン，缶出液として 90 mol% トルエンを含む製品を得たい。還流比を 2.0 として分離に必要な理論段数を求めなさい。ただし原料は沸点の液として供給するものとする。

5・11 n-ヘキサン 50 mol%，n-ヘプタン 50 mol% の混合液を 101.3 kPa で連続蒸留する。留出液として 99 mol% ヘキサン，缶出液として 99 mol% ヘプタンを含む製品を得たい。分離に必要な最小還流比，最小理論段数および還流比を最小還流比の 1.5 倍としたときの理論段数を求めなさい。ただし原料は沸点の液とし，n-ヘキサン-n-ヘプタン系は理想溶液で，平均相対揮発度は 2.47 とする。

5・12 前問で段数と還流比の相関式(式(5・49))を用いて理論段数を求めなさい。

5・13 前問で還流比を 1.5, 2.0, 6.0 にしたときの理論段数を求め，還流比と段数の関係を図示しなさい。

5・14 ベンゼン・トルエン混合液(ベンゼンのモル分率0.60)を200 kmol/hの流量で連続蒸留塔へ供給し、塔頂よりベンゼン98.0 mol％の留出液を、また塔底よりトルエン98 mol％の缶出液を得たい。原料は沸騰状態の液として塔に供給されるとする。また、還流比$R=3.5$、塔内は圧力1 atmで全縮器を用いるものとする。この時、(1)塔頂および塔底からの留出液量(kmol/h)、(2)濃縮部操作線の式、(3)分離に必要な理論段数Nを求めなさい。ただし、この混合液は理想溶液であって、相対揮発度$a_{av}=2.47$(一定)とし、計算には以下の諸式を用いること。

(フェンスキの式) $N_{min}+1=\log[(x_D/(1-x_D))((1-x_W)/x_W)]/\log a_{av}$

(平田の式) $\log[(N-N_{min})/(N+2)]=-0.9[(R-R_{min})/(R+1)]-0.17$

(最小還流比) $R_{min}=(x_D-y_c)/(y_c-x_c)$

5・15 次の表にあるような5成分系の蒸留分離を行ないたい。この場合、(1)最小理論段数、(2)最小還流比、(3)還流比を最小還流比の1.5倍とした時の理論段数をそれぞれ求めなさい。ただし、混合物は理想溶液であり、原料は飽和の液と蒸気とが等モルの状態で蒸留塔に供給されるものとする。

成分(i)	相対揮発度(a_{ti})	原料組成(x_{Fi})	留出液組成(x_{Di})	留出液組成(x_{Wi})
1	1.0	0.045	0.185	—
2	2.5	0.232	0.794	0.025
3	5.3	0.381	0.017	0.475
4	9.8	0.305	0.004	0.420
5	19.6	0.037	—	0.080

(ガス吸収)

5・16 全圧101.3 kPa、293 Kの空気と平衡にある水中の酸素濃度をモル分率で求めなさい。ただし、空気中には酸素はモル基準で21.0％含まれている。

5・17 CO_2を3.0％含む101.3 kPa、293 Kの空気と水を向流接触させ、CO_2の99％を吸収除去する充填塔を作りたい。塔へ供給するガスの流量を13 m³/hとし、流量は最小液量の2倍とするときの塔高を求めなさい。ただし、CO_2の水による吸収速度は液側支配としてよく、$H_x=0.4$ mとする。また、気液平衡は$y=1640x$で表わせるものとする。

5・18 前問でCOの除去を99.9％とすると塔高はいくらになるか求めなさい。

5・19 3.2 mの充填塔にSO_2を10 vol％含む空気(101.3 kPa, 293 K) 50.0 kmol/hを送り、1800 kmol/hの水で吸収させたところSO_2の95％を回収できた。このとき、(1)出口ガス中のSO_2濃度を求めなさい。(2)K_xaが0.63 kmol/m³·sと与えられているとき、この分離に必要な高さを求めなさい。

5・20 ある充填塔の移動単位数N_{oy}を与えられた操作条件から計算したところ、3.80であった。また、この条件下で$H_{oy}=1.5$ mであるとするとき、この分離に必要な高さを求めなさい。

5・21 NH_3 2.0 mol％を含む空気を向流接触にて純粋な水と接触させ、入口濃度の90％に相当する分を除去したい。(1)最小液ガス比$(L/G)_{min}$、(2)(1)の値の1.5倍を用いる時の出口の水の濃度 kmol-NH_3/kmol-H_2Oを求めなさい。ただし、吸収平衡は$X^*=2.00[Y/(1-Y)]$で表わせるものとする。ここにX, Yはそれぞれ純粋な溶媒、および純粋空気基準のNH_3のモル比である。[ヒント:例題5・9参照]

問　題　207

(抽　出)

5・22　酢酸を1kg，ニトロメタンを2.5kg，水を1.5kg混ぜて出きる混合液は，平衡状態ではいかなる組成の二液相に分かれるか。また，それぞれの相の質量を求めなさい。

5・23　30％および10％の酢酸を含むニトロメタンがそれぞれ100kgずつある。水を用いて酢酸を回収したい。つぎの方法のどちらが抽出率がすぐれているか示しなさい。(1) 各混合液をそれぞれ50kgの水で抽出し，その後それぞれの抽出液および抽残液を混合する方法。(2) 両混合液をまず混合してから，その後，100kgの水で抽出する方法。

5・24　酢酸を25％含むニトロメタン混合液を同量の5％酢酸水溶液で向流多段抽出を行ない，抽残相中の酢酸濃度を2.5％以下にしたい。この分離に必要な理論段数を求めなさい。

5・25　タイラインを整理するのに用いられる共役線は，図5・34で示したように，抽出相および抽残相からそれぞれ垂線と水平線をひいて，その交点の軌跡として求められるが，これに限らずそれぞれ任意の傾きの線をひいてその交点を結んでも得られる。プレートポイントが溶解度曲線の頂点付近にあり，タイラインがBCにほぼ平行な場合を想定して共役線を求める工夫をしてみなさい。

(晶　析)

5・26　食塩(塩化ナトリウム)と砂糖の30℃の水への溶解度は質量分率でそれぞれ0.265と0.68である。モル分率ではそれぞれいくらになるか求めなさい。

5・27　35℃の硫酸アンモニウム飽和溶液を20℃まで冷やして100gの結晶を得るには何gの溶液が必要になるか求めなさい。

5・28　一般に，$\int_0^\infty L^j n(L) dL$ を j 次のモーメントとよび，M_j と表わす。したがって，M_0 は単位体積あたりの結晶の総個数，M_1 は全結晶長さを表わすので，個数基準の平均径は式(5・117)から $L_N = M_1/M_0$ と表わせる。質量基準(または体積基準)の平均粒径はこの記号を使ってどのように表わせるか求めなさい。

5・29　完全混合型の晶析装置では，単位体積あたりの総結晶数 $N_T(=M_0)$ は $B_0 \times \tau$ に等しいことを導きなさい。

5・30　0.72 *l* 入りの小型完全混合槽型晶析装置に36 ml/minの割合で35℃の硫酸アンモニウム飽和水溶液を供給し，15℃に保ったところつぎの分布をもつ結晶粒子群が得られた。この結果から，成長速度と核発生速度を求めなさい。

ふるい目 [メッシュ]	～150	～100	～80	～60	～42	～32	～24
平均径 $\bar{L} \times 10^3$ [m]	0.0525	0.127	0.163	0.214	0.300	0.425	0.605
$n \times 10^{-12}$ [1/m³·m]	8.00	2.89	3.40	1.71	1.35	0.624	0.231

(吸　着)

5・31　塩化メチレン(二塩化メタン)蒸気の活性炭吸着について，293 Kでつぎの平衡のデータが得られた。ラングミュア吸着式を適用して，定数 K，q_∞ を求めなさ

濃度 $C \times 10^3$ [kg/m³−空気]	8.20	15.7	24.3	38.5	48.1
吸着量 q [kg/kg]	0.165	0.241	0.292	0.339	0.368

い。[ヒント：式(5・118)を直線とするように考える。例題2・12参照]

5・32 前問の活性炭を用いて 293 K で塩化メチレンの分圧が 3.33×10^{-3} atm である空気中の塩化メチレンを吸着除去するとき 100 kg の活性炭により 1 回に最高何 m^3 の空気が処理できるか。また，この空気を吸着処理する活性炭固定層で定形吸着帯が生じるとき，吸着帯の進行速度 v_f はいくらか求めなさい。ただし，活性炭のかさ密度を 420 kg/m^3，空気の空塔速度を 0.282 m/s，全圧 1 atm とする。[ヒント：atm から濃度を求める]

5・33 トルエン-活性炭の系で，例題 5・19 にならって 303 K における破過時間を求めなさい。ただし吸着平衡は $K=2.99 \times 10^3$ m^3/kg，$q_\infty=0.388$ kg/kg としたラングミュア式に従うものとし，$K_F a_v$ は 298 K の値を用いてよい。またその他の数値も例題 5・19 と同じ値を用いなさい。

5・34 メチルエチルケトン(MEK)を活性炭の固定層を用いて吸着回収したい。298 K で，$\bar{u}=0.30$ m/s，$\gamma=355$ kg/m^3，$C_0=6.45 \times 10^{-3}$ kg/m^3 とした実験から，$\Delta t=t_E-t_B=23.4$ min が得られた。この系の吸着等温式は $K=5.14 \times 10^3$ m^3/kg，$q_\infty=0.304$ kg/kg としたラングミュア式でよく近似される。$Z=0.50$ m としたときの破過時間，吸着帯長さ，$K_F a_v$ を求めなさい。[ヒント：式(5・122)，式(5・124)を用いる]

5・35 MEK 蒸気を含む空気(298 K，1 atm，$C_0=8.00 \times 10^{-3}$ kg/m^3-air)を，層高が 0.30 m の活性炭固定層(カサ密度 380 kg/m^3)に，流速 $u=0.20$ m/s で流して MEK を回収したい。操作は等温とし，平衡は前問に示されている。上と同一条件で行なった実験から $\Delta t_{0.9-0.1}=23.0$ min．となった。これより（1）吸着帯(物質移動帯)長さ $Z_a=u\Delta t/\beta\gamma$，（2）安全上(1)で得られた Z_a の 2 倍の値を用いるとして破過時間 $t_B=t_0[1-(Z_a/2Z)]$ を求めなさい。また（3）ベータガンマ($\beta\gamma$)はどのようなことを表わす値か簡単に記しなさい。[ヒント：5・34 と同様]

5・36 ラングミュア式を用いて式(5・124)の計算を行なってみなさい。[ヒント：$r=1/(1+KC_0)$ の置換を行なうとよい]

5・37 フェノール 50 ppm (g/m^3)を含む水溶液を，充填層高 3.0 m の活性炭カラムに $SV=2[1/h]$ で通液しフェノールを吸着除去させたところ，$\Delta t=t_{0.9}-t_{0.1}=14$ day であった。吸着平衡は例題 5・18 のフロインドリッヒ式で表わされる。$\gamma=434$ kg/m^3 のとき，（1）吸着帯長さ，（2）破過時間，（3）移動単位高さ，（4）吸着剤の有効利用率を求めなさい。[ヒント：(4)の算出には式(5・123)を用いる]

（調　湿）

5・38 303 K，1 atm，絶対湿度 0.02 kg-H_2O/kg-乾き空気の条件にある容積 50 m^3 の密閉室内に，ある量のシリカゲルをおいて放置したところ，シリカゲルの質量が 1 kg だけ増加した。最後の状態における空気の湿度はいくらか。絶対湿度および相対湿度で答えなさい。ただし温度変化はないものとする。

5・39 乾球温度 323 K，湿球温度 303 K における空気の露点は何 K か求めなさい。

5・40 温度 303 K，絶対湿度 0.008 0 kg-H_2O/kg-乾き空気 の空気から断熱増湿によって温度 343 K，絶対湿度 0.030 kg-H_2O/kg-乾き空気 に増湿するのに 369 K まで予熱した。このときの増湿効率はいくらか。また，断熱増湿後の再加熱に必要な熱量は最初の空気 1 000 m^3 あたりいくらになるか求めなさい。[ヒント：例題 5・21 参照]

問　題

(乾　燥)

5·41　乾燥器の型式を選定するにあたって留意すべき事項をあげ，実例をあげて論じてみなさい。

5·42　ある湿り材料 100 kg を乾量基準の含水率 50％ から 20％ まで乾燥するのに 3 h を要した。恒率乾燥としてその乾燥速度 [kg/h] を求めなさい。

5·43　ある乾燥器で熱風が板状材料に平行に流れるとき，伝熱係数 h [kJ/m^2·h·K] は $h=0.059\,G^{0.78}$ で与えられる（G は熱風の質量速度 [kg/m^2·h] である）。温度 106 ℃，絶対湿度 0.014 kg-H$_2$O/kg-乾き空気の熱風を材料に平行に 2.2 m/s の流速で流すときの乾燥速度 [kg/m^2·h] を求めなさい。[ヒント：まず熱風の質量速度を求め，それから h を計算する。つぎに例題 5·24 と同様にして乾燥速度を求める]

5·44　乾量基準の含水率 $W=30.0\%$ の食品 10.0 kg を湿量基準で含水率 $w=5.0\%$ となるまで乾燥した時の製品量を求めなさい。また，乾燥固体の比熱容量を 1.17 kJ/kg·K，水の比熱容量を 4.18 kJ/kg·K とし，水の蒸発潜熱を 2340 kJ/kg とする。いま，この食品を 298 K から 338 K に加熱・乾燥する。必要な熱量を計算しなさい[ヒント：乾燥固体の量を一定として W，w から水の蒸発量を算出。熱量は顕熱と潜熱の和として計算する]。

(共通問題)

5·45　図や式を用いて次の用語を説明しなさい。（どのような分離操作に関するものか，用語の利用法，あるいは計算法など）

(1) 粒子レイノルズ数，(2) 流体境膜物質移動係数とその計算式，(3) 相対揮発度，(4) 共沸蒸留，(5) フェンスキの式，(6) マッケーブ-シーレ法，(7) 泡鐘塔，(8) 還流比，(9) 総括物質移動係数，(10) 向流接触型ガス吸収装置の塔高の計算式と式中の各項の意味，(11) 操作線，(12) 絶対湿度と相対湿度，(13) 凍結乾燥，(14) 空気分離(窒素，酸素の分離)の方法，(15) シャーウッド数

6

固体および分散粒子の分離・混合操作と装置

　化学プロセス工業では，（1）固体原料を砕いて適当な大きさにする，（2）種々の粒径をもつ粒子群を分けて粒径のそろったものにする，（3）気体中に懸濁した固体微粒子を分離捕集し，気体を浄化する，（4）液中に懸濁した固体粒子を捕集したり沪過により清澄な液を得るなどという操作が行なわれている。これらの操作に共通することは，固体粒子の化学的性質を変えずに流体から分けたり，粒子群の粒径を変えることである。したがって，それぞれの操作に適した装置を選び操作方法をきめることが重要である。

　本章では，はじめに固体微粒子の性質を説明する。すなわち，上記(1)～(4)の操作について，主に粉粒体の性質，重力の影響が大きい状態での粒子の沈降，粒子層における流体の透過をとり上げ操作，装置形式を説明する。なお，最近進展の著るしい水処理に関連した凝集，沪過については，やや詳しく述べる。

6・1　はじめに

　化学工業では，比較的大きな固体の塊状原料を以後の処理に適した大きさまで砕いて粒子の大きさをそろえる操作が広く行なわれている。また，気体や液体中に分散した固体粒子を回収または除去し，有用な成分を回収し，気体や液体の浄化を行なう操作も数多く行なわれている。また，これと逆に種々の固体と液体を混合し，ねっか(捏和)してペースト状の捏和物をつくり，成形造粒する例も多くなってきた。

　これらの諸操作では，固体粒子は形や大きさが変わるだけで化学的な変化を起こさないことが多いので機械的操作(mechanical operations)とよばれる。鉱石処理と精錬，建設業におけるコンクリート製造，環境保全関連技術のうち大気汚染防止，水処理，廃棄物処理など，その他われわれの日常生活における

6・1 はじめに

表 6・1 機械的操作の分類，原理と問題点

扱われる系	目的	操作名	最初の状態	目的物（最終製品）	原理	問題点
気-固	分離	集塵	固体粒子が気体中に分散	固体または清浄気体	1. 重力または慣性による集塵 2. 遠心力による集塵 3. 沪過 4. 静電気利用 5. 液による洗浄（スクラビング）	① 粒径，粒の性質による操作の選択 ② 除去限界の確認
液-固	濃縮，分離	沈殿濃縮	固体粒子が液体中に分散または粒子中に液体が存在	濃縮された分散粒子または液体	重力による沈降	効率を考えて装置型式，規模の選定。助剤，凝集剤などの添加
液-固	濃縮，分離	沪過	固体粒子が液体中に分散または粒子中に液体が存在	濃縮された分散粒子または液体	加圧，または重力による分離	効率を考えて装置型式，規模の選定。助剤，凝集剤などの添加
液-固	濃縮，分離	遠心分離	固体粒子が液体中に分散または粒子中に液体が存在	濃縮された分散粒子または液体	遠心力利用。付着を防ぐ	効率を考えて装置型式，規模の選定。助剤，凝集剤などの添加
液-固	濃縮，分離	圧搾と脱水	固体粒子が液体中に分散または粒子中に液体が存在	濃縮された分散粒子または液体	固体粒子層の圧縮	効率を考えて装置型式，規模の選定。助剤，凝集剤などの添加
固体	粒度調整	粉砕	塊または大きな粒	粒度の小さい粉または粒	圧縮，衝撃，摩擦などの機械的エネルギー賦与	粒径，硬さなどによる形式選定
固体	分級	ふるい分け 沈降ほか	粒度の異なる粒粉の混合	粒度別の粉，粒	粒径，粒子の性質による形式選定	固体の性質に依存する（密度，付着性など）
固体	混合	固体混合	粒度のそろった粉，粒	均一な混合物	容器中で攪拌または容器ごと回転させる	効率，連続か回分方式か
液-固	造粒（成形）	造粒（成形）	原料別，粉，粒ときに液体バインダー	成形された固体粒，またはブロック	バインダー混合による粘着または加圧による成形	均質な粒を得ること。成形，混合技術
液-固	液-固混合物の混合。 液-固混合物のねり合せ	混合 捏和	粉粒，液体	均一な液-固混合物	容器中で攪拌または容器ごと回転	混合物の組成，粘度に応じた攪拌方法，容器の選定

洗濯物の脱水，食品の取扱いなどもこれらの機械的操作と関連が深い．

第5章の成分分離の諸操作の基礎はおもに相平衡と物質移動であるが，本章に述べる機械的操作の基礎は，固体粒子の性質，流体中における粒子の運動，粒子層と流体との相互作用により起こるいろいろな現象，たとえば粒子充塡層における圧力損失，流動化，付着などを適切に数式で記述することである．

なお，固体粒子や流体を取り扱うために種々の装置が用いられるが，それら

表 6・2 廃水処理における機械的操作の役割

産業分野	廃水の種類	SS(懸濁微粒子)除去	溶存有機物(COD, BOD)	油分除去
食 品	発酵	◎	◎	○
	水産・畜産加工	◎	◎	◎
	油脂	◎	◎	◎
鉱 業	粘土	◎		
	金属	○		
パルプ・紙	クラフトパルプ	◎	○	
	抄紙	◎	○	
繊 維	染色	○	○	
	精練	○	◎	◎
化 学	石油化学	○	◎	○
	総合化学	○	◎	○
	製薬	○	◎	○
石 油	石油精製	○	○	◎
製 鉄	圧延	○	○	○
	酸洗	○	○	○
機械加工	めっき	○	◎	○
	洗浄	○	○	◎
公共サービス	下水	◎	◎	
	し尿	◎	◎	

廃水処理法	SS(懸濁微粒子)除去	油分除去
自然沈降・浮上	○	○
加圧浮上	○	○
凝集沈殿・浮上	○	○
沪 過	○	
遠心分離	○	

注）◎：最も重要，○：重要，無印：不要な場合もある

6・2 粉粒体の物性

6・2・1 粒径，粒度分布の表わし方

固体粒子を大きさで大別すると，塊(lump)，粒(granule)，粉(powder)となる。それぞれおよそ10 mm 以上，10 mm～0.1 mm，0.1 mm 以下の大きさに相当する。このように分類したとき，化学工業では粒や粉に相当する粒子(particle)が多く用いられていると考えてよい。そこで粒と粉をまとめて粉粒体(particulate materials)とよび，簡単には粉体という。

工業的に用いられる粉粒体の形は，一般に不規則であるから，粒子の大きさ（これを粒度または粒径(particle size)とよぶ）を表わすことは簡単ではない。表 6・3 には粒径のいろいろな表わし方を示した。

表 6・3 粒径の定義と表わし方

定義		名称	内容[a]（図 6・1(a)～(c) 参照）
長さ径	代表長さ径	短軸径（または短径） 長軸径（または長径） 厚み	$d_b = b$ $d_e = l$ t
	投影径	定方向径 定方向面積等分径	$d_G = b \sim l$ $d_M = b \sim l$
	軸平均径	2 軸平均径 3 軸平均径 調和平均径	$d_2 = (b+l)/2$ $d_3 = (b+l+t)/3$ $d_h = 3(1/b + 1/l + 1/t)$
相当径	円相当径	投影面積円相当径	$d_c = (4f/\pi)^{1/2}$
	球相当径	等体積球相当径 比表面積径 沈降速度球相当径（ストークス径）	$d_n = (6V_p/\pi)^{1/3}$ $d_m = 6V_p/S_p = 6/S_v$ $d_e = [18v_t \mu/g(\rho_s - \rho_f)]^{1/2}$
	ふるい粒子径	メッシュで表わすことが多い (例：#6～#8, 6/8)	普通 $\bar{d} = (d_x + d_y)/2$ を用いる（$=b \sim l$）

a) V_p：粒子1個の体積，S_p：1個の粒子の表面積，$S_v = S_p/V_p$，d_x, d_y：ふるい目の上限，下限の目開き寸法（表 6・5 参照）。

粒子群を代表するように分け取られた試料粒子の数百個またはそれ以上について測定した平均値が粒径として用いられる。1個1個の粒子を直接測定することは多くの場合 不可能に近いので，顕微鏡写真撮影により定方向径(図6·1(b)参照)を求めたり，ストークス径，比表面積径，ふるい粒子径などで粒径 d_p を表わす。一方，製粒された粒子は，ビーズ(beads；球状)，ペレット(pellet，円等形)など規則的な形をもつので，ふるい粒径のほか，直接測定される直径，長さが用いられる。

表6·4 に平均粒径のよび方と定義を示した。

粒子の形は形状係数(shape factor)で表わされる。つぎの四つはよく用いられる形状形数である。

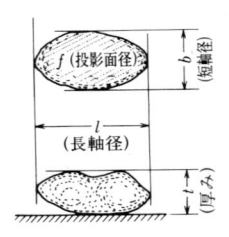

(a) 代表長さ径

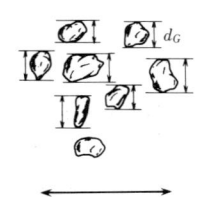

(b) 定方向径 d_G
(粒子はランダムに配置されたとして，たとえば矢印の方向にとった線分がはさむ粒子の輪郭の長さ)

(c) 定方向面積等分径 d_M
(たとえば矢印の方向にとった線分が，粒子の投影面を二分するようにする。そのときの粒子の長さ)

図 6·1 粒子径

表 6·4 平均粒径の表わし方と定義

名　称	式および記号[a)]		備　考
算術平均径	$\Sigma n_i d_i / \Sigma n_i$	$= d_1$ または d_a	個数基準の値
幾何平均径	$(d_1^{n_1} d_2^{n_2} \cdots d_i^{n_i} \cdots d_n^{n_n})^{1/n}$	$= d_g$	〃
調和平均径	$\Sigma n_i / \Sigma (n_i/d_i)$	$= d_{hw}$	質量基準の値
長さ平均径	$\Sigma n_i d_i^2 / \Sigma n_i d_i$	$= d_2$	面積基準の値
体面積平均径	$\Sigma n_i d_i^3 / \Sigma n_i d_i^2$	$= d_3$	個数基準の値
質量平均径	$\Sigma n_i d_i^4 / \Sigma n_i d_i^3$	$= d_4$ または d_w	〃
体積平均径	$(\Sigma n_i d_i^3 / \Sigma n_i)^{1/3}$	$= d_v$	〃
比表面積平均径	$6/S_v = 6/\rho S_w$	$= d_m$	
メジアン径		d_{med} または d_{50}	50% 粒径
モード径		d_{mod}	分布曲線上の最大頻度を示す径

a) d_i：粒径，n_i：個数，Σ：和。

6・2 粉粒体の物性

（1）表面積形状係数　　　$\phi_S = S_p/d_p^2$ 　　　　　　　　　(6・1)
（2）体積形状係数　　　　$\phi_v = v_p/d_p^3$ 　　　　　　　　　(6・2)
（3）比表面積形状係数　　$\phi = \phi_S/\phi_v = S_p d_p/v_p = S_v d_p$ 　(6・3)
（4）カルマンの形状係数　$\phi_C = 6/\phi = 6/S_v d_p$ 　　　　　(6・4)

ここに d_p は粒径，S_p, v_p はそれぞれ粒子1個の表面積および体積，また $S_v = S_p/v_p$ である。

例題 6・1　直径と長さが等しい円筒形の成形粒子がある。等体積球相当径 d_n，比表面積径 d_m，定方向径 d_G，形状係数を示しなさい。

【解】　$v_p = (\pi/4)d_p^3$，$S_p = (3\pi/2)d_p^2$ であるから $S_v = (6/d_p)$ となる。表6・3より

$$d_n = (6\pi d_p^3/4\pi)^{1/3} = (3/2)^{1/3} d_p, \qquad d_m = 6/S_v = d_p$$

$$\phi_S = 3\pi/2, \qquad \phi_v = \pi/4, \qquad \phi = 6, \qquad \phi_C = 1.0$$

参考までに，球の場合は $\phi_S = \pi$，$\phi_v = (\pi/6)$，$\phi = 6$，$\phi_C = 1.0$ である。

定方向径 d_G は粒子の配列により d_p から $\sqrt{2}\,d_p$ まで変化する。平均的には1と$\sqrt{2}$の中間の1.2をとって $d_G \cong 1.2 d_p$ と考えられる。

粉粒体の粒度分布 (particle size distribution) は，一般に図6・2のように粒径と個数または質量百分率の関係として示される。ある粒径より大きい粒子全体の個数または質量を順に表わした曲線を累積（分布）曲線とよぶ。ふるい分けして質量をはかったときはふるい上曲線とよぶ。この曲線の微分が図6・2に実線で示した粒度分布曲線である。

分布曲線を数式で表わしたとき，つぎの諸式のいずれかに適合する場合が多い。

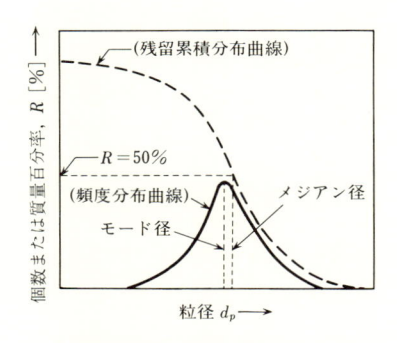

図 6・2　粒度分布を示す図

(1) ロジン-ラムラー(Rosin-Rammler)の式[1]
$$R(d_p)=100\,e^{-bd_p{}^n}=100\times10^{-b'd_p{}^n}=100\,e^{-(d_p/d_e)^n} \qquad (6\cdot5)$$
ここに $R(d_p)$ は粒径 d_p としたときのふるい上パーセント [%], n は均等数とよばれる定数で, d_e は粒度特性数, b, b' は物質の硬さ, 粉砕時間などによりきまる定数である。d_e に対応する $R(d_e)$ は 36.8% である。

式(6·5)の左辺と右側中辺の常用対数を2回とって整理すると
$$\log(2-\log R(d_p))=n\log d_p+\log b' \qquad (6\cdot5')$$
となるから, この分布に従う場合は, $\log d_p$ と $\log(2-\log R(d_p))$ は直線を示すはずである。

(2) ゴーダン(Gaudin)の式[2]
$$100-R(d_p)=P(d_p)=100(d_p/k)^m \qquad (6\cdot6)$$
ここに k, m は定数である。この分布に従うとき $\log P(d_p)$ と $\log d_p$ は直線関係となる。

(3) 対数正規分布式(logarithmic-normal distribution)

最も基本的な分布法則として正規分布(付録8参照)があるが, これは $-\infty$ まで分布するのでマイナスの粒子径が必要で不合理である。そこで $\ln d_p$ の正規分布が考えられた。これが対数正規分布であり, 粗粒側に尾を引き細粒側は0で終わる分布を良く表わすことができる。$0\sim d_p$ の粒子個数すなわち積算ふるい下を n とすると

$$n=\frac{\Sigma n}{\ln\sigma_g\sqrt{2\pi}}\int_0^{d_p}\exp\left(-\frac{(\ln d_p-\ln d_{50})^2}{2(\ln\sigma_g)^2}\right)d\ln d_p \qquad (6\cdot7)$$

$$\ln\sigma_g=\sqrt{\frac{\Sigma\{n(\ln d_p-\ln d_{50})^2\}}{\Sigma n}} \qquad (6\cdot8)$$

ここで平均径 d_{50} は 50% 通過粒子径(メジアン径)である。
$$\Sigma n=100$$
とおくと
$$R(d_p)=100-P(d_p)$$
$$=100-\frac{100}{\ln\sigma_g\sqrt{2\pi}}\int_0^{d_p}\exp\left\{-\frac{(\ln d_p-\ln d_{50})^2}{2(\ln\sigma_g)^2}\right\}d\ln d_p \qquad (6\cdot7')$$
さらに
$$\frac{\ln d_p-\ln d_{50}}{\ln\sigma_g}=t$$
とおくと, (ここに σ_g は幾何平均の標準偏差である)

---

1) P. Rosin, E. Rammler, *J. Inst. Fuel.*, **7**, 29(1923).
2) A. M. Gaudin, *Trans. Am. Inst. Met. Eng.*, **73**, 283(1926).

6·2 粉粒体の物性

$$n = 100\sqrt{2\pi} \int_{-\infty}^{t} \exp(-t^2/2)\, dt \tag{6·7''}$$

これは標準の正規分布であるから，正規分布表を用いて次のように d_{50} と σ_g が求められる。

上式より $t=0$ のとき
$$d_p = d_{50}$$

また $t=1$ のとき
$$\ln \sigma_g = \ln d_p - \ln d_{50} = \ln(d_p/d_{50})$$

正規分布の性質より $t=1$ のとき $n=84.13\%$（積算ふるい下）であるから

$$\sigma_g = \frac{\text{積算ふるい下 }84.13\%\text{ 径}}{50\%\text{ 粒子径}} = \frac{\text{積算ふるい上 }15.87\%\text{ 径}}{50\%\text{ 粒子径}}$$

あるいは $t=-1$ のとき $n=15.87\%$

$$\sigma_g = \frac{50\%\text{ 粒子径}}{\text{積算ふるい下 }15.87\%\text{ 径}} = \frac{50\%\text{ 粒子径}}{\text{積算ふるい上 }84.13\%\text{ 径}}$$

以上では個数分布を考えてきたが，質量分布との比較のためには両者の対応を考える必要がある。ハッチ[1]（Hatch）は

$d_p{}'$：質量基準の 50% 粒子径

$\sigma_g{}'$：質量基準の標準偏差

としてつぎの関係を示した。

$$d_{50}{}' = d_{50} \exp\{3(\ln \sigma_g)^2\} \tag{6·9}$$

$$\sigma_g{}' = \sigma_g$$

対数正規分布の場合，つぎの種々の計算結果が導かれる。

算術平均径

$$d_1 = \frac{\sum(n\, d_p)}{\sum n}$$

$$= \frac{\sum n}{\sum n \sqrt{2\pi} \ln \sigma_g} \int_0^{\infty} d_p \exp\left\{-\frac{(\ln d_p - \ln d_{50})^2}{2(\ln \sigma_g)^2}\right\} d\ln d_p \tag{6·10}$$

$$d_1 = d_{50} \exp\{0.5(\ln \sigma_g)^2\} \tag{6·10'}$$

平均表面積径

$$d_S = d_{50} \exp(\ln \sigma_g)^2 \tag{6·11}$$

体面積平均径

$$d_3 = d_{50} \exp\{2.5(\ln \sigma_g)^2\} \tag{6·12}$$

体積平均径

$$d_v = d_{50} \exp\{1.5(\ln \sigma_g)^2\} \tag{6·13}$$

比表面積

$$S_v d_{50}{}' = 6 \exp\{0.5(\ln \sigma_g)^2\} \tag{6·14}$$

写真 6·1 は，微粒子を固めた吸着剤の破砕断面の走査電子顕微鏡写真で，その微粒子の粒径分布が図 6·3 に示す対数正規分布となっていることがわかる。

セメントのような比較的やわらかい粒子では，粒径分布は式(6·5)にあてはまり，また多数の粉粒体のほか水溶液からの沈殿物などは式(6·7)に従うといわれる。なお実測データが式(6·5)，(6·7)に適合するか調べるための線図(グラフ)が考察されている。

写真 6·1 吸着剤(分子ふるいカーボン 5A)の走査型電子顕微鏡写真

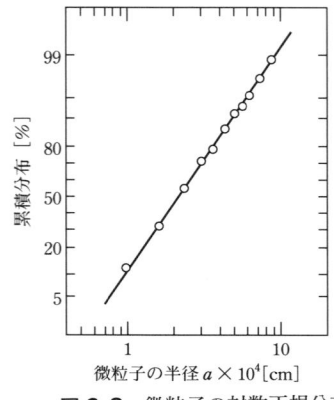

図 6·3 微粒子の対数正規分布

6・2・2 粒径，粒度分布の測定

粒径および粒度分布の測定法はいろいろあるが，代表的な二三の方法をここで説明する。

（a）ふるい分け法 これは数 mm～44 μm（325 メッシュ），およびそれ以下の区分をふるい分けして質量分率で示す方法である。図 6・4 に示すようなふるい振とう機（シェーカー）に 4～6 個の標準ふるいを重ね，最上段のふるいに試料 50 g 程度を加え，10～30 min 程度振とう（横方向にふり，上下動を加える）する。終了後各段のふるいに残る試料の量をひょう量する。最下段の容器は，ふるい下を収める。粒度分布は，たとえば次表のように示す。なお標準ふるいの寸法を表 6・5 に示した。

ふるい目（粒度区分）	♯50 上	60～100	100～200	200～325	325 下
質量 %	0.1	20.3	50.5	14.1	15.0

（b）沈降法 流体（気体や液体）中を落下する沈降速度は粒子の粒径（または密度）によって異なることを利用して粒径（または密度の異なる粒子の組成）を知る方法である。

直径 d_p[m] の球形粒子 1 個が無限の広がりをもつ静止流体の中で重力の働きで沈降するとき，運動方程式は式（6・15）で表わすことができる。

$$(\rho_s \pi d_p^3/6)(dv/dt) = \rho_s g(\pi d_p^3/6) - \rho_f g(\pi d_p^3/6) - C_R(\pi d_p^2/4)(\rho_f v^2/2) \quad (6・15)$$

（粒子の質量×加速度）　（粒子に働く重力の項）　（浮力の項）　（≡R，流体の抵抗，$\pi d_p^2/4$ は粒子の投影面積）

ここに v は沈降速度 [m/s]，ρ_s は粒子の密度 [g/m³]，ρ_f は流体密度 [g/m³]，C_R は抵抗係数 [—]，g は重力の加速度 [m/s²] である。

式（6・15）を書き直すと次式が得られる。

$$dv/dt = (\rho_s - \rho_f)g/\rho_s - (3/4)C_R(v^2/d_p)(\rho_f/\rho_s) \quad (6・15')$$

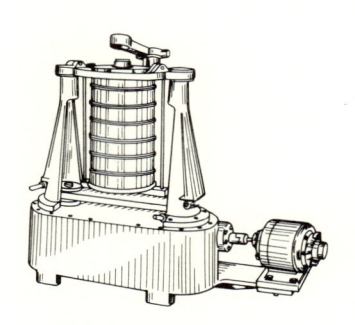

図 6・4　ふるい振とう機

右辺第1項は沈降速度 v に無関係に求められるが，第2項は実験からきめられる抵抗係数 C_R を含む．

ところで，粒子が静止流体中を沈降するにつれて速度は一定値に近づく，つまり $dv/dt=0$ となっていくことが知られ，そのとき $v_t=v$ を終末速度とよぶ．

表 6·5 各国の標準ふるいのよび方と寸法[a]

日本		アメリカ				ドイツ	
JIS		Tyler		ASTM		DIN	
呼び寸法 [μ]	目開き [mm]	呼び寸法	目開き [mm]	ふるい番号	目開き [mm]	ふるい番号	目開き [mm]
				400	0.037		
44	0.044	325	0.043	325	0.044		
53	0.053	270	0.053	270	0.053		
62	0.062	250	0.061	230	0.062	100	0.060
74	0.074	200	0.074	200	0.074	80	0.075
88	0.088	170	0.088	170	0.088	70	0.09
105	0.105	150	0.104	140	0.105	60	0.10
125	0.125	115	0.124	120	0.125	50	0.12
149	0.149	100	0.147	100	0.149	40	0.15
177	0.177	80	0.175	80	0.177		
210	0.210	65	0.208	70	0.210	30	0.20
250	0.250	60	0.246	60	0.250	24	0.25
297	0.297	48	0.295	50	0.297	20	0.30
350	0.35	42	0.351	45	0.35	16	0.40
420	0.42	35	0.417	40	0.42	14	0.43
500	0.50	32	0.495	35	0.50	12	0.50
590	0.59	28	0.589	30	0.59	10	0.60
710	0.71	24	0.701	25	0.71	8	0.75
840	0.84	20	0.833	20	0.84	6	1.00
1 000	1.00	16	0.991	18	1.00	5	1.20
1 190	1.19	14	1.168	16	1.19	4	1.50
1 410	1.41	12	1.397	14	1.41		
1 680	1.68	10	1.651	12	1.68	3	2.00
2 000	2.00	9	1.981	10	2.00	2	2.50
2 380	2.38	8	2.362	8	2.38		3.00
2 830	2.83	7	2.794	7	2.83		4.00
3 360	3.36	6	3.327	6	3.36		5.00
4 000	4.00	5	3.962	5	4.00		
4 760	4.76	4	4.699	4	4.76		
5 660	5.66	3.5	5.613	3.5	5.66		

a) JIS：日本工業規格（Japanese Industrial Standard）の略称．JISによる目開きの値は ASTM 値に近い．
Tyler：アメリカ タイラー社の規格．
ASTM：American Society for Testing Materials（アメリカ材料試験協会）規格の略称．
DIN：Deutsche Industrienorm（～ung）ドイツ工業規格の略称．

6·2 粉粒体の物性

粒子は流体中でその運動状態に応じた抵抗をうけるが，それが最終的に粒子に働く重力と釣り合うことによる。

上記の抵抗係数 C_R と粒子レイノルズ数 $Re_p (=d_p v \rho_f/\mu)$† の関係は理論と実験の両面から検討され，図6·5[1]に示すように表わされた。図から明らかなように，Re_p が小さい領域では C_R は Re_p の -1 乗に比例して低下し，Re_p の増加につれてしだいに一定値に近づく傾向を示す。結局 Re_p の領域によりつぎの三つの式で近似される。なお式(6·15)の右辺第3項(流体抵抗 R)も併記した。

$$Re_p < 2 \quad \begin{cases} C_R = 24/Re_p \\ R = 3\pi\mu v d_p \end{cases} \quad \text{(ストークスの法則)} \tag{6·16}$$

$$2 < Re_p < 500 \quad \begin{cases} C_R = 10/\sqrt{Re_p} \\ R = (5\pi/4)\sqrt{\mu \rho_f v^3 d_p^3} \end{cases} \quad \text{(アレンの法則)} \tag{6·17}$$

$$500 < Re_p < 10^5 \quad \begin{cases} C_R = 0.44 \\ R = 0.055 \pi \rho_f v^2 d_p^2 \end{cases} \quad \text{(ニュートンの法則)} \tag{6·18}$$

抵抗力を示す式は括弧内に示した名でよばれている。

なお，粒子が流動する媒体中でうける力は，式(6·16)～(6·18)の速度 v の代わりに相対速度 $v-u$ (u は流体の速度)をとればよいことは明らかであろう。

これらの式と，実験的に知られる粒子の終末沈降速度(terminal settling velocity)から粒径が算出できる。これが沈降法による粒径測定の原理であって，実験室的には自然沈降によってストークスの法則から相当径を求めてい

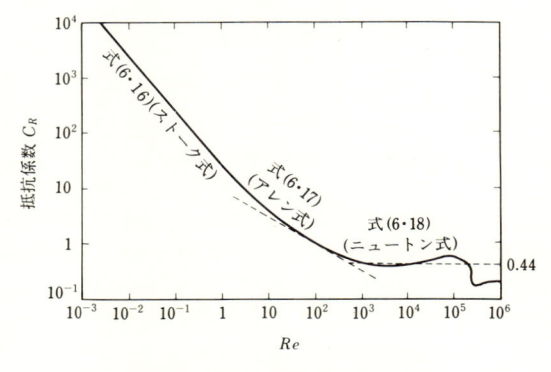

図 6·5 Re_p と抵抗係数 C_R の関係

---

† ここでは流体の線流速の代わりに粒子の沈降速度 v をとっている。

1) H. Rouse, Report of the Committee on Sedimentation, 1936-37, National Research Council, 57 (1937).

る。相当径とよぶ理由は，粒子の形状を球として算出するからである。なお，粉粒体の分級のためにも，粒子の終末速度を知ることは重要である。

例題 6・2 図6・6に示す沈降管（アンドリアゼンピペット　Andreasen pipet）に真密度 $2.30\,\mathrm{g/cm^3}$ のシリカ粉末を $3.000\,\mathrm{g}$ とった。これを少量の分散剤（界面活性剤）を含む $600\,\mathrm{cm^3}$ の水に添加し，よく撹拌した。沈降管を静置し，$t=6.0\,\mathrm{min}$ 経過後ピペットの上部を吸引し液だめに $10\,\mathrm{cm^3}$ の液をとり，受器に移して乾燥後の残量をはかったところ 33 mg であった。採取試料の粒径，組成をストータスの式によって求めなさい。実験温度は $20.0\,^\circ\mathrm{C}$，ピペットの基線（液吸いこみ口の面）と標線（液面）間は $h=18.5\,\mathrm{cm}$ 。

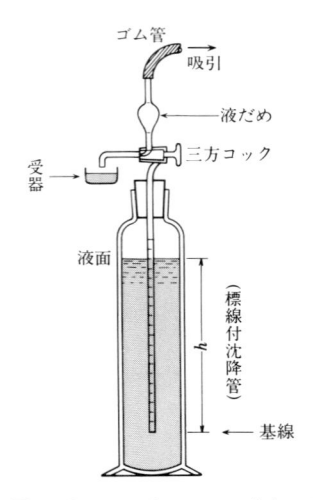

図 6・6 アンドリアゼンピペット

【解】　粒子はすみやかに終末速度 v_t に達し，以後一定速度で沈降が行なわれたとして
$$v_t = h/t = 18.5/6.0\times 60 = 0.051\,\mathrm{cm/s}, \quad \rho_s = 2.30\,\mathrm{g/cm^3}, \quad \rho_f \cong 1.00\,\mathrm{g/cm^3}$$
$$\mu = 0.010\,\mathrm{g/cm\cdot s}$$
はじめの固体濃度は
$$3.00/600 = 0.0050\,\mathrm{g/cm^3} = 5.0\times 10^{-3}\,\mathrm{g/cm^3}$$
式(6・15′)で $dv/dt=0$，$v=v_t$ として変形し，また，式(6・16)から
$$(3/4)C_R v_t^2 \rho_f / d_p \rho_s = (\rho_s - \rho_f)g/\rho_s \tag{6・15″}$$
$$C_R = 24/(d_p v_t \rho/\mu) \tag{6・16′}$$
両式を整理して次式が得られる。このとき，粒径 d_p はストークス径 (d_e) とよばれる。
$$d_p = \sqrt{18\mu v_t/g(\rho_s-\rho_f)} = \sqrt{18\mu h/g(\rho_s-\rho_f)t} \equiv d_e \tag{6・19}$$

6・2 粉粒体の物性

上記の数値を代入して

$$d_p = \sqrt{(18)(0.010)(0.0514)/(980)(2.30-1.00)} = 2.69\times10^{-3}\,\text{cm} = 26.9\,\mu\text{m}$$

これより，6 min 後には 26.9 μm 以上の粒径をもつ粒子は基線より下に沈降したから，26.9 μm 以下の径の粒子の重量をはかったことになる。固体濃度はつぎのようになる。

$$33\times10^{-3}/10 = 3.3\times10^{-3}\,\text{g/cm}^3$$

したがって 26.9 μm 以上の粒子の質量分率は全体の

$$1-(3.3/5.0) = 0.34 \quad (34\%)$$

こうして時間対固体粒子(残留)濃度を知れば粒度分布(質量割合)が求まり，図 6・2 のような分布曲線が得られる。(ここでは粒子が小さいので CGS 単位を用いた。)

工業的に沈降法を利用して粒径を決定するには，光透過法や沈降天びんが用いられる。

(c) **透過法** 粉粒体の充塡層を流体が流れるときの流体の流速と圧力損失から充塡層を形成する粉粒体の比表面積が知られる。これは 1938 年にカルマン[1] によって提唱され，幾人かの研究者の改良によって今日確立された方法となった。

砂層を通る流体の流速(空塔線流速) u[m/s] は，層における圧力差 Δp [単位はたとえば mmHg] に比例し，層の厚さ L[m] に反比例することをダルシー(Darcy)は実験で確かめた。

$$u = Q/A = K\Delta p/L \tag{6・20}$$

ここに A は断面積[m²]，Q は流量[m³/s]，K は比例定数である。この式はダルシーの(透過の)法則とよばれ，砂ばかりでなく，他の粉粒層，多孔板，高分子の膜を通しての透過(permeation)にも適用できる。

一般に粒子充塡層における流体の流れは層流であり，透過の抵抗は主として流体の粘性により起こるので，$K = k_p/\mu$ として式(6・20)を書き換えた式(6・20′)が用いられる。k_p は透過係数(permeability)とよばれる(K も透過係数とよばれる)。ただし，圧力の表わし方は必ずしも統一されていない。

$$u = k_p\Delta p/\mu L \tag{6・20′}$$

コゼニー(Kozeny)[2] は粉体の充塡層を毛管の集りと考え，式(3・18)を用いて式(6・20)を液体が等温下で粉体充塡層を通過する層流に拡張した(式(3・36)，(3・37)参照)。カルマンはコゼニーの理論式が粒状物質の充塡層における気体の透過によく適合することを明らかにし，粉粒体層の比表面積と透過係数の関係を表わす式(6・21)を導いた。

---

1) P. C. Carman, *J. Soc. Chem. Ind.* (*London*), **57**, 225(1938); **58**, 1(1939).
2) J. Kozeny, *S. B. Akad. Wiss. Wien. Abt.* IIa, **136**, 271(1927).

$$k_p = \varepsilon^3 / k_0 S_v^2 (1-\varepsilon)^2 \tag{6・21}$$

ここに ε は粉体層の空間率, k_0 はコゼニー定数(粒子間の間隙の曲りの補正係数)で一般に5.0とする, S_v は比表面積 $[cm^2/cm^3]$ ($= \rho_s S_w$, S_w は粉粒体単位質量あたりの表面積 $[cm^2/g]$)である。

これらのことから, コゼニー-カルマン(Kozeny-Carman)の式とよばれる透過の基本式が得られる。この結果から, 粉体層の比表面積 S_v を求める次式が得られる。

$$S_v = \sqrt{\frac{\Delta p A t}{k_0 \mu L V} \cdot \frac{\varepsilon^3}{(1-\varepsilon)^2}} \cong 14 \sqrt{\frac{\Delta p' A t}{\mu L V} \cdot \frac{\varepsilon^3}{(1-\varepsilon)^2}} \tag{6・22}$$

ここに V は時間 $t[s]$ 中に透過した流体の量 $[cm^3]$ である。$\varepsilon = 1 - (W/\rho_s A L)$ であり, W は粉体の質量である。多孔質体でない限り ρ_s(粒子の真密度(粒子密度))を求めるのは容易で, 式(6・22)は広く層流域で用いられる。なお, $\Delta p'$ は圧力差を cmHg から cmH_2O(水柱)に換算した値であるが, 式(6・22)を CGS 単位系にするよう, $g = 980.665 cm/s^2$, $k_0 = 5.0$ として $\sqrt{980.665/5.0} \cong 14$ という係数が現れている。この値は物質によっても, また空間率 ε によっても多少変わるといわれているが, 普通の粉体($\varepsilon = 0.3 \sim 0.6$)ではおよそ正しい。

6・2・3 粉粒体の性質

粉粒体を取り扱う上で問題となる重要な性質にはつぎのものがある。

（1） もっぱら固体の性質に基づく性質——硬さ, 粒子密度

硬さは粉砕における所要動力, 輸送のさいの管の摩耗などに影響を及ぼす。粒子密度 ρ_s は流体中の粒子の運動において問題となる。

（2） 粉粒体の充填層に関する性質——空間率, かさ密度

これらは粉粒体の貯蔵や粉粒体層を通る流体の流れにおける圧力損失に関係をもつ。かさ密度は測定が容易なこともあり, よく用いられる数値である。

（3） 粉粒体層の力学的性質——粉対圧と安息角

安息角(angle of repose)とは, 図6・7(a)のように粉粒体が堆積したとき自然につくられる斜面と水平面との間の角 ϕ_r のことであって, 粉体の流動性を表わす目安である。普通の粉粒体では ϕ_r は $30 \sim 45°$ である。はかり方は簡単で, (a)のほか(b), (c)のように容器内に残るときの面のつくる角度を測定すればよい。

安息角は粉粒体の一つの性質ではあるが, 粒度分布, 粒子のぬれ加減などで異なるので物性というほど厳密なものではない。粉体を貯蔵した容器の底面や側面にかかる圧力(粉体圧)は液体の場合と異なり一様ではなく, 安息角によって変わる。

6・2 粉粒体の物性

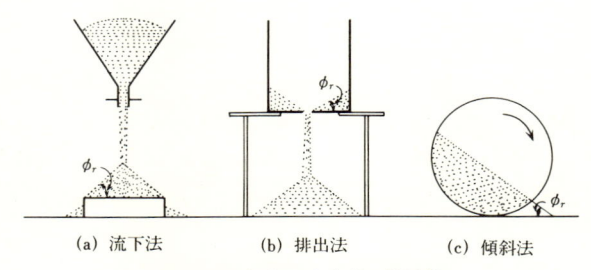

図 6・7 粉体の安息角の測定法
(a) 流下法　(b) 排出法　(c) 傾斜法

（4） 粉粒体の動的性質——粉体の流動性，流体中における粒子の運動，粉粒体層中における流体の流れの性質

ホッパーから粉粒体を供給するとき，流出速度に粉粒体の流動性が関係する。流体中での粒子の運動は，分級や粒度分布測定のため重要である。粉粒体層中の流体の流れの抵抗は沪過操作で重要であるばかりでなく，粒子充填層を用いるいろいろな操作に関係する。

（5） 粉粒体表面の性質——付着性，凝集性など

粉粒体表面の物理化学的性質，とくにぬれの状態は粉粒体が堆積する場合の力学的性質，たとえば前述の安息角や流動性に大きな影響を与える。付着性，凝集性が増すと粉粒体の取扱いが著しく困難となることは日常われわれが食品の保存などで経験するところである。

6・2・4 粉 体 圧

流体では任意の場所の圧力はすべての方向に同一である（これをパスカルの原理という。）が，粉体では加えられた圧力より小さい圧力が他の方向に生じ，直角な方向で最小になる。また加えられた圧力がある値以上になるとすべりを生ずる。

（1） モール円(Mohr stress circle)

図 6・8(a)に示すように厚み δ，斜辺の長さ l の直角三角形からなる微分断面を考える。加えた圧力を P_V とし，それに直角な方向の垂直圧を P_L としたとき，その面と角度 θ における面の圧力 P は，つぎのようにして求められる。P_V と P_L は P に加えて，斜辺に沿って働くせん断力 τ とつり合っている。図 6・8(b)に斜辺に沿った方向に P_V，P_L を分解して示してある。ここで斜辺に直角な力の成分のつり合いは

$$P \cdot \delta l = P_L \cdot \delta l \sin^2 \theta + P_V \cdot \delta l \cos^2 \theta \tag{6・23}$$

両辺を δl で割って単位面積あたりの圧力で表わすと

$$P = P_L \sin^2 \theta + P_V \cos^2 \theta = (P_V - P_L)\cos^2 \theta + P_L \tag{6・23′}$$

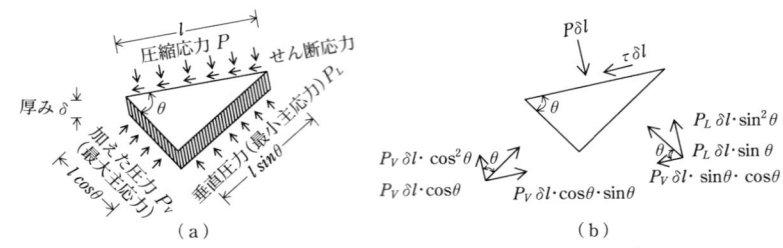

図 6・8 粉体圧解析のための微分断面と加えられる力

同じく斜辺に平行な力については
$$\tau = (P_V - P_L)\cos\theta \cdot \sin\theta \quad (6\cdot24)$$
倍角公式を使って
$$P = P_L(1-\cos2\theta)/2 + P_V(\cos2\theta+1)/2 \quad (6\cdot23'')$$
$$\tau = (P_V - P_L)(\sin2\theta)/2 \quad (6\cdot24')$$
これより
$$(P-(P_V+P_L)/2)^2 + \tau^2 = ((P_V-P_L)/2)^2 \quad (6\cdot25)$$

したがって，P と τ の値をパラメーター θ のすべての値に対してプロットすると，図6・9に示したように半径 $(P_V-P_L)/2$，中心が $P=(P_V-P_L)/2$，$\tau=0$ にある円となる。このような円をモール円と呼ぶ。$\theta=0$ のとき $P=P_V$，$\theta=90°$ のとき $P=P_L$ である。任意の θ のときの τ/P は横軸と OX とがなす角度の tan である。θ が 0 から 90° に変わるにつれて τ/P は最大値に達し，ついで減少する。最大値は OA なる切線のときで，ϕ は最大値 ϕ_i となる。図より

$$\sin\phi_i = \left(\frac{(P_V-P_L)/2}{(P_V+P_L)/2}\right) = \left(\frac{(P_V-P_L)}{(P_V+P_L)}\right) = \frac{1-K'}{1+K'} \quad (6\cdot26)$$

ここに $K'=P_V/P_L$ である。それはまた

$$K' = \frac{1-\sin\phi_i}{1+\sin\phi_i} = \tan^2\left(\frac{\pi}{4}-\frac{\phi_i}{2}\right) \quad (6\cdot26')$$

と書くこともできる。OA, OB は非付着性の粉体について P_V の任意の値に対するすべてのモール円の切線で，モールの破壊包絡線(Mohr rupture envelope)という。また，ϕ_i は内部摩擦角，その tan は内部摩擦係数である。

（2）容器内の粉体圧

粉体容器内の圧力は液体を入れた容器内の圧力の場合と異なり，粉体層高が直径の2〜3倍以上になると底に伝わらなくなる。いま，図6・10のような円筒容器を考え，(1) 深さ x における鉛直方向の圧力 P_V は，その水平断面において均一である。(2) 深さ x における器壁の単位面積あたりの摩擦力は，器壁に働く水平方向の粉体圧 $P_L=K'P_V$ に比例するとすれば，x と $x+dx$ の深さの

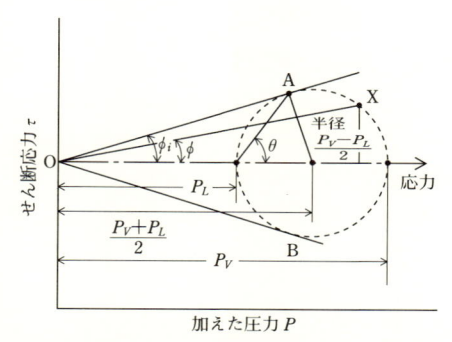

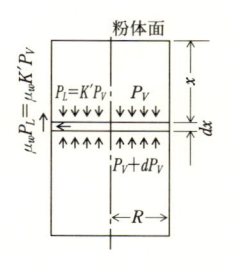

図 6·9 非付着性粉体に対するモール円

図 6·10 円筒容器内の粉体圧

間にある水平粉体層の力のバランスは，粉体のかさ密度を γ，壁との摩擦係数を μ_w として

$$\pi R^2 \gamma_g dx + \pi R^2 P_V = \pi R^2 (P_V + dP_V) + 2\pi R \mu_w K' P_V dx \tag{6·27}$$

$$\frac{dP_V}{dx} + \frac{2K'\mu_w}{R} \cdot P_V = \gamma \tag{6·27'}$$

この同次形の微分方程式を解くと次式が得られる。

$$P_V = \frac{R\gamma_g}{2K'\mu_w} \cdot \left\{1 - \exp\left(\frac{-2K'\mu_w}{R}x\right)\right\} \tag{6·28}$$

この式はジャンセン(Jansen)の式(1895) として知られている。

ここまで述べた粉体圧は，静止状態におけるいわば静的粉体圧力であるが，貯槽から粉体を排出するときや粉体層を撹拌するときの圧力(これを動的粉体圧(力)とよぶ)は条件によって変わり，この静的粉体圧の数倍に達する場合もある。

6·3 粉　　砕

　固体粒子に外部から機械的力を加えて砕いたり，すりへらして粒径の小さい粒子を得る操作を粉砕[†]とよぶ。粉砕の目的は第一に輸送，混合，固体抽出などに適した粒径まで小さくすること(size reduction)，および粒子集合体のもつ表面積を増して反応性を高めることなどである。普通は，粉砕につづき分級，集塵操作が行なわれる。粉砕は機械的エネルギー(動力)消費量が大きく，生産コストに比較的大きな影響を与えるので，以前から粉砕機の選定，所要エ

[†] 粉砕とは粉＝粉粒体を砕いて小さくすることを意味すると考えられる。破砕(crushing)，摩砕(milling)，微粉砕(pulverizing)と用語が変わる場合もあるが，一般には混用されている。

ネルギー推算に関心が高い．

　粉砕を機構で分けると，圧縮粉砕(ジョークラッシャー，ディスククラッシャーなど)，衝撃粉砕(ハンマーミル，ボールミルなど)，せん断粉砕(ロールミル)，摩擦粉砕(ひき臼，エッジランナーなど)に分けられ，得られるもの(砕製物)の粒度で分けると粗砕(80～40 mm 程度まで)，中砕(10～3 mm まで)，微粉砕(100 メッシュ以下)，超微粉砕(200 メッシュ以下まで，たとえばコロイドミルなどによる)となる．

6・3・1　粉砕に必要なエネルギー

　粉砕に要するエネルギー(粉砕エネルギー)E と，粉砕される粒子の径 d_p の関係は，いままでの研究結果から式(6・29)で表わされる．

$$dE = -K d(d_p)/(d_p)^n \tag{6・29}$$

ここに K, n は定数である．仕事法則とよばれる経験式は，式(6・29)の指数 n をかえることにより表わすことができる．

　(a)　**リッティンガーの法則**($n=2$)　式(6・29)で $n=2$ として粉砕前後の試料(それぞれ砕料(feed)，砕製物(product)とよばれる)の平均粒径を d_{p_1}, d_{p_2} により粉砕エネルギー E はつぎのように表わすことができる．

$$\int_0^E dE = E = -\int_{d_{p_1}}^{d_{p_2}} K_r \frac{d(d_p)}{d_p^2} \tag{6・30}$$

$$\therefore \quad E = K_r [(1/d_{p_2}) - (1/d_{p_1})] \tag{6・31}$$

粒径と比表面積 S は一般に反比例するので，式(6・31)から次式が得られる．

$$E = K_r'(S_{w_2} - S_{w_1}) \tag{6・32}$$

ここに K_r' は定数，S_{w_1}, S_{w_2} はそれぞれ d_{p_1}, d_{p_2} の粒径の粒子群の比表面積である．

　リッティンガー(Rittinger)は，粉砕に要する仕事は新しく生成する表面積に比例すると提唱した．これをリッティンガーの法則という．これは粉砕の効率が一定なら粉砕機，砕料をきめれば砕料および砕製物の粒度に関係なく仕事がきまることを意味する．したがって，式(6・32)はこの法則を表わしたものである．

　この法則は，あまり固くない砕料の中砕，微粉砕に適用でき，概略の所要エネルギーが求められる．

例題 6・3　ある粉砕機に平均粒径 $d_{p_1}=20$ mm の砕料を供給し，平均粒径 $d_{p_2}=5.0$ mm の砕製物が得られたが，粉砕所要動力は 10 t/h の処理量のとき 7.0 kW であった．同じ砕料から平均粒径 3.6 mm の砕製物を 8.0 t/h の割合で得るための所要動力 E を推算しなさい．ただしリッティンガーの法則が成立するとし，空転時の粉砕機の所要動

6・3 粉　　砕

力を 1.0 kW とする。

【解】　式(6・31)の定数 K_r を求め，与えられた条件下での正味の所要動力 E を求めればよい。

$$K_r=[(7.0-1.0)/10.0][(1/5.0)-(1/20.0)]=4.0\,\mathrm{kWh\cdot mm/t}$$

これより　$E/8.0=4.0[(1/3.6)-(1/20.0)]=0.91\,\mathrm{kW},\quad E=7.3\,\mathrm{kW}$

∴　所要動力＝7.3＋1.0＝8.3 kW

（b）**キックの法則**$(n=1)$　式(6・29)で $n=1$ とおくと粉砕エネルギー E は式(6・33)で与えられる。ここに K' は砕料，粉砕機構に関する定数である。

$$E=K'\ln(d_{p_1}/d_{p_2}) \tag{6・33}$$

これは「同一重量の砕料をとったとき，粉砕エネルギーは砕料の平均粒径には関係なく，ただ粉砕比 $R=d_{p_1}/d_{p_2}$ のみによってきまる」ことを表わす。これをキック(Kick)の法則という。この式(6・33)は，砕製物がたまることなくつぎつぎに除かれる場合(これを自由粉砕という)，あるいは硬い材料を粗砕する場合に成り立つという。

（c）**ボンドの法則**$(n=3/2)$　式(6・29)で $n=3/2$ とおくと粉砕エネルギーは次式で与えられる。

$$E=K''(1/d_{p_2}^{1/2}-1/d_{p_1}^{1/2}) \tag{6・34}$$

ここに K'' は定数である。

大きさ d_p の粒子を圧縮するとき，粒子に蓄えられる歪のエネルギーは粒子の体積，つまり d_p^3 に比例する。しかし，粒子に亀裂が生じると，この蓄えられたエネルギーは新しい表面の生成に消費されるようになる。これは d_p^2 に比例する。すなわち，不規則な形状の粒子を破砕するときは，歪のエネルギーは粒内に均一に分布せず，亀裂発生，破壊に消費され，したがって粉砕のエネルギーは d_p^2 と d_p^3 の中間のおよそ $d_p^{5/2}$ に比例する。また，単位容積あたりの粒子数は d_p^3 に反比例するので，単位容積の砕料を一定の粉砕比まで粉砕するためのエネルギーは，$d_p^{5/2}\times d_p^{-3}$ つまり $d_p^{-1/2}$ に比例すると結論され，式(6・34)が得られる。これがボンド(Bond)の考え[1]であって，式(6・34)の表わす内容をボンドの法則という。

ある砕料を無限大の大きさから，粒子群の80％通過に相当する径 $d_{p80}=100\,\mu$ まで粉砕するに要するエネルギーを仕事指数(working index for crushing) W_i と定義すると，式(6・34)から次式が導かれる。

$$W_i=K''/\sqrt{100}\quad[\mathrm{kWh/t}] \tag{6・35}$$

---

1) F.C. Bond, *Trans. AIME*, TP-3308 B & Mining Eng., 484, May (1952).

表 6·6 仕事指数 W_i

砕 料	密度[g/cm³]	W_i[kWh/t]	砕 料	密度[g/cm³]	W_i[kWh/t]
花こう岩	2.66	15.1	石 炭	1.40	13.0
ガラス	2.58	12.3	石灰石	2.66	12.7
ケイ砂	2.67	14.1	セメント原料	2.67	10.5
ケイ石	2.68	9.58	セメントクリンカー	3.15	13.5
コークス	1.31	15.1	長 石	2.59	10.8
黒 鉛	1.75	43.6	粘 土	2.51	6.30

種々の物質に関する W_i の値を表 6·6[1] に示した。W_i の算出には 80% 通過粒径を用いていることに注意を要する。

式 (6·34) に式 (6·35) を代入し $R = d_{p_1}/d_{p_2}$ とすると, 単位時間あたり単位質量の砕料を粉砕するに必要なエネルギーが求められる。ただし粒径の単位は [μ] である。

$$E = W_i [(1/d_{p_2}^{1/2}) - (1/d_{p_1}^{1/2})] \sqrt{100}$$
$$= W_i [(\sqrt{R} - 1)/\sqrt{R}] \sqrt{100/d_{p_2}} \qquad (6·36)$$

例題 6·4 石灰石の砕料 ($d_{p80} = 50.0$ mm) を $d_{p80} = 2.38$ mm まで粉砕したい。処理量 100 t/h として式 (6·36) により所要動力を求めなさい。

【解】 表 6·6 より $W_i = 12.7$ kWh/t, $R = 50.0/2.38 = 21.0$ を用いて
$$E = (12.7)(100)[(\sqrt{21.0} - 1)/\sqrt{21.0}]\sqrt{100/2380} \cong 200 \text{ kW}$$

6·3·2 粉 砕 機

粉砕機には種々の形のものがあるが, ここでは代表的なものをあげて説明する。

(a) ブレーキ(型)ジョークラッシャー(blake(-type)jaw crusher) 図 6·11 に示すように 2 枚の縦板があり, 左の固定板はほぼ垂直, 右側の可動板は垂直面にある角度をなすように配置されている。両板の表面に歯板が備えられている。右端のばねで両板の間隔が調整できる。フライホイールの回転が偏心軸を通してピットマンから可動板に伝えられ, 固定板との間に上方から供給された砕料をおもに圧縮により粗砕し, 下方に排出する。操作は間けつ的である。

(b) ジャイレイトリークラッシャー(gyratory crusher) 図 6·12 に示すように, 錐形のコンケーブに囲まれた破砕室に主軸に支持されたマントルが収められ, 主軸の回転により破砕される。偏心軸受(エキセントリックベアリン

---

1) F. C. Bond, *Trans AIME, Mining Branch*, **196**, 315(1953).

6・3 粉　砕

グ）により主軸は小さい円を描くように振れ，ヘッドマントルとコンケーブの距離，したがって下方の間隙の幅が変わり，それによりちょうどジョークラッシャーの往復運動と同様に下方への砕料の排出が行なわれる。主軸，したがってマントルの位置は下方より油圧をかけることにより調節される。この粉砕機では，連続操作が行なえる。

　　（c）　**ロールクラッシャー**(roll crusher)　　図6・13に一例を示すように，ロールの回転によりおもに圧縮および摩砕を行なうもので，図には，大きさの異なる歯を備えたものを示した。固定板との間の間隙から細かい砕製物が落ちる。二つの平滑なロールを備えたものもある。

　　（d）　**ディスククラッシャー**(disc crusher)　　図6・14に示すように，固定ディスクと回転ディスクを備えたもので，アトリッションミル(attrition mill)ともよばれる。容量は0.5〜8t/h，200メッシュ(74μ)以下の砕料が得られる。なお，粉砕時の熱発生による温度上昇を防ぐため，ディスクを水や油で冷却す

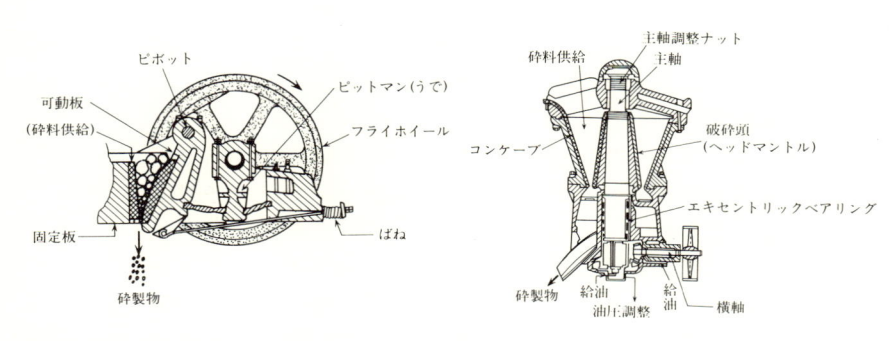

図6・11　ブレーキ型ジョークラッシャー

図6・12　ジャイレイトリークラッシャー

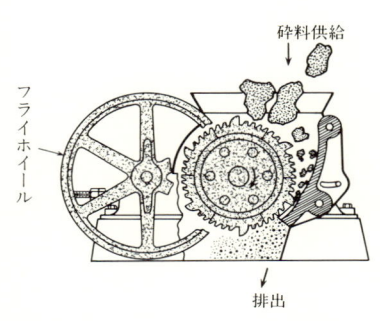

図6・13　ロールクラッシャーの一例
　　　　（シングルロールクラッシャー）

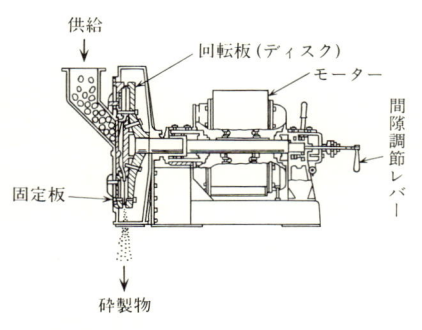

図6・14　ディスククラッシャー

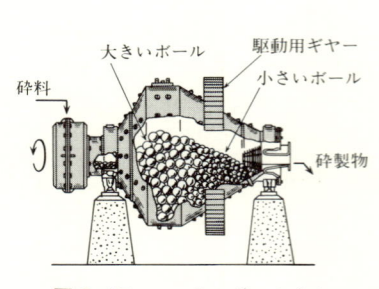

図 6・15 コニカルボールミル

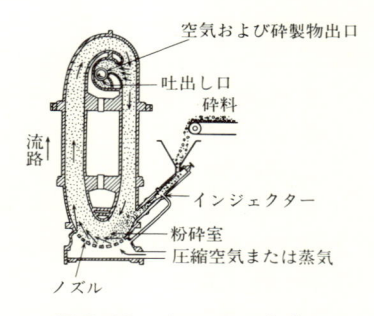

図 6・16 ジェットマイザー

ることもある。

(e) **回転(円筒型)ミル**(revolving mill) この型の粉砕機は、円筒または半円錐型容器に磁製または鉄製のボール、あるいは丸棒(rod)を入れて容器の回転によりボールやロッドの落下、すべりおちによる衝撃を利用して粉砕を行なうものである。充填するボールやロッドの容器全容積に対する割合は回分式で30～40%、連続式では30%以下の場合が多い。ボールの大きさは容器の大きさにもよるが、直径25～125mm程度である。図6・15はコニカルボールミルの模式図である。

(f) **ジェット粉砕機** ノズルから吹きこまれる高圧の空気または水蒸気が比較的微細な砕料を装置内にとりこむ。高速で運ばれる粒子どうしの衝突により粉砕が行なわれ、超微粉が得られる。図6・16にジェットオーマイザー(jet-o-mizer)の模式図を示した。このような超微粉砕機(ultrafine grinder)は、温度上昇なしに数μあるいはそれ以下の超微粉が得られる特徴を有し、反面、消費動力が大きい欠点ももつ。この型は近年急速に発達した粉砕機である。

6・4 分 級

粒度分布をもった粒子集合物を二つまたはそれ以上の粒度区分(fraction)に分けるには、(1)ふるい分け(screening)、(2)主として空気あるいは水などの流体中における粒子の沈降速度が粒径や粒子の密度の相違によって変わることを利用した分級(classification)などの方法が用いられる。粒度別に分ける操作を分粒(sizing)、密度の異なる粒子に分ける操作を分級(sorting)とよぶこともあるが、分級といえば狭義の「粒子群を粒度の異なる区分に沈降速度の差を利用して分ける操作」を意味する。

6·4 分　級

6·4·1 分級器

　分級に用いる装置を分級器(classifier)というが，それを方法，機構によって分類して表6·7に示した．分級の原理は6·2·2項(b)に述べたので，ここではいくつかの分級器を図によって説明する．

　（a）**重力分級器**(gravitational classifier)　図6·17(a), (b)に示すように水平流または垂直上昇気流によって細粒は運ばれ，一方粗粒は下方へ沈降する．これを風ひ(elutriation)装置という．

　（b）**遠心力分級器**　図6·18(a)はサイクロン(cyclone)とよばれる分級器である．粒子を含む空気がサイクロンの室内に接線方向で入ってくると，渦流によりしだいに分級され，粗粒は下方へ移り（沈降），細粒は空気に伴われて出口管より排出される．

　図6·18(b)は井伊谷式とよばれ，円錐体を備えた円盤状の室に接線方向に入る空気の流れが，円盤上部から供給される原料に旋回運動を与え，分離が生じる．

　（c）**サイザー**　図6·19はサイザー(sizer)とよばれる一種の水力分級器である．上方から原料が流下し，下方より加圧水が入って選別室内で粒径によ

表6·7　分級法および分級器の分類

(相)	総　　称	形式，操作の原理	例　（商品名を含む）
乾式 (気-固)	(風力分級器) a) 重力(式)分級器	水平流型 上昇流型	図6·17(a) 図6·17(b)
	b) 遠心力分級器 c) 慣性力分級器	強制渦型	エアセパレーター ホイッザー 回転篭型分級器
		自由渦型	サイクロン分級器（図6·18(a)） 井伊谷式気流分級器（図6·18(b)） ミクロプレックス スーパークラシファイヤー ファントンゲレン式分級器
湿式 (液-固)	a) 沈降分級器 b) 水力分級器	おもに重力沈降を利用 沈降方向と逆向きに水流を加える	アレン沈降円錐，スピッツカステン ドルコサイザー（図6·19）， リチャード渦流分級器
	c) 機械的湿式分級器	粗粒の洗浄，排出に機械力を利用	レーキ分級器，スパイラル分級器（図6·20）
	d) 遠心力湿式分級器	遠心力利用	液体サイクロン
			遠心分離機 ｛ 分離板型遠心分離機（図6·21(a)） デカンター型遠心分離機（図6·21(b)）

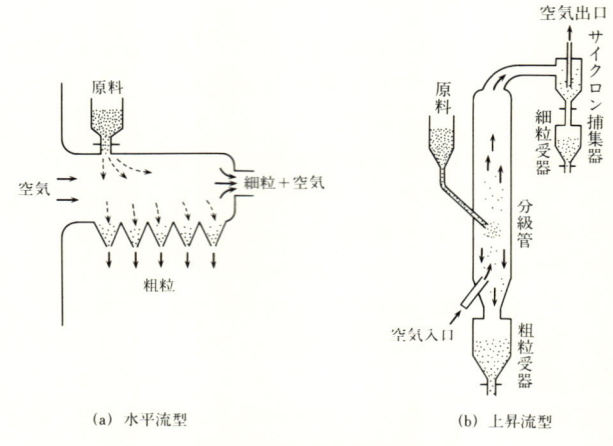

図6・17 重力分級器 (a) 水平流型 (b) 上昇流型

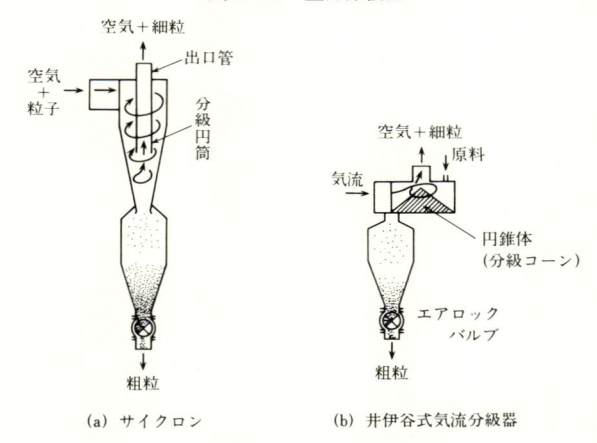

図6・18 遠心分級器 (a) サイクロン (b) 井伊谷式気流分級器

り沈降するものと，水といっしょにいつ流するものに分けられる。

（d） スパイラル分級器　図6・20はスパイラル分級器(spiral classifier)とよばれる湿式分級器の一種であって，比較的粒径の異なる粉粒体混合物，たとえば砂利と土の混合物を分ける場合に多く用いられる。原液は分級器の液だめの部分に静かに加えられると，粗粒は斜面をなす底部に入り，スパイラルによりかき上げられて排出され，細粒は液とともにいつ流する。

（e） 遠心分離機　遠心分離機(centrifugal separator)は今日では日常生活や実験室の操作で，脱水，液から固体粒子を分離する場合などにもよく用い

6・4 分級

図 6・19 サイザー

図 6・20 スパイラル分級器

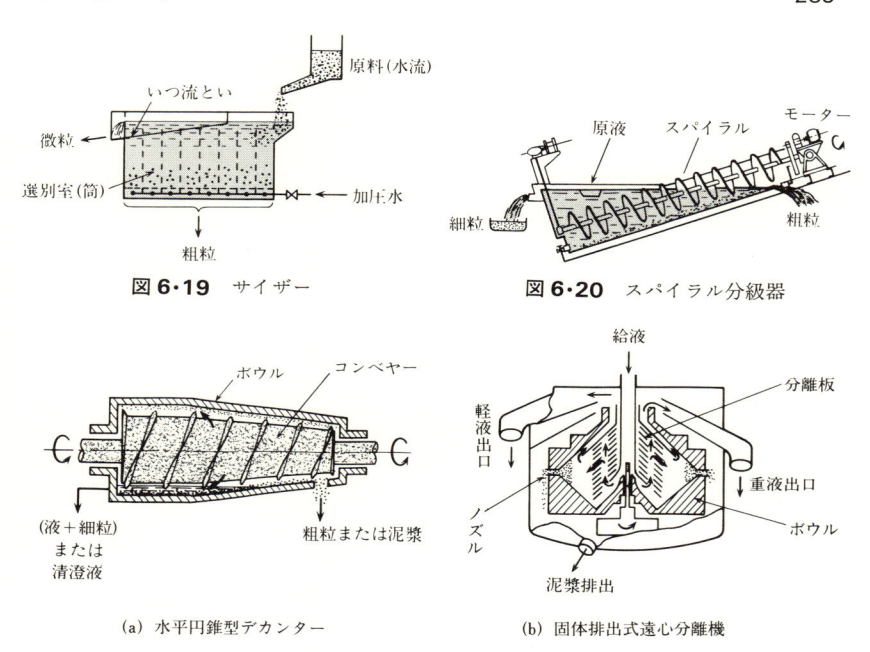

(a) 水平円錐型デカンター

(b) 固体排出式遠心分離機

図 6・21 遠心分離機

られている。

遠心分離器は大別すれば沈降機と沪過機に分けられる。沈降機（sedimentor）は分級に用いることができる。沈降機には（1）円筒型（縦型円筒が高速回転し，乳濁液などを軽液と重液の2成分に分ける），（2）分離板型，（3）デカンター型などがある。(1)は液の分離に関するものであるから，ここでは(2)，(3)を説明する。

図6・21(a)はデカンターとよばれる横型の遠心沈降機である。外側の容器（ボウル）と，それとわずかの差をもって回転するコンベヤーから成る。図の右側から固体粒子を含む液が供給されると，沈降分離が生じ，粗粒は右側から，細粒は左側から排出される。清澄（clarification）に用いることもあり，このときは右から泥漿（スラリー）が，左から清澄液が出てくる。なお，外形が図の円錐形のほか，円筒形のものもある。安息角の大きい粒子には円錐形が，また安息角が小さい可塑性をもつ物質には円筒形が用いられる。

図6・21(b)は円錐形の斜面をもつ分離板を備えたうえに，ボウル側面にあけられたノズル（小孔）から粗粒または泥漿を排出する形の遠心分離機である。液は中心部の管状の通路を降下し，分離板をへて上面から排出される。図には

液が重液(比重大の液)と軽液から成る場合の2液の分離機構も示されているが，沈降機として用いるときは細粒を含む液をまとめて取り出せばよい．

例題 6・5 図6・17(a)に示す水平流型重力分級器を用いて空気中に浮遊する44 μm 上の粒子を沈降分離したい．固体粒子の密度を$2.4\,\mathrm{g/cm^3}$とし，温度20℃，1 atmで風量$200\,\mathrm{m^3/min}$の空気を処理するに必要な最小の沈降室(settling chamber)容積を計算せよ．ただし空気の最大許容風速を3.0 m/sとする．また空気中の固体濃度を$2.0\,\mathrm{g/m^3}$とし，沈降室における最大の沈降負荷量$[\mathrm{kg/m^3 \cdot h}]$を求めなさい．

【解】 終末速度v_tを求めるために，式(6・16)～(6・18)のどれが使えるか考えてみる．垂直方向では初速度0であるから，当然，式(6・16)が用いられると考えられるが，念のためつぎの計算を行なってみる．

粒子レイノルズ数 $Re_p = d_p v_t \rho/\mu$ と式(6・19)から

$$Re_p = d_p^3 \rho_f g (\rho_s - \rho_f) /18\mu^2 = K^3/18, \quad K = d_p [\rho_f g(\rho_s-\rho_f)/\mu^2]^{1/3} \quad (6\cdot37)$$

$d_p = 4.4 \times 10^{-3}$ cm, $\rho_f = 1.21 \times 10^{-3}\,\mathrm{g/cm^3}$, $\rho_s = 2.40\,\mathrm{g/cm^3}$, $\mu = 1.80 \times 10^{-4}$ poise(付録6.の図から)を用いて

$$K = 1.96 \quad \therefore \quad Re = 0.418 < 2$$

終末速度v_tは，式(6・19)を変形した式(6・38)で与えられるので上の値を入れて

$$v_t = d_p^2 g(\rho_s - \rho_f)/18\mu \quad (6\cdot38)$$

$$v_t = 14.0\,\mathrm{cm/s} = 0.14\,\mathrm{m/s}$$

沈降室の容積$V_c\,[\mathrm{m^3}]$とすると，平均滞留時間(mean residence time)t_Rは次式で求められる．

$$t_R = V_c/(200/60) = 0.30 V_c \quad [\mathrm{s}]$$

垂直方向に$t_R\,[\mathrm{s}]$の間に粒子(44 μm以上)が沈降する距離$v_t t_R$が沈降室の高さ$h\,[\mathrm{m}]$に相当するので，床面積(幅×長さ)BLは次式で与えられる．

$$\left.\begin{array}{l} h = 0.30\,V_c v_t \\ BL = V_c/h = 1/0.30 v_t \end{array}\right\} \quad (6\cdot39)$$

上の値から $\qquad BL = 1/(0.30)(0.14) = 23.8\,\mathrm{m^2}$

沈降室の断面積(Bh)は，最大許容風速からきまる．

$$Bh = (200/60)/3.0 = 1.11\,\mathrm{m^2}$$

BL, Bhがきまるが，それぞれB, h, Lはこの関係を保ちつつ任意にきめうるので，$h = 1.0$ mとすると

$$幅\ B = 1.11\,\mathrm{m}, \qquad 長さ\ L = 21.4\,\mathrm{m}$$

したがって容積 $V_c = 1.0 \times 1.11 \times 21.4 = 23.8\,\mathrm{m^3}$

このときの最大負荷量は，$2.0\,\mathrm{g/m^3} = 2.0 \times 10^{-3}\,\mathrm{kg/m^3}$がすべて沈降したときであるから

$$2.0 \times 10^{-3} \times 200 \times 60/23.8 \fallingdotseq 1.0\,\mathrm{kg/m^3 \cdot h}$$

となる．

6·4·2 サイクロンの分離限界粒子径

種々の産業で集塵にしばしば用いられるサイクロンについて，分離可能な粒子径と操作条件の関係を考えてみる。

最も単純な考え方としてロジン，ラムラー(Rosin, Rammler)らは，入口から入った気流が入口形状のままで N 回転してから排出されると仮定した。つまり水平流型沈降槽の類推である。サイクロン円筒部直径 D, 入口幅 b, 入口平均風速 u_i として(図 6·22 参照)，半径 r の位置にある直径 d_p の粒子の円筒壁に向かう半径方向沈降速度は，粒子と気流の速度が等しいとして(ω：角速度)

$$\frac{dr}{dt} = \frac{r\omega^2(\rho_s - \rho_f)d_p^2}{18\mu} = \frac{(\rho_s - \rho_f)d_p^2}{18\mu} \cdot \frac{u_i^2}{r} \tag{6·40}$$

切線流入式のサイクロンの場合，時間 $t=0$ のとき $(D/2)-b$ の位置にある粒子が壁に達するまでの時間を考えて

$$\int_{(D/2)-b}^{D/2} rdr = \frac{(\rho_s - \rho_f)d_p^2 u_i^2}{18\mu} \int_0^t dt \tag{6·41}$$

$$\frac{(D/2)^2}{2} - \frac{\{(D/2)-b\}^2}{2} = \frac{(\rho_s - \rho_f)d_p^2}{18\mu} \cdot u_i^2 t \tag{6·42}$$

また，この時間 t の間に N 回転するとして

$$t = \frac{2\pi(D/2)N}{u_i} = \frac{\pi DN}{u_i} \tag{6·43}$$

$$\therefore \quad d_p = 3\sqrt{\frac{\mu b(D-b)}{(\rho_s - \rho_f)u_i \pi ND}} \tag{6·44}$$

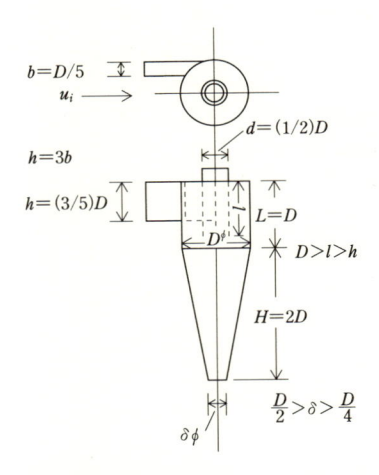

図 6·22 標準形式のサイクロン寸法比

したがって，この粒子径よりも大きい粒子はすべて壁に達することになり，最大分離限界粒子径が与えられる。一般には，$N=5$ とおいて計算することが多い。

しかし実用上は，部分分離効率曲線や実例を参照し，試験によって寸法や操作条件を決める方が確実である。

6・4・3 分級の効率

原料の供給量 F，製品の収量 P，原料中の目的成分（ここではある粒径より小さい粒子とする）の質量分率 x_F，製品中の目的成分の質量分率 x_P，不用分（リサイクルされる場合もあるが，とりあえず製品に対し不用分とよぶ）の量 R およびその中の目的成分の質量分率 x_R から，目的成分の回収率 η_r，目的成分でない成分の残留率 η_s は次式で表わせる。

$$\eta_r = Px_P/Fx_F \tag{6・45}$$

$$\eta_s = P(1-x_P)/F(1-x_F) \tag{6・46}$$

いま回収率と残留率の差を η_N とすると，これが分離の効率を表わす。この $\eta_N = \eta_r - \eta_s$ をニュートン効率とよぶ。すなわち

$$\eta_N = (x_F - x_R)(x_P - x_F)/x_F(x_P - x_R)(1 - x_F) \tag{6・47}$$

例題 6・6　ある粉砕機から排出された砕製物を風力分級し，80% を製品，20% をリサイクルしている。100メッシュ以下の微粒子を目的成分とし，$x_F = 0.648$，$x_P = 0.796$ であったとして η_r, η_N を求めなさい。

【解】　目的成分の収率は

$$\eta_r = (0.8)(0.796)/(0.648) = 0.983 \quad (98.3\%)$$

式 (6・47) の x_R は目的成分の物質収支からつぎのように与えられる。

$$Fx_F = Px_P + Rx_R \tag{6・48}$$

∴　$x_R = (Fx_F - Px_P)/R = [0.648 - (0.8)(0.796)]/0.2 = 0.056$

∴　$\eta_N = (0.648 - 0.056)(0.796 - 0.648)/[(0.648)(0.796 - 0.056)(1 - 0.648)]$
　　　$= 0.519 \quad (52\%)$

なお式 (6・48) と $F = P + R$ から

$$P/F = (x_F - x_R)/(x_P - x_R) \tag{6・49}$$

が得られるので，組成を調べることにより収率が求められる。

6・5 粉粒体の供給と輸送

　粉粒体は一般にホッパーとよばれる鋼製，プラスチック製などの容器に貯蔵される。ホッパー上部は円筒または角柱形で，下部は排出容易なように逆円錐または角錐型をしている。ホッパーから原料をつぎの工程へ供給するには，フィーダー(feeder)とよばれる装置が用いられる。流体輸送ではバルブとよばれる装置に相当するのがフィーダーであって，粉粒体の粒径や他の性質，供給速度などによってつぎに示した種々の型のものが用いられる。図6・18にいくつかの例を示した。

フィーダー ┬ 垂直供給型……ゲート，ロータリーフィダー，デーブルフィダーなど
　　　　　 │ （重力利用）
　　　　　 └ 水平供給型 ┬ 機械的力に　┬ ベルトフィダー，チェインフィダー，
　　　　　　　　　　　　 │ よるもの　　 └ スクリューフィダー
　　　　　　　　　　　　 ├ 往復運動，　┬ シェーキングフィダー，バイブレーティングフ
　　　　　　　　　　　　 │ 振動運動に　└ ィダー
　　　　　　　　　　　　 │ よるもの
　　　　　　　　　　　　 └ 流体による　┬ 空気コンベアー（吸引と分離を要す）など
　　　　　　　　　　　　　 移送　　　　 └ エダクター（湿式：スラリー輸送）

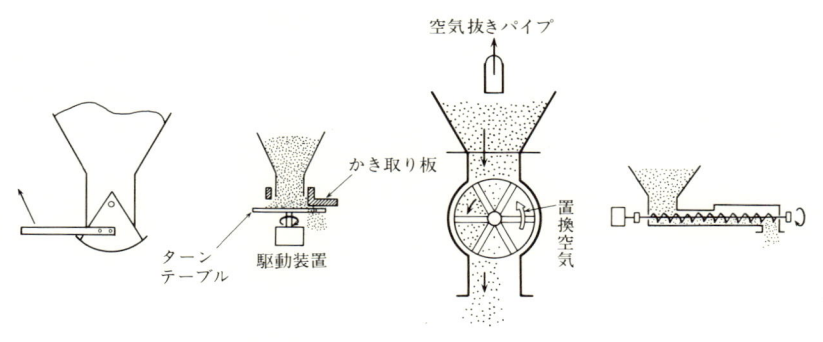

(a) カットゲート　(b) テーブルフィーダー　(c) ロータリーバルブ　(d) スクリューフィーダー

図 6・23　粉粒体供給装置（フィーダー）

6・6 粉粒体の混合，捏和および造粒

　化学プロセスや他のプロセスでは，いったんふるい分けまたは分級して粒度をそろえた粉粒体の原料を適当量とって混合する操作が広く行なわれている。これを固体混合(mixing of solid with solid)という。
　粒子が乾いていて付着性，凝集性が少なければ混合は比較的簡単である。粉

粒体を容器にとって密閉し，(1)容器ごと回転したり，(2)容器に備えつけた撹拌翼(paddle)によって粉粒体の層をかきまぜる方法がおもにとられている。その他種々の型の混合機が考案されているが，図6・24(a), (b)に代表的な混合機の例を示した。

　粉粒体に小量の水，油，あるいは粘結剤(binder)を加えてねりまぜる操作を捏和(ねっか；kneading)と称し，それに用いる装置を捏和機，ニーダー(kneader)という。粒子表面に粘結剤を均一に分散させることが捏和の目的であるが，乾式の混合に比べてエネルギー消費が大きい。材料によっては加熱を要することもある。ニーダーには一般に数10 rpm 程度の低速で回転する撹拌翼がついている。図6・25は撹拌翼の形からZ型(あるいはシグマ刃型；sigma-blade)のニーダーの模式図である。2枚の翼が互いに反対方向に異なる回転数に従って回転し，ねりまぜる。このほか，ニーダーには図6・24(b)のリボン型や，円筒形容器の中心部に回転する櫂を備えたパドル型などがある。

　造粒(pelletization, granulation)とは，捏和物や泥漿，溶融状態の固体を用いて使用目的に合ったいろいろな形のほぼ均一な大きさの粒子をつくる操作である。造粒の目的は，固体の取扱いを容易にし，有用な組成をもつ粒子をつくることにある。

　造粒法には，付着凝集法，圧縮成形法，溶融物を流体中に射出して滴(drop)をつくりそれを冷却固化する方法などがある。転動造粒機，押出成形機，圧縮成形機，噴霧機(スプレー)などが代表的な造粒機である。種々の医薬品や触媒担体，吸着剤，プラスチックの原料(ペレット)などはすべて造粒されたものである。

　捏和，造粒はこのように身近な操作であるが，物質により操作条件も大きく変わるので経験によるところが大きい。

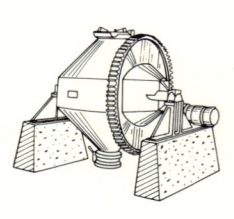

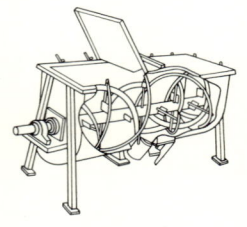

(a) 二重円錐型混合機　　(b) リボン混合機　　　　　　　　　　回転方向

図 6・24 乾式混合機　　　　　　　　**図 6・25** Z型ニーダー

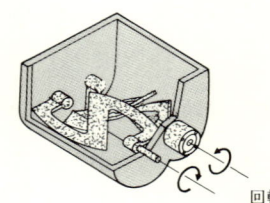

写真 6・2 高炉ガスの清浄装置の例（スクラバー）

6・7 集　塵

化学プロセスでは，気体中に懸濁する微粒子を分離する操作が広く行なわれている。それは多くの場合一種の気体精製(gas purification)の手段であって，成分分離，気体処理に不可欠な前処理となっていることも少なくない。この微粒子(固体のときダスト(dust)，液体のときミスト(mist)という)の捕集除去を集塵(dust collection)という。

集塵の方法を大別すると，(1)重力集塵，(2)慣性および遠心力集塵(サイクロンなど)，(3)沪過集塵(繊維層・金網などの充塡層，バッグフィルター)，(4)静電気を利用する電気集塵(コットレル集塵機など)，(5)洗浄集塵(スクラバーなど)となる。このうち(1)，(2)は6・4節で説明した事項と原理はまったく同じであり，(4)，(5)は特殊な方法であるので省略し，(3)について簡単に述べる。

6・7・1 沪過集塵

沪過による集塵は，バッグフィルターなどによる表面沪過と，繊維充塡層などによる内部沪過に大別される。表面沪過では，捕集された粉塵は沪材(filter)の表面に堆積してしだいに厚みが増し，沪過抵抗が大きくなるので，ときどき

払い落しが必要である．内部沪過の場合は沪材の内部空間に粉塵が堆積していき，沪過抵抗が増していく．したがって，ときどき逆方向の気流で取り除く．手近な例では，家庭用電気掃除機，自動車のキャブレーターにはこの種のフィルターが取りつけられている．

例題 6・7 バッグフィルターにより空気中の粉塵を除去しているが，粉塵の堆積による圧力損失増加を防ぐため，粉塵の払い落しをある時間ごとにしたい．いま，空気の温度20℃，粉塵濃度 3.0 g/m^3，粉塵は密度 1.80 g/cm^3，平均粒径 $10 \mu\text{m}$ とし，フィルターの面積を 20.0 m^2 とする．風量 $80.0 \text{ m}^3/\text{min}$，許容圧力損失 $\Delta p = 1.470 \text{ kPa}$ ならば，払い落し間隔はいくらになるか求めなさい．ただし沪布の抵抗は無視し，粉塵堆積時のかさ密度は $\gamma = 1.10 \text{ g/cm}^3$ とする．

【解】 表面沪過の抵抗をコゼニー-カルマンの式(6・22)により求める．粉塵の層の圧力損失 Δp_c は

$$\Delta p_c = \frac{5(1-\varepsilon)^2 S_v^2 L \mu u}{\varepsilon^3} \quad (6\cdot22')$$

粉塵を球と考え，粒子径 d_p ($=1.0\times10^{-3}$ cm)から比表面積 S_v を求めると

$$S_v = \pi d_p^2 / (\pi/6) d_p^3 = 6/d_p \quad \text{(表 6・3 参照)} \quad (6\cdot50)$$

となる．粉塵(堆積)層の厚さ L [m] は，フィルター面積 A_F [m²]，空気中の粉塵濃度 C [kg/m³]，風量 Q [m³/s]，時間 t [s] とすると，粉塵量 W [kg] は次式で表わされ，粒子密度 ρ_s，かさ密度 γ と空間率 ε を用いて

$$W = CQt \quad (6\cdot51)$$
$$A_F L (1-\varepsilon) \rho_s = W \quad (6\cdot52)$$
$$\gamma / \rho_s = 1 - \varepsilon \quad (6\cdot53)$$

これより
$$L = CQt / A_F (1-\varepsilon) \rho_s \quad (6\cdot54)$$

流速 $u = Q/A_F$ であるから，式(6・22')，(6・50)，(6・54)などを用いて整理すると

$$\Delta p_c = 180(1-\varepsilon)\mu C Q^2 t / \varepsilon^3 \rho_s d_p^2 A_F^2 \quad (6\cdot55)$$

$\Delta p_c = \Delta p = 1.470 \text{ kPa}$, $1-\varepsilon = 1.10/1.80 = 0.61$, $\varepsilon = 0.39$,
$\rho_s = 1.80 \text{ g/cm}^3 = 1800 \text{ kg/m}^3$, $\mu = 1.80\times10^{-4}$ poise $= 1.8\times10^{-5}$ kg/m·s

を用いて

$$t = \frac{\Delta p_c \varepsilon^3 \rho_s d_p^2 A_F^2}{180(1-\varepsilon)\mu C Q^2} = \frac{(1470)(0.39)^3(1.8\times10^3)(10\times10^{-6})^2(20)^2}{(180)(0.61)(1.8\times10^{-5})(3.0\times10^{-3})(80/60)^2} = 596 \text{ s}$$

実際には，こうして求められた圧力損失は実際のそれより大き目の値となるという．なお，沪材の抵抗が無視できないときは，次式を用いる．

$$\left.\begin{array}{l}\Delta p = \Delta p_c + \Delta p_m = (k_c + k_m)\mu u \\ \qquad = [(\alpha W/A_F) + k_m]\mu u \\ \qquad = [(r_c L) + k_m]\mu u\end{array}\right\} \quad (6\cdot56)$$

ここに添字 c, m は粉塵層，沪材を表わし，k_c, k_m はそれぞれの抵抗係数 [1/m] で，$\alpha = \Delta p_c / \mu u^2 Ct$ [m/kg] は(粉塵単位質量あたりの)比抵抗とよばれる。k_m はそれぞれの沪材について求めなければならないが，k_c の代わりに α を用いると場合により簡便に計算を進めることができる。

6・7・2 集塵効率

集塵効率とは集塵装置へ流入する粉塵量(流量)の何パーセントが捕集されたかを表わす。しかし実際には捕集量がわからないことも多いので，定常状態として装置へ流入する気体の濃度 C_0 と，排出される濃度 C_e から，次式で集塵効率(coellection efficiency) η を表わす。

$$\eta = [1 - (C_e/C_0)] \times 100 \quad [\%] \tag{6・57}$$

たとえば $1.0\,\mathrm{g/m^3}$ の粉塵濃度が $0.01\,\mathrm{g/m^3}$ になったときは，補集効率は 99% となる。

効率の高い集塵機では $\eta = 99.99\%$ という代わりに，透過率とか除染係数 (decontamination factor; DF と略記)で表わす。

$$\mathrm{DF} = 1/[1 - (\eta/100)] \tag{6・58}$$

これより $\eta = 99.99\%$ のとき $\mathrm{DF} = 10\,000$ となる。

6・8 固液分離

化学プロセスでは，固体粒子が分散したいわゆる懸濁液(suspension)から固体粒子を回収したり，逆に固体粒子を除去して清澄な液を得る必要が生じることが多い。たとえば有用な沈殿物の回収や，水処理におけるコロイド状物質の除去などがその代表例である。このような操作を固液分離と総称し，それには (1) 凝集(flocculation)，(2) 沈降分離(sedimentation)または沈殿濃縮 (thickening)，(3) 浮上分離(floatation)，(4) 遠心分離(遠心脱液)，(5) 沪過(filtration)，(6) 圧搾(expression)などが含まれる。(1)以外のいずれの操作も固体粒子と液を重力あるいは遠心力，慣性などの機械力によって分けるもので，熱エネルギーを要しないことが特徴といえる。(1)は粒子を成長させ分離性を高める。なお蒸発濃縮も広義の固液分離にはいるが，おもに加熱して相変化を起こさせることが操作の原理となっている。

6・8・1 凝集

固体粒子の粒径が小さくまた液体との密度差が小さい場合，あるいは固体の粒子が帯電している時は沈降速度がきわめて小さく，処理に時間を要することも少なくない。そのような際に凝集作用が利用される。

（a）凝集作用 これは厳密にいえば，凝結(coagulation)と凝集(flocculation)に区別される。液中の微粒子は，表面の官能基の解離，イオンの吸着，構造欠陥などにより帯電していることが多い。この帯電粒子のまわりには，図6・26に示すような電気二重層とよばれる電位分布が形成される。この帯電状態は，電気泳動速度から計算されるゼータ(ζ)電位として表わされる。多価金属塩などの薬品，いわゆる凝結剤(coagulant)の添加による荷電中和によってこのような帯電による粒子分散安定化を防ぎ，数十μmの緻密なフロックを生成させることを凝結という。ここでフロックとは，微粒子がゆるく結合している集合体である。凝集は，凝集剤(flocculant)の添加により凝結後の微小フロック群または比較的粗大な粒子群を架橋結合(bridging)させ，かさばった凝集塊すなわちフロックを生成させることをいう。凝集剤としては有機高分子凝集剤が一般的で，静電作用あるいは水素結合などにより粒子表面に吸着し優れた効果を表わす。なお，凝集剤と凝結剤はふつうあまり区別しないのでまとめて凝集剤とよんでおく。

このほか，生物学的凝集とよばれる微生物の凝集がある。群体を作る性質をもっていない微生物が何らかの条件で凝集することがある。この微生物凝集を利用したのが，活性汚泥法である。これは水処理の有力な一手法で，種々の微生物の混合体に水中の溶存有機物を摂取させ，その後，その微生物群を自然沈降によりスラッジとして分離除去するものである。この活性汚泥法では，凝集剤は用いない。しかし凝集の機構は研究段階にあり，よくわかっていない。

（b）凝集剤の種類 無機凝結剤には，アニオン性の活性ケイ酸，カチオン性の硫酸アルミニウム，ポリ塩化アルミニウム，硫酸鉄(II)，塩化鉄(III)が

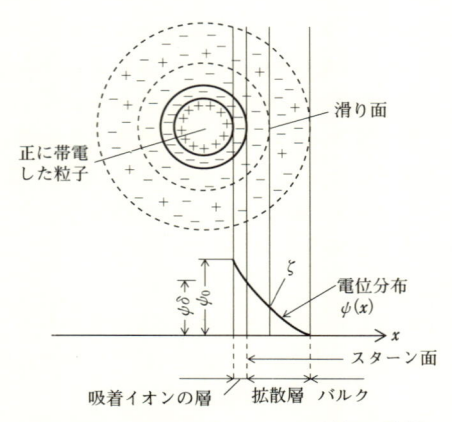

図 6・26 帯電粒子のまわりの電気二重層

ある。有機高分子凝集剤としては，非イオン性のポリアクリルアミド，ポリエチレンオキシド，アニオン性としてポリアクリルアミド部分加水分解塩，ポリアクリル酸ナトリウム，アルギン酸ナトリウム(天然高分子)，カチオン性のポリアルキルアミノアクリレート，ポリアミノメチルアクリルアミド，アイオネン系(縮合系)，エポキシアミン系(縮合系)などが用いられている。

（**c**）**凝集操作** 凝集操作において撹拌は重要な意味をもつ。優れた凝集剤を用いても撹拌が不適当な場合は，その能力は十分に発揮されない。撹拌には急速撹拌とそれに続く緩速撹拌とがある。急速撹拌は短時間の激しい撹拌により凝結剤を液中に均一に分散させ，粒子表面に吸着させることにより粒子群を不安定化する操作であり，この過程で粗大フロックの母体となるマイクロフロック群が形成される。また緩速撹拌は比較的緩やかな撹拌によってマイクロフロックを衝突合一させ，粗大化する目的で行なわれるものである。

この撹拌の度合は，撹拌強度と凝集時間とで評価される。強度はカンプ(Camp)によって定義された平均速度勾配値(撹拌強度指標)，いわゆる G 値を用いると便利である。例えば，機械的撹拌条件下であれば，G 値 [1/s] は次式で示される。

$$G=\sqrt{E/V\mu_f}=\sqrt{2\pi\omega Tq/V\mu_f} \qquad (6\cdot59)$$

ここで，E は消費エネルギー [W]，V は装置容積 [m^3]，μ_f は液の粘度 [Pa·s]，ω は角速度 [rad/s]，Tq はトルク [N·m/rad] である。

急速撹拌条件下における最適 G 値としては，完全混合槽型では 300〜1000 s^{-1}，流路内撹拌型で 1200〜2500 s^{-1} 程度であると報告されている。また凝集時間は多くの要因の影響を受けるが，完全混合槽型で 10〜60 秒程度，流路内型で 10 秒以下程度が目安といわれる。

緩速撹拌条件下でのフロックの成長は流体中での 1 次粒子の衝突・合一理論に基づいて説明される。エーゲマン(Aegaman)およびカウフマン(Kaugman)は，この理論をさらに発展させ，生成したフロックの破壊まで考慮した凝集速度式を提案した。たとえば，m 段の完全混合槽型多段凝集装置では，

$$\frac{N_0}{N_m}=\frac{(1-K_AGt/m)^m}{1+K_BG^2t/m\sum_{i=0}^{m-1}(1+K_AGt/m)^i} \qquad (6\cdot60)$$

回分およびプラグ流型装置では，

$$N_0/N_1=\{K_BG/K_A+(1-K_BG/K_A)\exp(-K_AGt)\} \qquad (6\cdot61)$$

が成立するここで，N_0 は初期の 1 次粒子個数濃度 [個/m^3]，N_1，N_m は凝集後の粒子個数濃度 [個/m^3] である。また，K_A，K_B はそれぞれ凝集速度係数および破壊速度係数であり，回分凝集実験の結果を用いて式(6·61)から算出できる。一方，高濃度，低 G 値で運転されるフロック接触型(図6·29)やスラリ

ーブランケット型凝集沈殿装置(図6・30)の場合，上の速度式は次式のように簡単な形で表わされる。

$$N_1/N_0 = \exp(-KGC_v t) \tag{6・61'}$$

ここで，K は定数，C_v は固体体積濃度 [個/m^3] である。

(d) 凝集試験法　実用的に実施されている凝集試験は，(1) 凝集剤の種類の選定と注入率の決定，(2) 残留濃度の減少速度で表わす凝集速度の測定，(3) 沈降速度分布の測定などが主なものである。つぎに，これらの各試験方法について述べる。

(1) 凝集剤の種類の選定と注入率の決定

凝集試験に広く使用されている試験装置(ジャーテスターとよばれている)の一例を図6・27に示す。4個の500 cm^3 ビーカーに試料水を500 cm^3 採水し，撹拌翼をセットして回転数120～150 rpm の速度(急速撹拌)で撹拌しながら，凝集剤を手早く注入する。3分間撹拌後，回転数を40 rpm に落とし(緩速撹拌)フロックを成長させる。10分後に撹拌を停止して静置10分後の上澄水のpH，濁度などの水質分析を行う。ジャーテスターは4連あるいは6連になっているため，凝集剤の種類，注入率の違いによるフロックの生成過程を同時に観察することができて，適正注入率の判別が容易である。

(2) 凝集速度の測定

凝集速度は原水の水質，凝集剤の注入率，撹拌強度および撹拌時間などによって影響される。いま，原水の水質，薬品注入条件を一定とすると，凝集速度は撹拌条件(撹拌強度および撹拌時間)のみに影響されるので，凝集速度の測定には撹拌強度のわかっている撹拌槽を用いる必要がある。たとえば，撹拌翼として5.5 cm×2 cm のパドル2枚羽根を設けた500 cm^3 ビーカーに試料水を500 cm^3 をとり，2 rps で撹拌開始後一定時間毎に撹拌を停止し，30分静置後，液表面下5.0 cm よりサイホンで採水して残留濃度 ϕ を測定する。多くの場合，残留濃度比 $\ln(\phi/\phi_0)$ と撹拌時間 t は直線関係を示し，凝集過程は1次反応として取り扱うことができる。その勾配が凝集速度係数である。

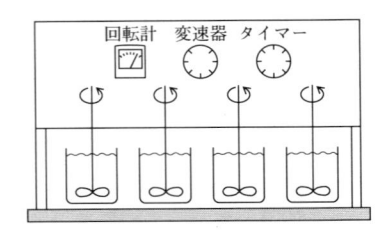

図6・27　ジャーテスター

6・8 固液分離

(e) 凝集沈殿装置とフロキュレーターの設計　凝集沈殿装置は(フロックを形成させる方法により)，(1)既成のフロックとの接触のない非接触型(在来フロック形成型)と(2)既成のフロックと接触させる接触型(接触フロック形成型)とに大別することができる。

図6・28に代表的な非接触型凝集沈殿装置である横流式凝集沈殿装置を示す。原水に凝集剤を混和した混合液がフロキュレーターに流入し，そこでフロックが成長した後，水平型重力沈降槽に入り，ここで沈降分離される。スラッジは下部のベルトで集められて排出される。

接触型凝集沈殿装置は，さらに既成フロック群(成長した大径のもの)との接触方法により(a) スラリー循環型と(b) スラリーブランケット型に大別される。図6・29にスラリー循環型凝集沈殿装置を示す。この装置では，中央に設けた撹拌翼で既成フロック群を第1次撹拌室，第2次撹拌室，スラリープールへと循環し，その循環系に凝集剤を混和した原水を送って大径フロック群と接触させて微小フロックを合一させるものである。

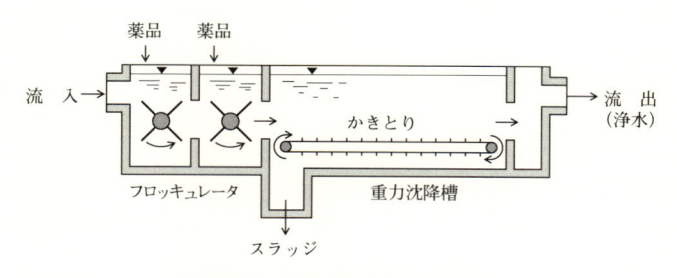

図 6・28　水平流型凝集沈殿装置

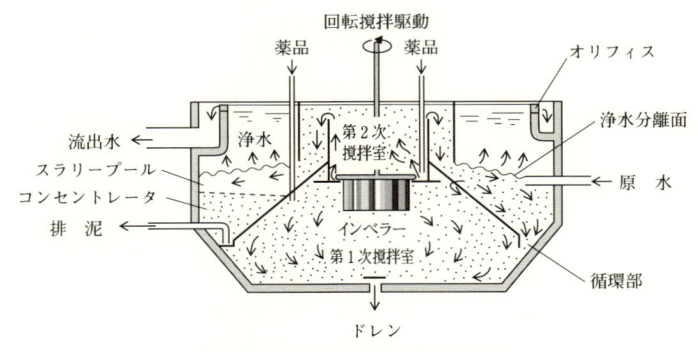

図 6・29　スラリー循環型凝集沈殿装置

図6・30にスラリーブランケット型沈殿装置の代表例を示す。これは凝集剤を混和した原水をスラリーゾーンの既成フロック群を通して，上向きに流すことによってフロック群を流動化させ，微小フロックを合一させる方式である。

凝集沈殿装置は清澄水を得ることが目的であるので，処理水中のフロックの残留濃度が処理性能評価の一つの基準となる。したがって，沈降速度が小さい微小フロック群をいかにして平均沈降速度レベルまで大きく成長させるかが高速分離の重要な要件である。接触フロック形成型装置では非接触型フロック形成型に比べ，一様な粒度で粒径の大きいフロックが早く生成されるため，高速分離が可能となる。

凝集沈殿装置はフロキュレーターと重力沈降槽で構成されている。沈降分離については次節で述べるので，ここではフロキュレーターの設計について説明する。

フロキュレーター内の流れは連続系であり，スラッジの槽内滞留時間がその残留濃度に影響を及ぼす。いま，この滞留時間分布関数を$E(\theta)$とし，先に$(d)\cdot(2)$で述べた回分凝集試験から得られた残留濃度曲線(残留率ϕ/ϕ_0と時間tとの関係)を$f(\theta)$とすれば，スラッジの残留率はおよそ次式によって表現できる。

$$\phi/\phi_0 = \int_0^\infty f(\theta)E(\theta)d\theta \tag{6・62}$$

ここで，θ；(t/T)，T；槽内平均滞留時間。したがって，フロキュレーターの滞留時間分布が得られれば，回分凝集実験のデータを用いて所定の残留濃度を得るのに必要なフロキュレーターの容積(スラッジの滞留時間)を推算することができる。

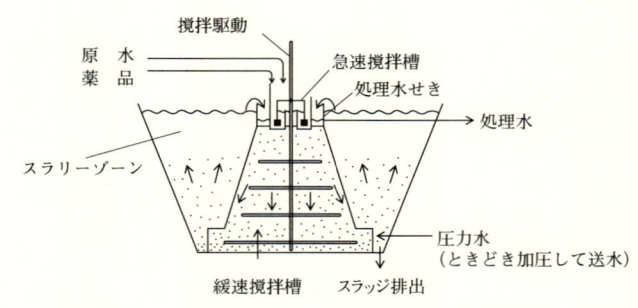

図6・30 スラリーブランケット型凝集沈殿装置

6·8·2 沈 降 分 離

これは清澄化，沈殿濃縮ともよばれる操作で，液体中に懸濁した固体を沈降させて濃縮し，清澄な液を得る操作である。その原理は重力による固体粒子の分級に等しいが，固体濃度が高く，粒子どうしの相互作用が強く，干渉沈降 (hindered settling) が生じる。

沈降分離は普通直径 10〜100 m の円形の水平型容器と，ゆっくり回転するかき腕(レーキ; rake)からなる，図 6·31 に一例を示すシックナー (thickener) によって行なわれる。原料の液は中央部のフィードウェルから入り，上面のせきを越えて上澄み液 (supernatant clear liquid) が溢流し，沈降し濃縮された汚泥(スラッジ; sludge)はレーキのブレード(blade)によって集められ，円錐形の底部の中心部から排出される。シックナーには回分式のものもあるが，図に示したものは連続式である。

粒子の沈降を妨げないよう液はゆっくり上昇することが望ましいので，大量処理のときシックナーの面積は大きくなってしまう。そこで，床面積を節約するため重ねシックナーも用いられる。

沈降によって懸濁液から清澄液と汚泥が生成される様子を，回分沈降の場合について図 6·32 に示した。原液ははじめ(a)のように懸濁した均一な状態であるが，静置するとしだいに上面に清澄な層(A)が現われ，B の層は下がってく

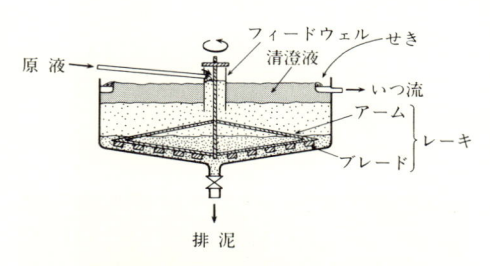

図 6·31 連続式円筒型シックナー

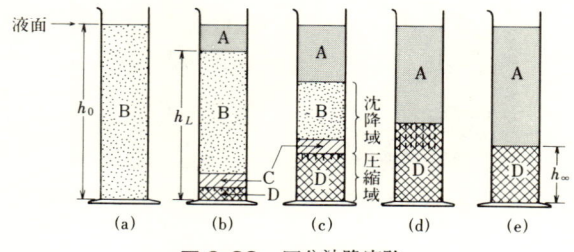

図 6·32 回分沈降実験

る. 容器底面には沈殿物がたまり, 層 D が形成される. B と D の間にはもう一つの層(遷移層; transition layer)が現われる. 時間が経過するにつれて A と D のみとなる. 普通, 工業的には(b)～(c)の状態を保つよう連続操作が行なわれる. 図 6·32 でいえば上から A, B～C, D の 3 層がみられる. B～C は干渉沈降が生じる領域である.

干渉沈降のさいの粒子の沈降速度は, 粒子の粒径, 粒径分布, 粒子形状, 表面の状態などにより複雑に変わるため実験からきめる必要があるが, 球形粒子についてストークスの法則が成立する範囲ではつぎのように表わせる.

すなわち, 粒子群のなかで沈降する単一粒子が受ける抵抗力 R は式(6·16)より

$$R = 3\pi\mu v d_p F_0(\varepsilon) \tag{6·16″}$$

ここに, $F_0(\varepsilon)$ は補正項で空間率関数とよばれ, 当然 $\varepsilon=1$(単一粒子の沈降)では $F_0(\varepsilon)=1$ となる. 懸濁流体中では, 密度差 $\Delta\rho$ は粒子と液のみかけの密度の差として

$$\Delta\rho = \rho_s - [(1-\varepsilon)\rho_s + \varepsilon\rho] = (\rho_s-\rho)\varepsilon \tag{6·63}$$

ここに ρ_s は粒子密度, ρ は液密度, ε は空間率である.

この密度差に単一粒子体積をかけたものが R に等しいとすると, 沈降速度 v は

$$v = g(\rho_s-\rho)d_p^2\varepsilon/18\mu F_0(\varepsilon) = v_t\varepsilon/F_0(\varepsilon) \tag{6·64}$$

となる. v_t は単一粒子の沈降速度(式(6·19))である. なお, 流体が移動するときは, その速度を u として, 相対沈降速度を

$$v_r = v - u \tag{6·65}$$

で表わす.

また, $F_0(\varepsilon)$ は次式によって求められる[1].

写真 6·3 工場廃水処理装置の例 (住友重機械工業㈱提供)

---

1) 白井隆, "流動層", 科学技術社(1958).

$Re<1$ で $\varepsilon>0.7$ のとき $\quad F_0(\varepsilon)=\varepsilon^{-4.65}$

$Re>1$ で $\varepsilon<0.7$ のとき $\quad F_0(\varepsilon)=6(1-\varepsilon)/\varepsilon^3$

または $\quad F_0(\varepsilon)=(3/4\varepsilon^2)\cdot 10^{1.82(1-\varepsilon)}$ (6・66)

シックナーの設計の要点は（1）所要面積，（2）所要深さ，（3）レーキの所要動力をきめることである。

6・8・3 浮上分離

液体より軽い粒子，または重い粒子が浮遊する液体に強制的に微細な気泡を吹き込み，それを固体粒子に付着させて液体より軽い粒子として浮上させて分離する操作を（一般に気泡は圧力の関係からやや加圧されて送られる）加圧浮上分離操作とよんでいる。

（a） 加圧浮上分離法の原理　この加圧浮上分離法で重要なことはぬれの問題である。懸濁液中に多数の微細気泡を発生させると，それが粒子に付着し気泡自体の浮力によって上昇するのである。

微細気泡と粒子との間の接触付着のメカニズムは通常二つ考えられている。一つはフロックの内部に微細気泡を包含するもので，大きなフロックほどこの傾向が強い。他の一つは粒子への気泡の付着である。この付着力は2相間の界面張力に起因する界面に作用する分子間力である。この付着の強さは気・固・液に作用する界面張力を考えることによって推測できる。

図6・33に示した気・固・液系の3相について考えてみる。3相が接触する点における気液界面と固液界面のなす角 θ を接触角とよんでいる。ここで σ_{SL} を固・液相界面張力，σ_{GL} を気・液相界面張力，σ_{GS} を固・気相界面張力とすると，この3相の接点における力の平衡関係から次に示す関係が成立する。

$$\sigma_{GS}=\sigma_{SL}+\sigma_{GL}\cos\theta \qquad (6・67)$$

式(6・67)において，$\theta=0$ のときは固体界面は完全にぬれ，固体面に気泡が付着することができない状態である。これと反対に $\theta=180°$ になると固体面は完全に気体に覆われて，固体面を液体でぬらすことはできない。

粒子に気泡が付着し易くするため界面活性剤が用いられる。それは接触角を

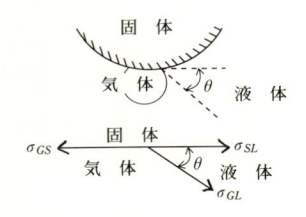

図6・33 気・固・液系の力のつり合い

変えて気泡の付着を容易にするのである。
　式(6・15)を利用して，終末浮上速度が求められる。
　（b）　加圧浮上分離装置　　加圧下で空気を溶解し，常圧に戻すと溶け込んでいた空気が微細気泡となって遊離する。この微細気泡を粒子に付着させて軽くし浮上分離する装置を加圧浮上分離装置とよんでいる。加圧浮上分離装置は液の流れ方向により上向流式と水平流式とに分けられる。上向流式加圧浮上分離装置の例を図6・34に示す。浮上物は上昇して液表面に層状をなしてたまり，上部に設けられたスキマー(skimer)によって浮上物排出室から排出される。
　（c）　油水分離装置　　混和しない2組の液を比重差を利用して分離する操作が，一般に浮上分離とよばれ，沈降分離とちょうど逆の操作である。水処理分野で適用されている浮上分離の代表的な例が油水分離である。
　例としては横流式沈殿装置に回転式の集油管ををを設けた方式(API(American Petroleum Institute)オイルセパレーター)や，横流式沈殿装置に多くの枚数の平行傾斜板を配列し，油分を板裏面で捕集する方式(PPI(parallel plate

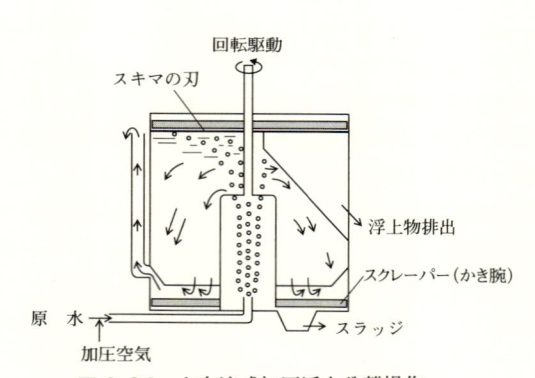

図6・34　上向流式加圧浮上分離操作

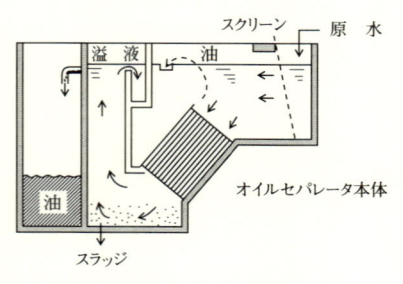

図6・35　CPIオイルセパレータ

6・8 固液分離

intercepter)オイルセパレーター), 沈殿槽に角波状傾斜板の束を設置し, 油分捕集とスラッジ捕集を同時に行う方式(CPI(coagulated plate intercepter)オイルセパレーター)(図6・35)などがある。

6・8・4 沪過

(a) **沪過と沪過量** 沪過とは, 沪材(filter medium)に気体や流体を通して懸濁している固体粒子を捕集し,清澄な気体や液体を得る操作である。気体の沪過についてはすでに6・7節で述べた。沪過によって得られる清澄液を沪液(filtrate), 沪材に堆積する固体粒子の層を沪過ケーク(filter cake), 略してケークとよぶ。沪過は化学プロセス工業の種々の分野でいろいろな沪過器(filter)を用いて行なわれている。液中の懸濁質(懸濁質を含む液をスラリー(slurry)という)の濃度が低いときの沪過は清澄沪過(straining, clarifying filtration)とよばれ, ケークを間けつ的に除去するだけで重力による沪過が多く用いられるが, 懸濁質の濃度が高くなるにつれて沪材にたまるケーク量も多くなり, したがってケーク層による圧力損失(抵抗)が大きくなるので, 沪過の進行につれて沪過速度が下がってくる。そこで (1)ケーク層厚が過大にならないよう適当な時間ごとにケークを除去する, (2)沪過に関係する面積をできるかぎり大きくする, (3)加圧または減圧(真空)する, (4)沪過助剤(filter aid)としてケイソウ土, アスベスト, 石炭粉末などを加え, ケークの目詰りを防止することなどによって沪過速度(単位時間あたり得られる沪液量で表わす)を高めることが必要となる。

操作設計の要点は定められた沪過速度を達成するために, 装置を選び, 圧力, 面積を定めることである。現在工業的に用いられる沪過器は, (1)粒子充填層, (2)圧沪器, (3)葉状沪過器, (4)回転円筒型, (5)遠心分離型,

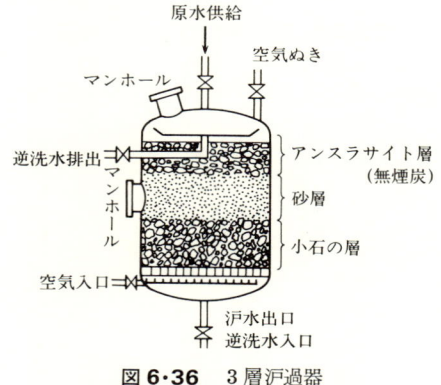

図6・36 3層沪過器

(6) その他焼結金属などを用いる特殊沪過器に分類できる。

(1) **砂沪過器(sand filter)および多層沪過器(multi-media filter)**　上水，廃水処理などに広く用いられるもっとも簡単な粒子充塡層の沪過器である。液は下向流(dowunflow)で沪床(filter bed)を通る。砂の単層，砂，小石の2層，または図6・36に示す3層の沪床から成る。ケークが堆積し，圧力損失が増すと，下方から清澄水を送り層を膨張，さらに流動化させてケークを床から取り除く。これを逆洗(backwash)という。逆洗水の量は清澄水の1〜5%（平均3%）である。ときには空気を送って沪材を洗浄する。沪床下部は，金網，磁製支持物などが支持物として用いられ，液の均一な流れが得られるよう工夫されている。重力沪過で沪過圧力は $0.3〜5 \text{ m-H}_2\text{O}(2.94〜49.0 \text{ kPa})$ 程度までであって，それ以上の沪過圧力を要するときは加圧方式を用いる。

(2) **圧沪器(フィルタープレス；filter press)**　図6・37に模式図を示した。正方形の断面(沪過面)をもつプレートは，その表面のみぞから沪布を通る沪液を下方に排出する。ケークは沪布にたまるのでプレートと枠を離して取り

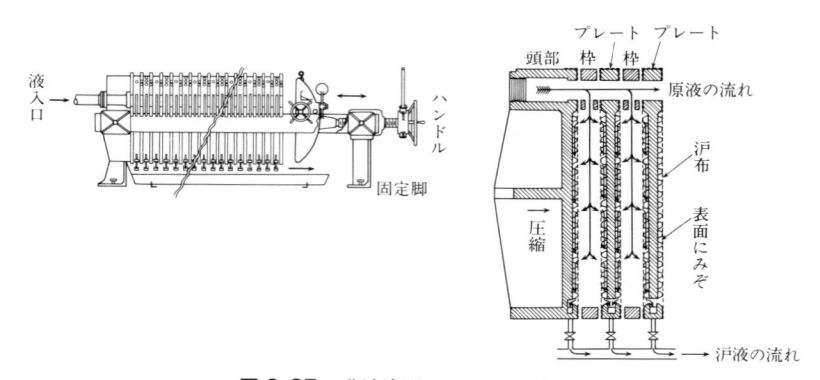

図6・37　非洗浄型フィルタープレス

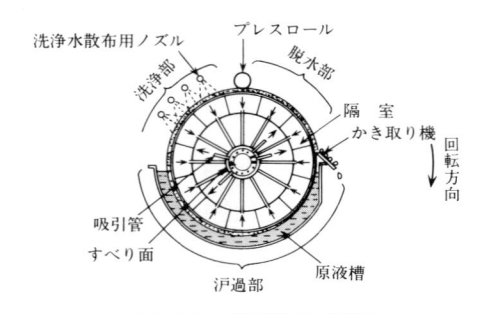

図6・38　円筒型真空沪過器

6・8 固液分離

除く。

（3） 葉状沪過器(leaf filter)　沪葉(leaf)とよばれる沪材を収めた長方形，円筒形，円盤形などの装置を多数もつ沪過器である。

（4） 回転円筒型真空沪過器(rotary-drum vacuum filter)　図6・38に円筒型真空沪過器の例を示した。右回りに連続的に回転する円筒の側面が沪過面となる。原液は真空に引かれたドラム内に入り，ケークはドラム外面にたまり，上方で洗浄をうけ，脱水，かきとりによって除去回収される。

（b） 沪過速度　液がケーク層を通過するさいの抵抗が沪材の抵抗に比べて大きく，またケークは非圧縮性とみなされる簡単な場合について沪過速度を求めてみよう。この場合，例題6・7と同様に考えることができる。すなわち，ダルシーの式［式(6・20)］とカルマンの式［式(6・22)］から，沪過速度はつぎのように表わされる。

$$\bar{u} = \frac{1}{A} \cdot \frac{dV}{dt} = \frac{k_p \Delta p_c}{\mu L} = \frac{\varepsilon^3}{k_0 S_v^2 (1-\varepsilon)^2} \cdot \frac{\Delta p_c}{\mu L} \qquad (6\cdot22'')$$

沪過の場合は時間とともにケーク層の厚み(L)が増し，流動抵抗が増していく。しかし，ケーク層空間率 ε，流路曲りの補正係数 k_0，ケーク層単位容積当りの表面積 S_v はそれぞれ一定とみなせるので，沪過の比抵抗 $r_c [\mathrm{m}^{-2}]$ を用いて式(6・22″)を書き直す。なお，添字 c はケーク層を表わす。

$$(1/A)(dV/dt) = \Delta p_c r_c \mu L, \qquad r_c \equiv k_0 S_v^2 (1-\varepsilon)^2 / \varepsilon^3 \qquad (6\cdot22''')$$

ここに Δp_c はケーク層での圧力損失[Pa]，μ は粘度[kg/m・s]，V は沪液量[m^3]，t は時間[s]，A は沪過面積[m^2]，L はケーク層の厚み[m]であって統一した単位をとっている。また r_c は透過率の逆数である。つまり，沪過速度＝(推進力，この場合は圧力差)/(沪過抵抗)と考えている。

ケーク層の厚さ L [m] は，スラリー中の固体の密度 ρ_s，液の密度 ρ，スラリー中の固体の含有率(質量分率)S，ε からつぎのように沪液量 V と関係づけられる。物質収支を固形分，液の両方について沪過前後で等しいとして

$$\left.\begin{array}{c} \dfrac{(ケーク中の固形分の質量)}{(沪液の量)+(ケークに含まれる液量)} = \dfrac{(スラリー中の固体量)}{(スラリー中の液量)} \\ \therefore \quad \dfrac{(1-\varepsilon)AL\rho_s}{(V+\varepsilon AL)\rho} = \dfrac{S}{1-S} \end{array}\right\} \qquad (6\cdot68)$$

すなわち $(1-S)(1-\varepsilon)AL\rho_s = S(V+\varepsilon AL)\rho$ より

$$L = SV\rho/A\left[(1-S)(1-\varepsilon)\rho_s - S\varepsilon\rho\right] \qquad (6\cdot69)$$

いま

$$f = S\rho/\left[(1-S)(1-\varepsilon)\rho_s - S\varepsilon\rho\right] \qquad (6\cdot70)$$

とおくと，次式により L は沪液量 V から求められる．
$$L = fV/A \tag{6・71}$$
式(6・71)を式(6・22''')に代入するとつぎの沪過の速度式が得られる．
$$dV/dt = A^2 \Delta p_c / r_c \mu f V \tag{6・72}$$
式(6・72)は Δp_c, V と t の関係がわかれば積分可能となる．

(1) **定圧沪過** 一定圧力をスラリーにかけて沪過する場合を定圧沪過 (constant-pressure filtration) といい，このとき式(6・72)で $\Delta p_c = $ 一定，および $t=0$ で $V=0$ とすると次式が得られる．
$$(V^2/2) = (A^2 \Delta p_c / r_c \mu f) t \tag{6・73}$$

すなわち，V^2 は t に比例する．実際には，Δp_c ははじめ 0 で，沪液量 V_1 となる t_1 (時間) 経過後一定値を示すので，沪液量 V は次式で示される．
$$(1/2)(V^2 - V_1^2) = (A^2 \Delta p_c / r_c \mu f)(t - t_1) \tag{6・73'}$$

なお，沪材の抵抗が無視できないときは，ケーク層の厚さ L' (相当抵抗長さ) に等しい抵抗をもつとして，式(6・22''') を
$$(1/A)(dV/dt) = \Delta p / r_c \mu (L + L') \tag{6・22''''}$$
と表わす．式(6・72)も $L'A/f = V_m$ として
$$dV/dt = A^2 \Delta p / r_c \mu f (V + V_m) \tag{6・72'}$$
と表わす．Δp_c の代わりに Δp を用いたのは，もはやケークのみの圧力損失でないことを意味する．

式(6・72')を積分し，$(2A^2 \Delta p / r_c \mu f) \equiv K$，$V_m^2 = K t_m$ とおくと，
$$(V + V_m)^2 = K(t + t_m) \tag{6・74}$$
が得られる．この式はルース(Ruth)の定圧沪過式とよばれ，K [m^6/s] は，ルースの定圧沪過係数とよばれる．

例題 6・8 定圧沪過の実験から沪液量 V と，沪過時間 t のデータを得たとき，グラフにより K，V_m を求める方法を示しなさい．

【解】 これはルースが示した二つの方法である．
(1) 第1の方法：式(6・74)を展開して整理し式(6・74')が得られる．
$$V^2 + 2V_m V = Kt \tag{6・74'}$$
したがって KV で両辺を割り
$$(t/V) = (V/K) + (2V_m/K) \tag{6・75}$$
が得られる．t/V 対 V のプロットから直線関係が得られ，切片，傾きから $(2V_m/K)$，$(1/K)$ が知られるので，二つの定数がこれで求められる．
(2) 第2の方法：式(6・72')を，K を用いて書き直すと
$$dV/dt = K/2(V + V_m) \tag{6・72''}$$

逆数をとって差分近似($dV/dt \to \Delta V/\Delta t$)を行ない

$$(\Delta t/\Delta V) = 2(V+V_m)/K \tag{6·76}$$

が得られるので，与えられたデータを用いて各区間の($\Delta t/\Delta V$)とVの関係が知られ，切片($2V_m/K$)，傾き($2/K$)が求められる。ルースは(2)の方法を推奨している。

(2) 定速沪過 一定の沪過速度が得られるような操作を行なう場合が定速沪過(constant-rate filtration)とよばれる。

$$dV/dt = (一定) = V/t \quad (t=0 \text{ で } V=0)$$

であるから，式(6·72)からつぎの関係が得られる。

$$\left. \begin{array}{l} V/t = 2A^2 \Delta p_c / r_c \mu f V = 一定 \\ V^2/t = (2A^2 \Delta p_c / r_c \mu f) \end{array} \right\} \tag{6·77}$$

これより，圧力損失 Δp_c が沪液量 V に比例するよう操作すればよいことがわかる。圧力損失がケークのみによらないときは，式(6·22''')または式(6·72')を用いて Δp_c を Δp におきかえることは容易である。

以上のように沪過速度は理論的に整然とした式で表わされるが，実際には，液中の固体の微粒子が沪材のすき間をうめる閉塞沪過が生じたりして式との不一致が生じること，ケーク層の性質を種々の場合について表現することに問題がある。

問 題

6·1 つぎに示す粒度分布をもった造粒球形粒子群の平均径(d_a, d_w, d_m)を求めなさい。また，粒径分布曲線を示しなさい。またこの粒子群は粒子径によらず一定の粒子

粒径d_p[μm]	2 000～1 680	1 680～1 410	1 410～1 190	1 190～1 000
個数 n [-]	90	335	260	75

密度1.20 [g/cm³] をもつとする。空間率 $\varepsilon = 0.39$ として空気が $u = 30$ cm/s でこの粒子層を流れるとき，層1 cm あたりの圧力損失を求めなさい。温度は25 ℃とする。[ヒント：表6·4の定義から平均径を，また図6·2のように粒径分布曲線を求める。圧力損失は式(6·22)を変形して求める]

6·2 ある微粒子の粒度測定結果(下表)について，対数正規分布としてプロットし

粒子径範囲 [μm]	+60	～50	～40	～30	～20	～15	～10	～0
粒子個数	40	60	160	340	900	560	430	300

平均径 d_{50} と標準偏差 σ_g を求めよ。さらに質量基準の50％粒子径，算術平均径 d_1，平均表面積径 d_S，体面積平均径 d_3，体積平均径 d_v，および比表面積 S_v を求めなさい。[ヒント：与えられたデータを個数対累積ふるい上％として全対数グラフにプロットし，d_{50} と σ_g を求める。その他は式(6·6)-(6·14)を用いて算出]

6・3 炭酸カルシウムの微粒子(比重2.66, 粒径44 μm)が22.0℃の水中を自由沈降するときの終末速度を求めなさい。ただし粒子は球とする。[ヒント：式(6・19)を用いる。μ(粘度)は付録7.のノモグラフを利用して求める]

6・4 20℃で密度0.88 g/cm³ の機械油を用い，その温度で密度7.80 g/cm³, 直径2.00 mm の鋼球を落下させ，終末速度を求めたところ7.50 cm/s であった。この油の粘度を求めなさい。[ヒント：Re_p<2 と考えて式(6・19)よりμを求める。あとでRe_p<2 が適当か調べる。このような粘度測定の装置を落球式粘度計という]

6・5 半径100 mm の円筒容器に3 mm 程度のポリマーペレットを充填した。かさ密度は500[kg/m³] である。層高と底面にかかる圧力の関係を図示しなさい。K'=0.5, 壁面との摩擦係数 μ_w=0.6 とする。[ヒント：式(6・28)に数値を代入]

6・6 通過百分率80%，粒径が20 mm の石炭をとり，同じ定義の粒径が60メッシュ(ASTM, 表6・5参照)になるまで粉砕するとき，理論的な粉砕エネルギーを計算しなさい。ただし処理量を20 t/h とする。[ヒント：表6・5よりd_pを知り，表6・6の W_i を式(6・36)に代入する]

6・7 石灰石を100メッシュ以下に粉砕したい。325メッシュ以下の生成をなるべく防ぎ，短時間で処理を終えたい。どのような粉砕機を用いたらよいか。[ヒント：微粉砕の領域なので，衝撃形か摩擦粉砕形のいずれがよいか考える]

6・8 例題6・5 で，粒子を0.5, 0.2, 0.1, 0.074 mm に分けるには入口からはかって何 m のところに仕切りをおけばよいか。[ヒント：v_t から沈降時間をそれぞれの粒子について定め，横方向の流速から距離を求める]

6・9 図6・22 に示す標準型のサイクロンにより密度2 500 kg/m³ の粒子群を分級したい。分離限界粒子径を6[μm] とすると，サイクロンの直径 D を1.00 m とするとき，入口平均流速 $\bar{u}_i$ をいくらにすればよいか計算しなさい。ただし，μ=1.8×10^{-5}[Pa・s], ρ=1.2 kg/m³ とする。[ヒント：式(6・44)および図6・22を参照]

6・10 カーボンブラック製造工程の排空気から，バッグフィルターによりカーボンブラック粒子を捕集している。いま，排気温度60℃(一定)，風量1000 m³/min，粒子の濃度2.0 g/m³-空気とし，許容最大圧力損失を80 mmH₂O(294.1 Pa) として，払い落し回数1時間あたり1回とするとき，必要なフィルターの沪過面積を求めよ。ただし，試験室での試験では，温度20℃，粒子濃度2.0 g/m³-空気，空気の線流速 u=1.5 cm/s のとき，試験開始直後の圧力損失 Δp_m=30 mmH₂O(294.0 Pa)，1時間後の圧力損失 Δp_m=70 mmH₂O(686.0 Pa)であった。[ヒント：式(6・22′), (6・51), (6・56)により，Δp_c, Δp_f を求めるためのα, k_mを知り，A_Fを求める。A_Fは二次方程式で表わせる。]

6・11 水に石灰粉末(平均粒径44 μm)を加え，ε=0.95 のスラリーをつくるには水1 kg あたり何kg の石灰を加えたらよいか。ただし石灰粉末の密度は2.66 g/cm³ とする。つぎに，このスラリーをよくかきまぜたのち沈降させるとき，液上面から20 cm 下に清澄面がくる時間を推定しなさい。[ヒント：式(6・64)を用いる。$F_0(\varepsilon)$は式(6・66)より]

6・12 湿式分級は一般に乾式分級に比べて分離の精度は高いが能率は低く，同一面積あたり数10分の1の処理量しか得られないという。自由沈降を利用した分離器(重力式)を例にとって，およその処理量の比を推定しなさい。[ヒント：式(6・37)，適当なρ_s, ρ_fを代入して調べる]

6・13 ケイソウ土のスラリーを定圧沪過し，つぎの結果が得られた。

時間[s]	0	100	200	300	400	500	600
沪液量[cm³]	0	2 700	3 950	4 880	5 670	6 370	7 000

これより，式(6・72)または式(6・73)を用いて K, V_m を決定し，時間 800 s における沪液量を求めなさい．また，沪液量 10000 cm³ で沪過を打ち切るとして，その時間を求めなさい．[ヒント：例題6・8参照]

6・14 ある濃度のスラリーをオリバーフィルター(図6・38参照)で定圧沪過し，沪過速度 20 m³/h が得られた．真空度はかえずに，フィルターの回転速度を 3/4 に下げると沪過速度はどのように変わるか．ただし沪材の抵抗は無視してよい．[ヒント：式(6・73)を用いる]

6・15 食品製造工場，製紙工場，石油精製工場(精油所)，製鉄所，自動車製造工場，浄水場などにおける大気汚染防止工程，排水(廃水)処理工程などについて，どのような操作が組み合わされているか調べ，フローシートに示し，可能ならばユーティリティーやコストを調べてみなさい．[ヒント：廃棄物を調べ，その処理法，再利用法の可否などを調べてみる．巻末の参考書を参照]

参 考 書

第 1 章
化学工学会編，"日本の化学産業技術―単位操作からみたその歩みと発展―"，工業調査会(1997)．
化学工学協会編，"化学プロセス集成テキスト版"，東京化学同人(1971)．
藤田重文，東畑平一郎編，"化学工学，Ⅰ～Ⅳ"，東京化学同人(1972)．
米国NSPE倫理委員会編，日本技術士会訳編；"科学技術者倫理の事例と考察"，丸善(2000)．
吉沢　正監修；"環境マネジメントの国際規格"，日本規格協会(1997)．
R. N. Shreve, J. A. Brink, Jr., "Chemical Process Industries", 4th ed., McGraw-Hill(1977).

第 2 章
竹内　雍編著；解説化学工学演習，培風館(1986)．
藤田重文，"化学工学Ⅰ(第2版)"，岩波書店(1967)．
藤田重文編，"化学工学演習(第2版)"，東京化学同人(1979)．
水科篤郎，大竹伝雄編，"化学工学演習"，共立出版(1970)．
D. M. Himmelblau，大竹伝雄訳；改訂化学工学の基礎と計算，培風館(1972)．
M. S. Peters, K. D. Timmerhaus, "Plant Design and Economics for Chemical Engineers", 3rd ed., McGraw-Hill(1980).

第 3 章
L. Prandtl, "The Essentials of Fluid Dynamics", Blackie and Son Ltd. (1952).
R. B. Bird, W. E. Stewart, E. N. Lighfoot, "Transport Phenomena", john Wilex & Sons(1960).
W. L. Badger, J. T. Banchero, "Introduction to Chemical Engineering", McGraw-Hill(1955).

第 4 章
亀井三郎編，"基礎化学工学"，いずみ書房(1961)．
八田四郎次，前田四郎，"化学工学概論"，共立出版(1966)．
平田光穂，小島和夫編，"工業化学のための化学工学"，朝倉書店(1978)．
Christie J. Geankoplis；"Transport Processes and Unit Operations" (3/e), Prentice-Hall(1993).
W. M. Rosenow, H. W. Choi；"Heat, Mass and Momentum Transfer", Prentice-Hall(1993).

第 5 章

亀井三郎編，"化学機械の理論と計算(第2版)"，産業図書(1975)．
桐栄良三編，"乾燥装置"，日刊工業新聞社(1966)．
小島和夫，"プロセス設計のための相平衡"，培風館(1977)．
小島和夫ら，"入門化学工学(改訂版)"，培風館(1996)．
竹内　雍；"吸着分離"，培風館(2000)．
竹内　雍，山田幾徳，小島和夫編，"解説化学工学実験"培風館(1984)．
炭素材料学会編，"活性炭"，講談社(1975)．
長浜邦雄監修；"高純度化技術体系，第2巻 分離技術"，フジテクノシステム(1997)．
原　伸宣，高橋　浩編，"ゼオライト"講談社(1975)．
疋田晴夫，"化学工学通論Ⅰ"，朝倉書店(1976)．
藤田重文，東畑平一郎編，"化学工学Ⅲ"，東京化学同人(1972)．
水科篤郎，桐栄良三編，"化学工学概論"，産業図書(1979)．
頼実正弘，河村祐治，藤縄勝彦，中井　資編，"化学工学"，培風館(1972)．
C. J. King, "Separation Processes", McGraw-Hill(1971).
M. G. Larian, "Fundamentals of Chemical Engineering Operations", Prentice-Hall(1958).
R. E. Treybal, "Liquid Extraction", 2 nd ed., McGraw-Hill(1963).
R. E. Treybal, "Mass Transfer Operations", 3 rd ed., McGraw-Hill(1980).
T. K. Sherwood, R. L. Pigford, C. R. Wilke, "Mass Transfer", McGraw-Hill(1975).

第 6 章

井伊谷鋼一，三輪茂雄，"改訂新版化学工学通論Ⅱ"，朝倉書店(1982)．
井出哲夫編；"水処理工学"，技報堂出版(1976)．
化学工学協会編；"化学工学便覧(改訂5版)"，丸善(1988)．
久保輝一郎，神保元二，水渡英二他編，"粉体(改訂2版)"，丸善(1979)．
竹内　雍編著；解説化学工学演習，培風館(1986)．
竹内　雍，山田幾徳，小島和夫編，"解説化学工学実験"培風館(1984)．
藤田重文，東畑平一郎編，"化学工学Ⅱ"，東京化学同人(1972)．
藤田重文監修，"単位操作演習"，科学技術社(1960)．
水科篤郎，大竹伝雄編，"化学工学演習"，共立出版(1970)．
水科篤郎，桐栄良三編，"化学工学概論"，産業図書(1979)．
W. L. Badger, J. T. Banchero, "Introduction to Chemical Engineering", McGraw-Hill(1955).
W. L. McCabe, J. C. Smith, "Unit Operations of Chemical Engineering", 3 rd ed., McGraw-Hill(1976).

付　録

1.　単位換算表

（1）　長　さ　[L]

cm	m (SI)	in	ft
1	0.01	0.393 7	0.032 81
100	1	39.37	3.281
2.54	0.025 4	1	0.083 33
30.48	0.304 8	12	1

1 Å（オングストローム）＝10^{-8} cm
1 μ（ミクロン；1 μm）＝10^{-3} mm＝10^{-4} cm
1 yd（ヤード）＝3 ft，1 尺＝0.303 m
1 mile＝1 760 yd＝5 280 ft＝1 609.3 m

（2）　面　積　[L^2]

cm^2	m^2 (SI)	in^2	ft^2
1	0.000 1	0.155 0	0.001 076
10 000	1	1 550	10.76
6.452	0.000 645 2	1	0.006 944
929.0	0.092 90	144	1

1 ha（ヘクタール）＝100 a（アール），　1 a＝100 m^2
1 acre（エーカー）＝4 840 yd^2，　1 坪＝3.306 8 m^2

（3）　体　積　[L^3]

cm^3	m^3 (SI)	in^3	ft^3
1	1×10^{-6}	0.061 024	3.531×10^{-5}
1×10^6	1	61 024	35.31
16.39	1.639×10^{-5}	1	5.787×10^{-4}
28 320	0.028 32	1 728	1

1 l＝1 000.03 cm^3，　1 barrel（bbl）＝42 米 gal＝35 英 gal≅159 l
1 米 gal＝231 in^3＝3 785 cm^3，　1 m^3≅1 kl

(4) 質 量 [M]

g	kg(SI)	lb
1	0.001	0.002 205
1 000	1	2.205
453.6	0.453 6	1

1 t（メートルトン）＝1 000 kg
　　　　　　　　＝0.984 2 long ton（英トン）
　　　　　　　　＝1.102 short ton（米トン）
1 long ton＝2 240 lb＝1.016 5 t
1 short ton＝2 000 lb＝907.18 t

(5) 密 度 [ML^{-3}]

g/cm^3	$kg/m^3(SI)$ [a]	lb/ft^3	lb/米 gal
1	1 000	62.43	8.345
0.001	1	0.062 43	0.008 345
0.016 02	16.02	1	0.133 7
0.119 8	119.8	7.481	1

$1 g/l \equiv 1 kg/m^3$, $1 lb/in^3 = 27.680 g/cm^3$
水の 4℃, 15℃ および 20℃ における密度は 1.000, 0.999 1, 0.998 2 g/cm^3
a) キログラム毎立方メートルとよむ.

(6) 力および重量 [MLT^{-2}], [F]

kgf	lbf	$m \cdot kg/s^2 = N(SI)$
1	2.205	9.807
0.453 6	1	4.448 2
0.102 0	0.224 8	1

$1 dyn = 1 g \cdot cm/s^2$
$1 poundal = 1 lb \cdot ft/s^2$
1 kp(kilopond)＝1 kgf

(7) 圧 力 [$ML^{-1}T^{-2}$], [FL^{-2}]

atm	bar	kgf/cm^2	lbf/in^2	mmHg(0℃)	mH_2O (4℃)	$N/m^2 = Pa(SI)$
1	1.013	1.033	14.70	760.0	10.33	101 300
0.986 9	1	1.020	14.50	750.1	10.20	100 000
0.967 8	0.980 7	1	14.22	735.6	10.00	98 066
0.068 05	0.068 95	0.070 3	1	51.72	0.703 8	6 895
0.001 316	0.001 333	0.001 36	0.019 34	1	0.013 60	133.3
0.096 78	0.098 07	0.100 00	1.422	73.56	1	9 806.6
9.869×10^{-6}	1×10^{-5}	1.020×10^{-5}	1.450×10^{-4}	7.501×10^{-3}	1.020×10^{-4}	1

$1 bar = 10^6 dyn/cm^2$, $1 lbf/in^2 = 1 psia$ (pound per square inch, absolute)
1 mmHg＝1 Torr（トール）, $1 mmH_2O \cong 1 kgf/m^2$

付　録

(8) 表面張力 [MT^{-2}] =[ML^{2}T^{-2}/L^2], [FL^{-1}]

N/m (SI)	kgf/m	lbf/ft
1	0.102 0	0.010 20
9.807	1	0.672 0
14.59	1.488	1

1 N/m(SI)=1 000 dyn/cm

(9) 粘　度[a)] [ML^{-1}T^{-1}], [FTL^{-2}]

P=g/cm·s	kg/m·h	kg/m·s	lb/ft·s	N·s/m^2=Pa·s(SI)[a)]
1	360	0.1	0.067 20	0.1
0.002 778	1	0.000 277 8	0.000 186 7	0.000 277 8
10	3 600	1	0.672 0	1
14.881	5 357	1.488 1	1	1.488 1

P=poise（ポアズ）=100 cP（センチポアズ），1 ポアズは 1 ポイズともいう。
a) SI では粘性率とよぶ。単位はニュートン秒毎平方メートル（=パスカル秒）。

(10) 仕事，エネルギーおよび熱量 [ML^{2}T^{-2}], [FL], [Q]

J	kgf·m	l·atm	Btu	kcal$_{IT}$	kW·h
1	0.102 0	0.009 869	9.478×10^{-4}	2.388×10^{-4}	2.778×10^{-7}
9.807	1	0.096 78	0.009 295	0.002 342	2.724×10^{-6}
101.3	10.33	1	0.096 0	0.024 20	2.815×10^{-5}
1 055	107.6	10.41	1	0.252 0	2.930×10^{-4}
4 187	426.9	41.32	3.968	1	0.001 163
3.6×10^6	3.671×10^5	3.553×10^4	3 412	859.8	1

1 erg=1 dyn·cm=10^{-7} J, 　1 W·s=1 V·A·s=1 J
表(10)～(14) 中の熱量は，国際標準化機構（ISO）の定義式による
　　1 kcal$_{IT}$ (IT キロカロリー)=4 186.8 J
　　1 Btu=1 055.06 J=0.252 0 kcal$_{IT}$
の値である。

(11) 工率，動力 [FLT^{-1}], [QT^{-1}]

kW	kgf·m/s	HP（馬力）	PS	kcal$_{IT}$/h
1	102.0	1.341	1.360	859.8
0.009 807	1	0.013 15	0.013 33	8.432
0.745 7	76.04	1	1.014	641.1
0.735 5	75	0.986 3	1	632.4
0.001 163	0.118 6	0.001 559	0.001 581	1

1 W=1 J/s=10^{-3} kW, 　1 HP (= horse power)=550 lbf·ft/s
PS=Pferdestärke=metric horse power

(12) 熱容量[a] $[QL^{-2}T^{-1}]$

$cal_{IT}/g \cdot °C$	$kcal_{IT}/kg \cdot °C$	$Btu/lb \cdot °F$	$J/g \cdot °C$
1	1	1	4.186 8
0.238 85	0.238 85	0.238 85	1

1 J/kg·K=0.001 J/g·°C

a) 比熱(specific heat, heat content)ともいう。

(13) 熱伝導度 $[QL^{-1}T^{-1}\Theta^{-1}]$

$cal_{IT}/cm \cdot s \cdot °C$	$kcal_{IT}/m \cdot h \cdot °C$	$Btu/ft \cdot h \cdot °F$	$J/m \cdot s \cdot K$
1	360	241.90	418.68
0.002 778	1	0.671 9	1.163 0
0.004 134	1.488 2	1	1.730 7
0.002 388	0.859 8	0.577 8	1

(14) 熱伝達係数 $[QL^{-2}T^{-1}\Theta^{-1}]$

$kcal_{IT}/m^2 \cdot h \cdot °C$	$Btu/ft^2 \cdot h \cdot °F$	$kcal_{IT}/cm^2 \cdot s \cdot °C$	$cal_{IT}/cm^2 \cdot s \cdot °C$	$kJ/m^2 \cdot h \cdot K$	$kJ/m^2 \cdot s \cdot K$
1	0.204 8	2.778×10^{-4}	2.778×10^{-5}	4.186 8	1.163×10^{-3}
4.885 6	1	1.357×10^{-3}	1.357×10^{-4}	20.44	5.678×10^{-3}
3 600	737.28	1	0.1	$1.507 3 \times 10^4$	4.186 7
36 000	7 372.8	10	1	$1.507 30 \times 10^5$	41.867
0.238 8	0.048 92	6.635×10^{-5}	6.635×10^{-6}	1	$2.777 8 \times 10^{-4}$
859.7	176.1	0.238 9	0.023 89	3 600	1

1 Btu/in²·h·°F=144.0 Btu/ft²·h·°F=703.5 kcal$_{IT}$/m²·h·°C

2. 重要数値および定数表

(1) 理想気体の 0°C, 1 atm ($\cong 0.1013$ MPa) におけるモル容積 $=22.41$ m³/kmol $=359.0$ ft³/lb-mol

(2) 気体定数　$R=8.314$ J/mol·K $=1.987$ cal/mol·K $=1.987$ Btu/lb-mol·°R
$\qquad\qquad =0.08205$ m³·atm/kmol·K ($=l$·atm/mol·K)
$\qquad\qquad =0.730$ ft³·atm/lb-mol·°R

(3) 絶対温度　T [K] $=t$ [°C] $+273.15$　　(K: Kelvin)
$\qquad\qquad T'$ [°R] $=t'$ [°F] $+459.67$　　(°R: Rankin)

(4) 摂氏と華氏温度　t [°C] $=(t'$ [°F] $-32.0) \times (5/9)$
$\qquad\qquad t'$ [°F] $=t$ [°C] $\times (9/5) +32.0$

(5) 空気の平均分子量 $=28.97 \cong 29$

乾燥空気の組成	N_2	O_2	Ar	CO_2	H_2	Ne	He	Kr	Xe
vol %	78.03	20.99	0.933	0.030	0.01	0.0018	0.0005	0.0001	0.00001
wt %	75.47	23.20	1.28	0.046	0.001	0.0012	0.00007	0.0003	0.00004

(6) 基本物理定数[a]

名　称	記号	数　値
重力の加速度 (標準)	g_n	9.80655 m/s²
光の速度 (真空中)	c	2.99792458×10^8 m/s
プランク定数	h	6.626176×10^{-34} J/Hz
アボガドロ定数	L, N_A	6.022045×10^{23} mol⁻¹
ステファン-ボルツマン定数	σ	5.6687×10^{-8} J/K⁴·m²·s
ファラデー定数	F	9.648456×10^4 C/mol

a) 日本化学会標準化専門委員会刊：国際純正・応用化学連合 物理化学分科会 記号，術語および単位委員会編「「物理・化学量および単位」に関する記号と術語の手引"(1979)による。

(15) 電磁気諸量の単位の変換係数

物理量	SI 単位	CGS 静電単位	CGS Gauss 単位
電気抵抗	$1\,\Omega$	$c^{-2} \times 10^9$ cm⁻¹·s	$c^{-2} \times 10^9$ cm⁻¹·
電導度	1 S	$c^2 \times 10^{-9}$ cm·s⁻¹	$c^2 \times 10^{-9}$ cm·s⁻¹
誘電率	1 F·m⁻¹	$4\pi c^2 \times 10^{-11}$	$4\pi c^2 \times 10^{-11}$
透磁率	1 H·m⁻¹	$(4\pi c^2)^{-1} \times 10^7$ cm⁻²·s²	$(4\pi)^{-1} \times 10^7$

c：真空中の光速度，$\Omega = V \cdot A^{-1}$, S (ジーメンス) $= A \cdot V^{-1} = \Omega^{-1}$,
$\quad F = A \cdot s \cdot V^{-1}$, $H = V \cdot A^{-1} \cdot s = \Omega \cdot s$

3. ギリシア文字と記号の意味

大文字	小文字	よみ方	記号として用いる場合の意味
A	α	アルファ	温度伝導率(熱拡散率), 相対揮発度
B	β	ベータ	体膨張係数, 吸着係数($=q_o/C_o$), その他操作線の傾き
Γ	γ	ガンマ	活量係数, かさ(充填)密度, 大文字：表面過剰量
Δ	δ	デルタ	差, 境界層厚さ
E	$\varepsilon(\epsilon)$	イプシロン	(粒子充填層の)空間率, 管の凹凸の高さ, ε_p：細孔率(気孔率)
Z	ζ	ジータ(ゼータ)	未知数, その他パラメーター
H	η	イータ(エータ)	効率, その他パラメーター(Yの代わり)
Θ	$\theta(\vartheta)$	シータ(テータ)	時間, 角度
I	ι	イオタ	——
K	κ	カッパ	——
Λ	λ	ラムダ	蒸発潜熱, 波長
M	μ	ミュー	粘度
N	ν	ニュー	動粘度, 振動数
Ξ	ξ	クシー(グザイ)	未知数, その他パラメーター(Xの代わり)
O	o	オミクロン	——
Π	π	パイ	円周率, 大文字：拡張圧($=\sigma_0-\sigma$), 全圧
P	ρ	ロー	密度
Σ	σ	シグマ	溶液の表面張力, 標準偏差, σ_0：純粋溶媒の表面張力
T	τ	タウ	せん断応力, 時間, 細孔の屈曲係数
Υ	υ	ウプシロン	——
Φ	$\phi(\varphi)$	ファイ(フィー)	角度, 関係湿度, 粒子の形状係数, その他関数
X	χ	カイ	未知数
Ψ	$\psi(\psi)$	プサイ(プシー)	比較湿度, 未知数
Ω	ω	オメガ	大文字：分子の衝突断面積

4. 無次元数

記号	名称	定義[a]	記号	名称	定義[a]
C_R	抵抗係数	$2F_D g_c / \rho \bar{u}^2 a_p$	Nu	ヌッセルト数	hD/k
f	摩擦係数	$-\Delta P g_c D / 2l\bar{u}^2$	N_p	動力数	$p g_c / \rho n^3 D^5$
F_o	フーリエ数	$\alpha t / r^2$	Pe	ペクレ数	$D\bar{u}/\alpha,\ D\bar{u}/D_{AB}$
Fr	フルード数	$\bar{u}^2/gL$	Pr	プラントル数	$C_p \mu / k$
Gr	グラスホフ数	$D_n^3 \rho \beta g_c \Delta T / \mu^2$	Re	レイノルズ数	$DG/\mu = D\bar{u}\rho/\mu$
Gz	グレーツ数	$W C_p / kL$	Sc	シュミット数	$\mu / \rho D_{AB}$
j_H	伝熱の j 因子	$(h/C_p G)(C_p \mu / k)^{2/3}$	Sh	シャーウッド数	$k_F D / D_{AB}$
j_D	物質移動の j 因子	$(k_F/\bar{u})(\mu / \rho D_{AB})^{2/3}$	St	スタントン数	$h/C_p G = Nu/RePr$
Ma	マッハ数	$\bar{u}/a$	We	ウェーバー数	$D\rho\bar{u}^2 / \sigma g_c$

[a] a：音の速さ，a_p：粒子の表面積，C_p：定圧比熱，D：管直径，D_{AB}：分子拡散係数，F_D：粒子に働く流体の抵抗($=R$)，式(6・15)～(6・18)参照，g_c：重力換算係数，$G:=\rho\bar{u}$，k_F：境膜物質移動係数，n：回転数，$\bar{u}$：平均線流速，W：流体の質量流量，α：熱拡散率，ρ：流体の密度

5. 水の物性

分子量	18.015
融点	273.2 K
標準沸点	373.2 K
臨界温度	647.3 K
臨界圧	22.120 Mpa
臨界圧縮因子	0.229
液密度	998 kg/m³　(293 K)
蒸発潜熱	4.066 kJ/mol

・比熱容量　[J/mol・K]　　$C_p = a + bT + cT^2 + dT^3$ として
　$a = 32.244$　$b = 1.924 \times 10^{-3}$　$c = 1.056 \times 10^{-5}$
　$d = -3.597 \times 10^{-9}$

・蒸発圧　Antoine 蒸気圧 [Pa] 式の係数と温度範囲
　$A = 23.1964$　$B = 3816.44$　$C = -46.13$　　　(284〜441 K)

付　録

6. 水蒸気表[1]

温度 T [K]	飽和圧力 P_s [MPa]	密度 [kg/m³]		エンタルピー [kJ/kg]		
		ρ^l	ρ^v	H^l	H^v	$\Delta H = H^v - H^l$
273.16	0.0006112	999.78	0.004851	0.00	2501.6	2501.6
280	0.0009911	999.93	0.007674	28.79	2514.1	2485.3
290	0.0019186	998.87	0.01435	70.71	2532.4	2461.7
300	0.0035341	996.62	0.02556	112.53	2550.7	2438.2
310	0.0062261	993.42	0.04362	154.33	2568.7	2414.4
320	0.010537	989.43	0.07158	196.13	2586.6	2390.5
330	0.017198	984.75	0.1135	237.95	2604.2	2366.3
340	0.027164	979.44	0.1742	279.81	2621.5	2341.7
350	0.041644	973.59	0.2600	321.72	2638.5	2316.8
360	0.062136	967.21	0.3783	363.71	2655.0	2291.3
370	0.090452	960.37	0.5375	405.79	2671.1	2265.3
380	0.12873	953.08	0.7478	447.98	2686.5	2238.5
390	0.17948	945.36	1.0206	490.32	2701.4	2211.1
400	0.24555	937.22	1.3687	532.82	2715.6	2182.8
410	0.33016	928.67	1.8066	575.53	2729.0	2153.5
420	0.43691	919.70	2.3507	618.48	2741.6	2123.1
430	0.56974	910.32	3.0187	661.69	2753.2	2091.5
440	0.73300	900.51	3.8309	705.21	2763.9	2058.7
450	0.93134	890.26	4.8094	749.07	2773.5	2024.4
460	1.1698	879.55	5.9795	793.32	2781.8	1988.5
470	1.4537	868.36	7.3691	838.00	2789.0	1951.0
480	1.7888	856.66	9.0100	883.18	2794.7	1911.5
490	2.1811	844.41	10.938	928.91	2798.9	1870.0
500	2.6370	831.57	13.195	975.27	2801.5	1826.2
520	3.7663	803.90	18.897	1070.2	2801.2	1731.0
540	5.2340	773.06	26.622	1168.9	2792.3	1623.4
560	7.1030	738.18	37.134	1272.7	2772.1	1499.4
580	9.4433	697.79	51.687	1383.6	2737.3	1353.7
600	12.337	649.30	72.683	1505.4	2681.9	1176.5
610	14.037	620.23	87.336	1573.1	2641.4	1068.3
620	15.906	586.47	106.38	1646.8	2587.8	941.0
630	17.977	544.05	133.02	1733.8	2514.8	781.0
640	20.277	481.96	176.96	1841.2	2401.4	560.2
647.30	22.120	315.46	315.46	2107.4	2107.4	0.0

---

1)　日本機械学会編，"技術資料　流体の熱物性値集"，(1983)より引用抜粋．

7. 物性推算のノモグラフ

(1) 気体, 蒸気の粘度[1]

No.	物質名	座標 X	座標 Y	No.	物質名	座標 X	座標 Y
1	空気	11.0	20.0	17	SO_2	9.6	17.0
2	CO	11.0	20.0	18	CH_4	9.9	15.5
3	CO_2	9.5	18.7	19	C_2H_6	9.1	14.5
4	CS_2	8.0	16.0	20	C_2H_4	9.5	15.1
5	Cl_2	9.0	18.4	21	C_2H_8	9.7	12.9
6	H_2	11.2	12.4	22	ブタン	9.2	13.7
7	HCl	8.8	18.7	23	ヘキサン	8.6	11.8
8	水蒸気 (H_2O)	8.0	16.0	24	ベンゼン	8.5	13.2
9	H_2S	8.6	18.0	25	トルエン	8.6	12.4
10	He	10.9	20.5	26	メチルアルコール	8.5	15.6
11	Hg	5.3	22.9	27	エチルアルコール	9.2	14.2
12	N_2	10.6	20.0	28	プロピルアルコール	8.4	13.4
13	NH_3	8.4	16.0	29	フレオン 11	10.6	15.1
14	NO	8.8	19.0	30	〃 12	11.1	16.0
15	NO_2	10.9	20.5	31	〃 21	10.8	15.3
16	O_2	11.0	21.3	32	〃 113	11.3	14.0

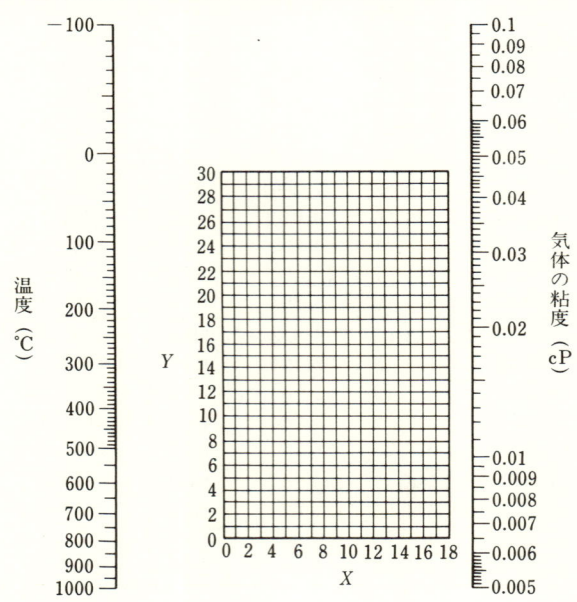

[1] J. H. Perry, ed., "Chemical Engineers' Handbook", 5th ed., p. 3-210, 211, McGraw-Hill (1973) より引用抜粋。

付　録

（2）液体の粘度[1]

No.	物質名	座標 X	座標 Y	No.	物質名	座標 X	座標 Y
1	水（H_2O）	10.2	13.0	17	酢酸（100%）	12.1	14.2
2	98% 硫酸	7.0	24.8	18	〃　（70%）	9.5	17.0
3	60%　〃	10.2	21.3	19	エチレングリコール	6.0	23.6
4	かん水（NaCl 56%）	10.2	16.6	20	アセトン（100%）	14.5	7.2
5	NaOH 50% 水溶液	3.2	25.8	21	〃　（35%）	7.9	15.0
6	CO_2	11.6	0.3	22	エチルエーテル	14.5	5.3
7	CS_2	16.1	7.5	23	エチルメチルケトン	13.9	8.6
8	CCl_4	12.7	13.1	24	i-プロピルアルコール	8.2	16.0
9	トリクロロエチレン	14.8	10.5	25	グリセリン（100%）	2.0	30.0
10	フレオン 11	14.4	9.0	26	〃　（50%）	6.9	19.6
11	水銀	18.4	16.4	27	ヘキサン	14.7	7.0
12	メチルアルコール（100%）	12.4	10.5	28	ベンゼン	12.5	10.9
13	〃　（40%）	7.8	15.5	29	トルエン	13.7	10.4
14	エチルアルコール（100%）	10.5	13.8	30	m-キシレン	13.9	10.6
15	〃　（95%）	9.8	14.3	31	灯油	10.2	10.9
16	〃　（40%）	6.5	16.6				

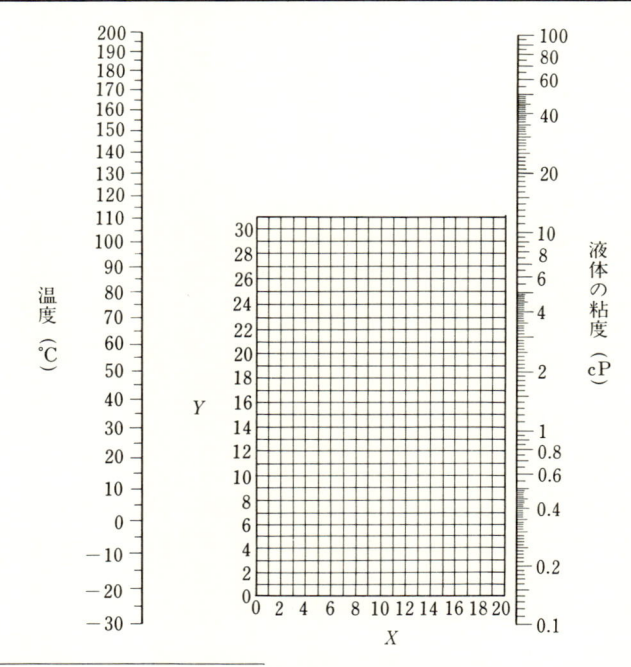

1) J. H. Perry, ed., "Chemical Engineers' Handbook", 5th ed., p. 3-212, 213, McGraw-Hill（1973）より引用抜粋。

8. 数学公式および数式

(1) 比 例 式

$a:b=c:d$ のとき $a/b=c/d$, $a:c=b:d$, $(a\pm b):b=(c\pm d):d$

(2) 対 数

1) a を正数, z を任意の実数とすると, 指数関数 $y=a^z$ を z について解いた $z=\log_a y$ が a を底とする y の対数(m: 任意の実数)。

$\log_a a = 1$, $\log_a 1 = 0$, $\log_a(xy) = \log_a x + \log_a y$, $\log_a x^m = m\log_a x$

2) 常用対数: 10 を底としたもの, $\log_{10} x = \log x$

自然対数: $e = 1 + 1 + (1/2!) + (1/3!) + \cdots = 2.7182818\cdots$ を底としたもの。

$\log_e x = \ln x$

と書く。

$z = e^u = 10^v$ より $u(=\ln e^u) = v\ln 10 = 2.303\,v$, $v = 0.43429\,u$

3) 常用対数の整数部分を指標, 小数部分を仮数とよぶ。指標: 桁数, 仮数: 例: $\bar{5}.3010 = \log(2.0\times 10^{-5})$

(3) 初等関数の微分・積分 ($df/dx = f'$ と書く。積分定数 C は省略)

1) $(e^x)' = e^x$ 2) $(\ln x)' = 1/x$ $(x>0)$ 3) $(\sin x)' = \cos x$ 4) $(\cos x)' = -\sin x$

5) $(\tan x)' = \sec^2 x$ 6) $(\sin^{-1} x)' = 1/\sqrt{1-x^2}$ $(-\pi/2 < \sin^{-1} x < \pi/2)$

7) $(\tan^{-1} x)' = 1/(1+x^2)$ $(-\pi/2 < \tan^{-1} x < \pi/2)$

8) $\int x^n dx = x^{n+1}/(n+1)$ $(n\neq -1)$ 9) $\int \ln x\,dx = x\ln x - x$

10) $\int \dfrac{1}{\sqrt{x^2 \pm 1}}dx = \ln|x + \sqrt{x^2 \pm 1}\,|$

(4) 分 布

1) ポアソン分布: 二項分布 $f(x)[s!/x!(s-x)!]p^x q^{s-x}$ $(x=0,1,2,\cdots,s)$ において $p=m/s$, m を一定として $s\to\infty$ とすると $g(x)=m^x e^{-m}/x!$ $(x=0,1,2,\cdots)$ に収束する。これをポアソン(Poisson)分布という(ここに ν_1, ν_2 は第 1 次, 第 2 次モーメント)。

$$\sum_{x=0}^{\infty} \frac{m^x e^{-m}}{x!} = 1, \quad \nu_1 = \sum_{x=0}^{\infty} x\frac{m^x e^{-m}}{x!} = m = \bar{x}, \quad \nu_2 = \sum_{x=0}^{\infty} x^2 \frac{m^x e^{-m}}{x!} = m(m+1)$$

2) 正規分布(ガウス分布)

$$f(x) = \frac{1}{\sigma\sqrt{2\pi}}\exp\left[-\frac{1}{2}\left(\frac{x-\mu}{\sigma}\right)^2\right]$$

で表わされる連続確率変数 $f(x)$ は, 平均値 μ, 標準偏差 σ の正規分布をする(この正規分布を $N(\mu,\sigma^2)$ で示す)。$f(x)$ 対 x 曲線の下の全面積は 1 に等しく, すなわち $\int_{-\infty}^{\infty} f(x)\,dx = 1$ である。

いま, $z = (x-\mu)/\sigma$ とおくと(これを規準単位という), 上式は

$$f(z) = \frac{1}{\sqrt{2\pi}}\exp\left[-\frac{z^2}{2}\right]$$

となり, これは平均値 0, 標準偏差 1 の正規分布 $N(0,1)$ (標準正規分布という)を表わ

付　録

す。この積分

$$p_r = \frac{1}{\sqrt{2\pi}} \int_{z_1}^{\infty} \exp\left[-\frac{z^2}{2}\right] dz$$

の値が，$z > z_1$ となる確率であるが，この p_r 対 z_1 の関係は正規分布表[†]をみるとよい。

(5) **2次方程式の解**（一般に工学では解として正の実数をとることが多い）

1) $ax^2 + bx + c = 0$ の解　　$x = (-b \pm \sqrt{b^2 - 4ac})/2a$

2) $x^2 + b'x + c' = 0$ の解　　$x = (b'/2)[\pm\sqrt{1 - 4c'/(b')^2} - 1]$

(6) **数値積分**

関数 $y = f(x)$ の区間 (a, b) における積分は，普通目盛りの方眼紙に描かれた曲線下の面積として方眼の個数から求められる。これを図積分というが，この図積分よりも数値積分である台形則やシンプソン則を用いて算出するほうが手早く容易である。

1) 台形則：2点を通る直線下の面積を加えあわせる方法で，台形公式ともいう。区間 (a, b) を n 等分し，両端およびその分点を $x_0(=a), x_1, x_2, \cdots, x_n(=b)$ とし，各点における $f(x)$ の値を $y_0, y_1, y_2, \cdots, y_n$，また $(b-a)/n = (x_{i+1} - x_i) = h$（きざみ幅）とおけば（当然きざみ幅 h を小さくすれば数値積分の精度が上がる）

$$\int_a^b f(x)\,dx \fallingdotseq (h/2)[y_0 + 2(y_1 + y_2 + \cdots + y_{n-1}) + y_n]$$

2) シンプソン則：きざみ幅の間の曲線を直線で近似する台形則の代わりに，等間隔の3点を通る2次曲線で近似し，その曲線下の面積を加えあわせる方法であって，シンプソンの公式ともいう。台形則より良い近似が得られる。区間 (a, b) を $2n$ 等分し，両端およびその分点を $x_0(=a), x_1, x_2, \cdots, x_{2n}(=b)$ とし，各分点における関数 $f(x)$ の値を $y_0, y_1, y_2, \cdots, y_{2n}$，また $(b-a)/2n = x_{i+1} - x_i = h$ とおくと，

$$\int_a^b f(x)\,dx \fallingdotseq (h/3)[y_0 + 4(y_1 + y_3 + \cdots + y_{2n-1}) + 2(y_2 + y_4 + \cdots + y_{2n-2}) + y_{2n}]$$

[†] 普通の数表に掲載されている。たとえば　吉田洋一，吉田正夫，"新数学シリーズ 9．数表"，p.178，培風館(1958)（積分範囲は $0 \sim z_1$）。

問 題 解 答

1・1—1・7 解答は省略
2・1 $L=12.0\,\text{kg}$, $V=88.0\,\text{kg}$
2・2 (1) $15.8\,\text{kg}$, (2) $0.89\,\%$
2・3 肝油 $0.3\,\%$, エーテル $42.9\,\%$, 不溶性物質 $56.8\,\%$
2・4 $2.14\times10^5\,\text{kg/h}\,(214\,\text{m}^3/\text{h})$
2・5 (1) CO ; $3.03\times10^4\,\text{m}^3/\text{h}$, H_2 ; $6.05\times10^4\,\text{m}^3/\text{h}$, (2) $7.26\times10^4\,\text{m}^3/\text{h}$ (298 K, 1 atm)
2・6 $x=3.0$ として CO_2 量 ; $3\,020\,\text{kg/h}$, 空気量 $2\,140\,\text{kg/h}$ または $1\,660\,\text{Nm}^3/\text{h}$
2・7 理論空気量 $28.8\,\text{kmol}$, $81\,400\,\text{m}^3$, 湿り燃焼ガス量 $31.2\,\text{kmol}$
2・8 (1) $1\,360\,\text{kg}$, $20.2\,\text{kg}$, (2) $8\,371\,\text{kg}$
2・9 $530\,\text{kg}$, $1.271\,\text{MPa}$
2・10 $a=7.833$, $B=1\,460$, $c=266.4$, $2\,563\,\text{mmHg}$
2・11 $\log\mu=(547.2/T)-2.052$
2・12 $z=1.00$, $6.76\,\text{kg}$
2・13 二つの温度で同じ吸着量を与える圧力の比は 1.41, 従って $a=0.250/1.41=0.177$, $b=0.395$(不変), $q=0.069\,9\,C/(1+0.177\,C)$
2・14 $A=5.920\,04$, $B=1\,554.3$, $C=-50.50$
3・1 $0.436\,\text{m/s}$, $348.8\,\text{kg/m}^2\cdot\text{s}$
3・2 $373\,\text{K}$ として $2.87\,\text{m/s}$
3・3 $45.0\,\text{m/s}$
3・4 $6.26\,\text{m/s}$, $467.6\,\text{s}=7.8\,\text{min}$.
3・5 $4.91\times10^5\,\text{kW}$
3・6 $1.14\,\text{m/s}$ 以下
3・7 乱流 (Re=27 400)
3・8 $5\,550$
3・9 $D=0.707\,\text{m}$, つまり $2\cdot1/2$ B 管
3・10 (1) $\bar{u}_1=2\bar{u}_2$, (2) $Re_1=Re_2$
3・11 $46.8\,\text{Pa}$
3・12 $7.20\times10^5\,\text{Pa}\,(7.34\,\text{kgf/cm}^2)$
3・13 $2.43\,\text{kW}$
3・14 $24\,\text{mmHg}$
3・15 $8.03\times10^{-4}\,\text{m}^3/\text{s}$
4・1 $16.5\,\text{W/m}\cdot\text{K}$
4・2 $79.5\,\text{W}$, $1\,767\,\text{K}$, $347\,\text{K}$
4・3 $36.3\,\text{kW}$
4・4 $38.9\,\text{W}$ および $400\,\text{K}$
4・5 $431\,\text{W/m}^2\cdot\text{K}$
4・6 並流, 向流, 十字流で, それぞれ 1.45, 0.94, $1.03\,\text{m}^2$(補正係数 $a=0.92$)
4・7 $3\,210\,\text{W/m}^2\cdot\text{K}$
4・8 $Re=1.23\times10^5>10\,000$(乱流), $Pr=4.83$, $h=1.73\times10^3\,\text{W/m}^2\cdot\text{K}$
4・9 $13.2\,\text{mm}$ の時
4・10 $470.9\,\text{kJ/m}^2\cdot\text{h}$
4・11 $60.9\,\text{W}$
4・12 (1) $V=1\,500\,\text{kg/h}$, (2) $V_0=1\,832\,\text{kg/h}$, (3) $A=25.4\,\text{m}^2$
4・13 (1) $V_1=783.0$, $V_2=717.0\,\text{kg/h}$, (2) $A=13.7\,\text{m}^2$, (3) $V_0=1\,024\,\text{kg/h}$
5・1 $D_{AB}=1.57\times10^{-9}$(メタノール-水), 8.85×10^{-10}(フェノール-水) $[\text{m}^2/\text{s}]$
5・2 $3.23\,\text{h}$
5・3 省略
5・4 $1.04\times10^{-3}\,\text{g/s}$
5・5 $371.5\,\text{K}$
5・6 缶液組成 ; $19.8\,\text{mol}\,\%$ ベンゼン, 留出液量 ; $40\,\text{mol}$, 留出液の平均組成 $45.3\,\text{mol}\,\%$ ベンゼン

5·7 缶液量；31.0 mol, 缶出液量；69.0 mol, 留出液の平均組成；39.0 mol% ベンゼン

5·8 蒸気組成；0.474(モル分率メタノール), 液組成；0.126(モル分率メタノール)

5·9 原料の 40.8 %

5·10 8.8 段

5·11 16.5 段

5·12 $N=17.6$ 段

5·13 式(5.58)において, 前問より $N_{min}=9.2$, $R_{min}=1.3$, $R=1.96$ であるから, R により理論段数は次のようになる. この値を X-Y グラフに示す.

R	1.5	2.0	6.0
N	24.5	17.3	11.5

5·14 (1) 120.8, 79.2 kmol/h, (2) $y=0.778x+0.218$, (3) 10.2 段

5·15 (1) フェンスキの式より $N_{min}=4.9$, (2) アンダーウッドの方法より根 $k=2.95$, $R_{min}=3.14$, (3) $R=1.5\times3.14=4.71$ として二成分系と同様に式(5.49)から N を求めると $N=8.0$ 段

5·16 5.20×10^{-6} [モル分率]

5·17 3.17 m

5·18 4.96 m

5·19 (1) 0.005 5 (0.55 vol%), (2) $H_{OX}=1.09$ m, $N_{OX}=2.94$ より 3.20 m

5·20 5.7 m

5·21 (1) $(L/G)_{min}=0.486$, (2) $X_1=0.277$ [kmol-NH_3/kmol-H_2O]

5·22 図 5.37 より
水(E)相の質量 2.35 kg
ニトロメタン相 2.65 kg

組成	酢酸	水	ニトロメタン
E	0.245	0.492	0.263
R	0.157	0.130	0.713

5·23 (1) それぞれを 50 kg の水で抽出し, それぞれの抽出液, 抽残液を混合する場合の方が有利. 30 % のとき; $x_E=0.239$, $x_R=0.150$ 10 % の時はそれぞれ 0.102, 0.043 二液を混合すると 0.182, 回収率は 0.657, (2) 混合後 100 kg の水で抽出する時は $x_E=0.177$, $x_R=0.096$ より回収率は 0.612. 従って濃度, 回収率とも(1)が良い

5·24 3 段

5·25 省略

5·26 0.100

5·27 4 380 g

5·28 省略

5·29 省略

5·30 $G=1.34\times10^{-7}$ m/s, $B_0=1.20\times10^6$ m$^{-3}\cdot$m^{-1}

5·31 $K=61.7$, $q_{inf}=0.488$

5·32 1 730 m^3, $v_f=0.139$ m/h

5·33 $N_{OF}=2.37$ として 4.90 h

5·34 $Z_a=0.026$ m, $t_B=7.32$ h, $K_Fa_v=26.9$ s^{-1}

5·35 (1) 0.019 m, (2) 18 780 s = 5.2 h, (3) 本文参照

5·36 省略

5·37 (1) 吸着帯長さ 1.49 m, (2) 破過時間 21.2 日, (3) 移動単位高さ $H_{OF}=0.493$ m, (4) 吸着剤層の有効利用率 $\eta=0.752$

5·38 絶対湿度 $H=0.002\,3$, 相対湿度 $\phi=0.086\,(8.6\%)$

5·39 297 K

5·40 81 %, 3.84×10^4 kJ

5·41 省略

5·42 6.67 kg/h

5·43 1.62 kg/m$^2\cdot$h

5·44 8.10 kg, 5 192 kJ

5·45 省略

6·1 $d_a=1\,450\,\mu$m, $d_w=1\,537\,\mu$m, $d_m=1\,509\,\mu$m, $SV=6/d_a$ として $\Delta p=0.30$ g/cm^2 (3 mm 水柱)

6·2 $d_{50}=19.5\,\mu$m, 標準偏差 $\sigma_g=33/19.5=1.69$, 質量基準 50 % 径 $d_{50}=44.5\,\mu$m, $d_1=22.4\,\mu$m, $d_s=25.7\,\mu$m, $d_3=38.8\,\mu$m, $d_v=29.5\,\mu$m, $S_V=1.55\times10^5$ m^2/m^3

6·3 $\mu=9.58\times10^{-3}$ P として $v_t=1.83\times10^{-3}$ m/s

問題解答

6・4 $\mu=2.0\,\mathrm{P}(0.2\,\mathrm{Pa\cdot s})$, $\mathrm{Re}_p=0.66$
6・5 式(6・28)より $P_V=817[1-\exp(-6x)]$, それを図示する。
6・6 146 kW
6・7 衝撃型
6・8 仕切りの高さ1.00 mとして粒子径0.5, 0.2, 0.1, 0.074 mmの場合も式(6・17)および式(6・15′)より0.78 m, 1.96 m, 3.91 m, 7.50 m(ストークス式より)
6・9 $u_i=18.3\,\mathrm{m/s}$

6・10 $\alpha=1.347\times10^9\,\mathrm{m/kg}$, $k_m=1.09\times10^9\,\mathrm{m^{-1}}$, $A_F=1.12\times10^3\,\mathrm{m^2}$
6・11 146 s
6・12 $\rho_s=2.40\,(\mathrm{g/cm^3})$ とし, 水と空気について比較し, $v_{\mathrm{air}}/v_{\mathrm{water}}=91.2$
6・13 (1) 第1の方法より $K=8.77\,\mathrm{m^2/s}$, $V_m=2.69\times10^{-4}\,\mathrm{m^3}$, $t=1\,200\,\mathrm{s}$, (2) 第2の方法より $K=4.37\,\mathrm{m^2/s}$, $V_m=2.39\times10^{-4}\,\mathrm{m^3}$, $t=1\,170\,\mathrm{s}$
6・14 $17.3\,\mathrm{m^3/h}$

索　引

あ　行

圧搾　243
圧縮機　69
圧縮係数　24
圧力計　20
圧力スイング吸着　180
圧力降下(圧力損失)　55
圧沪器　253, 254
アトリッションミル　231
アレンの法則　221
安息角　224
アンダーウッドの方法　140
アンドリアゼンピペット　222
アントワンの式　23
イオン交換　177
イオン交換装置　188
イオン交換体　177, 187
一般管理費　40
一方拡散　114
移動層吸着　180
移動単位あたりの高さ　152
移動単位数　152
インジェクター　69
ウィルケ-チャンの相関式　116
浮玉式流量計　68
渦巻きポンプ　69
エアリフト　69
HETP　142
APIオイルセパレータ　252
液液抽出　158
液液抽出装置　163
液相線　117
エジェクター　71

エネルギー収支　15
MTZ　184
遠心沈降機　235
遠心分離　243
遠心分離機　234
遠心力集塵　241
遠心力分級器　233
エンタルピー-組成線図　137
オイルセパレーター　252
往復動多孔板塔　164
オームの法則　77
押出成型機　240
オリフィス(流量)計(メーター)　49, 67
オリフィス板　67
温水増湿　196
温度拡散係数　111

か　行

加圧浮上分離　251
塊　213
外界　16
開口比　68
回収　109
回収線　132
回収部　132
階段作図法　133
階段接触　110
回転円筒型　253
回転円筒型真空沪過器　255
回転円板型抽出塔　164
回転ドラム型乾燥器　201
回転ポンプ　69
回転ミル　232

回分(式)操作　12, 109
化学技術者　2
化学吸収　143
化学工学　2
(化学)反応工学　13
化学反応熱　20
化学(非可逆的)吸着　178
化学プロセス　106
化学平衡　15
化学ポテンシャル　24
核化速度　174
角関係　97
拡散係数　110
拡散流束　112
撹拌式真空乾燥器　202
核沸騰　94
撹乱効果　94
かさ密度　224
過剰空気率　21
ガス管　62
ガス吸収　143
ガスメータ　68
硬　さ　224
活性アルミナ　178
活性汚泥法　244
活性炭　177
活量係数　122
過熱水蒸気　102
カランドリア　99
カルマンの式　255
乾き空気　189
間隙速度　64
乾湿球温度計　193
乾湿球湿度計　193
干渉沈降　249
含水率　197
慣　性　241
間接費　41
乾　燥　197
乾燥期間　199
乾燥速度　199
乾燥装置　200
管摩擦係数　56
還流比　133

乾量基準の含水率　198
気液平衡　117
機械的操作　210
擬似移動層方式　180
気相線　117
基礎工学　4
気体定数　31
キックの法則　229
起泡分離　202
基本量　28
吸収(ガス吸収)　143
吸収速度　146
吸収平衡　143
q　線　132
吸　着　177
吸着係数　182
吸着材(剤)　177
吸着質　177
吸着水　199
吸着帯　183
吸着分離　178
吸着平衡　181
吸着量　181
吸着等温線　181
　　好ましい形の──　181
境界領域　5
凝　結　244
凝結剤　244
凝　集　243, 244
凝集剤　244
凝集作用　244
凝集試験法　246
凝集性　225
凝集速度式　245, 246
凝集沈殿装置　247
凝　縮　95
　　滴状──　95
　　膜状──　95
凝縮器　95
凝縮伝熱　95
強制対流　79
共　沸　118
　　──点　118
共沸蒸留　129

索引

境膜　113, 147
境膜伝熱　88
　　――係数　88
共役曲線　162
空間率　64, 224
空間率関数　250
空気コンベアー　239
空気調和(空調)　189
空気分離　178
空調　189
空塔速度　64
グラスホフ数　93
クラペーロン-クラジウスの式　27
グレーツ数　91
クロマトグラフィ　177
系　16
　　一般の(開いた)――　19
　　閉じた――　16
　　開いた――　16
K　118, 256
形状係数　214
　　カルマンの――　215
　　体積――　215
　　比表面積――　215
　　表面積――　215
ケーク　253
ゲージ圧　20
結合水　199
結晶化熱　172
減圧蒸留　128
限界成分　139
　　高沸点――　139
　　低沸点――　139
減価償却費　40
減湿　189, 196
懸濁液(スラリー)　47, 243
懸濁質　253
顕熱　20
原溶媒　158
減率乾燥　199
　　――期間　199
格子塔　141
工場管理費　40
恒率乾燥　199

――期間　199
向流吸収塔　155
向流式　82
　　――二重管熱交換器　84
向流多段抽出　164
固液抽出　177, 188
ゴーダンの式　216
国際単位系(SI)　29
国際標準化機構(ISO)　29
黒度　96
50％通過粒子径　216
コゼニー-カルマンの式　65, 224
コゼニー定数　224
固体混合　239
固定層　66
固定費　41
粉　213
コルバーンのアナロジー　90
混合　239
混相流　47
コンビナート　2

さ　行

差圧流量計　68
サイクロン　237
細孔　177
サイザー　233
再循環(リサイクル)　17
再生　178
最低流動化速度　66
再沸器　141
三角図　26, 159
算術平均　78
シーダー-テイトの式　90
j 因子
　　コルバーンの伝熱――　90
　　物質移動の――　90
ジェット粉砕機　232
次元　28
仕事指数　229
自然対流　79
湿球温度　193
シックナー　249
実験式　31

湿　度　189
湿度図表　191
湿量基準の含水率　198
質量速度　48
質量流量　48
シミュレーション　14
湿り空気　190
湿り比容　191
シャーウッド数　113
ジャイレイトリークラッシャー　230
ジャンセンの式　227
自由含水率　198
自由度　24
十字流式　82
集　塵　227,241
集塵効率　243
充填塔(層)　64,141,155,163
充填物　155
終末速度　222
収　率　2
重力集塵　241
重力分級器　233
縮　流　50
縮流係数　60
出　量　16
シュミット数　111
昇　華　202
昇華操作　202
蒸気圧曲線　27
晶析現象　173
晶析操作　171
　　　完全混合槽型——　175
　　　クリスタル・オスロ型——　174
　　　DTB 型——　174
晶析速度　173
状態図　25
状態方程式　24
蒸発器　99
蒸発潜熱　27
蒸　留　116
蒸留塔　123
　　　——の効率　138
除　去　109
　　　コロイド状物質の——　243

除　湿　189
除染係数　243
シリカゲル　177
真空蒸留　128
真空ポンプ　69
浸　出　188
シンプソン則　39
シンプソンの公式　39
浸辺長　63
推算式　23
水蒸気蒸留　127
数値積分　38
スキマー　252
スクラバー　241
スケールアップ　12,59
図積分　37
スタントン数　90
ステファン-ボルツマンの定数　96
ストークス径　213
ストークスの法則　221
ストリッピング　143
砂沪過器　254
スパイラル分級器　234
図微分　37
スプレー塔　163,164
スラリー　47,235,253
スラリー循環型凝集沈殿装置　247
スラリーブランケット型沈殿装置　247
製作図面　6
生産コスト　40
精　製　109
清　澄　235
成長速度　174
静的粉体圧　227
生物学的凝集　244
精　留　123
赤外線加熱式トンネル型乾燥器　201
接触角　251
接触ろ過方式　179
絶対圧　20
絶対誤差　33
絶対湿度　189
遷移域　52

索　引

遷移沸騰域　95
全縮器　133, 141
洗浄集塵　241
線成長速度　175
選択度　162
潜　熱　20
総括伝熱係数　81
総括塔効率　138
総括物質移動係数　148
総括放射到達率　97
相互拡散　114
操作設計　2
操作線　83, 183
相似則　58
増　湿　189
相　図　25
相対過飽和度　174
相対揮発度　118
相対誤差　33
相対湿度　190
装置規模の拡大　12
装置工業　1
装置設計　2
相当直径　63, 92
相当長さ　60
相反定理　97
送風機　69
相平衡　15, 24, 106
相本体　147, 178
相　律　24
層　流　52
造　粒　239
層流底層　53
粗　砕　228
粗　度　57
損益分岐線図　41
損益分岐点　42

――― た 行 ―――

台形則　38
対数正規分布　216
対数平均　78
　　――温度差　85
体積流量　48

タイライン　161
対流伝熱　74, 79
対臨界圧力　24
対臨界温度　24
多回抽出　164
多孔板塔　164
多重効用蒸発　101
多成分系の蒸留　139
多層ろ過器　254
脱　気　96
脱　湿　178
脱　臭　178
脱　色　178
脱　着　178
脱　離　178
棚段塔　141
棚段箱型乾燥器　201
ダルシーの(透過の)法則　223
単位系　28
　　工学――　28
　　重力――　28
　　絶対――　28
単位操作　2
段間隔　139
単蒸留　125
単抽出　164
断熱材　74
断熱増湿　195
断熱冷却線　191
蓄積量　16
チャップマン-エンスコグの式　115
中　砕　228
抽　剤　158
抽残相　158
抽　質　158
抽出蒸留　129
抽出相　158
調湿操作　195
超微粉砕　228
直接生産費　40
直接費　41
沈降管　222
沈降分離　243
沈降法　219

沈殿濃縮　243, 249
粒　213
定圧気液平衡　118
定圧沪過　256
定温気液平衡　118
定型吸着帯の進行速度　186
抵抗係数　219
泥漿　235
定常状態　16, 110
定常操作　110
ディスククラッシャー　231
定速沪過　257
定方向径　214
デカンター　235
てこの原理　159
デューリング線図　28, 100
転化率　17
電気集塵　241
転動造粒機　240
伝熱操作　73
伝熱装置　73
伝熱面積　77
透過係数　223
塔型抽出装置　163
透過法　223
透過率　243
等湿球温度線　195
動的粉体圧　227
動粘度　47, 110
特殊分離　202
特殊沪過器　254
トリチェリーの定理　50
ドルトンの分圧の法則　120
ドレイン　100
トレー　141
　　多孔板——　141
　　棚段——　141
　　フレキシ——　141
　　泡鐘——　141

な　行

ナッシュポンプ　71
ニーダー　240
　　パドル型——　240
　　リボン型——　240
日本工業規格(JIS)　29
ニュートン効率　238
ニュートンの法則　46
入　量　16
抜山点　95
ヌッセルト数　88
ぬれ辺長　63
捏　和　239
捏和機　240
熱拡散率　89, 111
熱交換器　82
　　カスケード型——　86, 88
　　コイル型——　86, 88
　　スパイラル——　86
　　多管型——　86
　　二重管型——　86
　　平板——　86
熱収支　19
熱伝達　80
熱伝導度　74
熱伝導率　74
熱放射　96
熱放射率　96
熱流束　74
粘結剤　240
粘　性　45
粘性係数　46
粘性率　46
粘弾性体　47
粘　度　46
濃縮線　132
濃縮部　131
ノズル　235
ノモグラフ　23

は　行

ハーゲン-ポアズイユの式　55
パーコレーション　188
パーコレーション方式　179
バーンアウト点　95
灰色体　96
排ガス処理　178
配管用鋼管(ガス管)　62

索　引

廃水処理　212
破　過　180, 184
　　　——曲線　180
破過点　184
バックフィルター　241, 242
払い落とし　242
バルク相　178
バルク分離　109
半回分操作　109
反応吸収　143
反応操作　107
P&I ダイヤグラム　6
PSA　180
ビーズ　214
BTX　6
PPI オイルセパレータ　252
比較湿度　190
非接触型凝集沈殿装置　247
比表面積径　214
微粉砕　228
微分接触　110
標準沸点　31
標準ふるい　220
比容積　51
非理想溶液　120
ファニングの式　57
ファン　69
ファンラールの式　122
フィーダー　239
フィックの法則　110
フィルタープレス　254
フーリエの式　110
フーリエの法則　74
フェンスキの式　135
不規則充填塔　157
複合伝熱係数　98
浮上分離　243
付　着　212
付着性　225
物質移動　106
　　　——速度　106
　　　異相間の——　106
物質移動係数　113, 146
物質移動帯(MTZ)　184

物質収支　15
物　性　21
沸点曲線　117
沸点上昇　100
沸騰伝熱　94
沸騰特性曲線　94
物理(可逆的)吸着　178
物理吸収　143
ブラジウスの式　57
フラッシュ蒸留　126
フラッディング　157
プラントル数　89, 111
ふるい上曲線　215
ふるい粒子径　214
ブレーキ(型)ジョークラッシャー　230
フロインドリッヒ式　181
フローシート　6
　　　プロセス——　6
　　　ブロック——　6
　　　エンジニアリング——　6
フロキュレーター　247
プロジェクトエンジニアリング　12
プロセス設計　6
フロック　244
粉　213
分　級　225, 232
分級器　233
分級の効率　238
粉　砕　227
　　　圧縮——　228
　　　衝撃——　228
　　　せん断——　228
　　　摩擦——　228
粉砕エネルギー　228
粉砕機　230
粉　体　213
粉体圧　224, 225
粉体の流動性　225
分配曲線　162
分配係数　162
噴霧乾燥器　201
分離技術　106
分離工学　106
分離操作　13, 106

分離プロセス 13, 106
粉粒体 213
平均流速 48
平衡 24
平衡温度 117
平衡含水率 198
平衡係数 118
並流式 82
β 84, 92, 126, 182
$\beta\gamma$ 182
ベルヌーイの式 48
ベルヌーイの定理 48
ペレット 214
ヘンリーの法則 143
ポアズ 46
放散 143
放射伝熱 74
飽和温度 117
飽和度(吸着帯の) 185
飽和濃度 172
補正係数(十字流熱交換器の) 85
ホッパー 239
ボンドの法則 229

ま 行

マーギュレスの式 122
マーフリーの段効率 138
膜透過 223
膜沸騰 95
摩擦損失 50, 54
マッケーブ-シーレ法 133
マノメーター 49
ミキサーセトラー 163
水処理 178
ミスト 241
無次元 31
無次元過飽和度 174
無次元数 113
メジアン径 216
面積流量計 68
毛管水 199
モール円 225

や 行

薬品添着炭 179
融液晶析 171
ユーティーリティー(ズ) 6
　　──フローダイヤグラム 6
輸送動力 51, 62
油分分離装置 252
溶液晶析 171
溶解度 143, 172
葉状沪過器 253, 255
容積流量計 68
汚れ係数 85

ら 行

ラウールの法則 120
ラシヒリング 65, 156
ラングミュア式 181
ランツ-マーシャルの式 113
乱流 52
理想溶液 120
リッティンガーの法則 228
粒 213
粒径 213
粒径分布の密度関数 175
粒子 213
粒子群充填層 64
粒子充填層 64, 212
粒子密度 219
流速 48
流体 13, 45
　　圧縮性── 45
　　擬塑性── 47
　　ダイラタント── 47
　　ニュートン── 46
　　非ニュートン── 46
　　ビンガム── 47
流通(吸着)法 185
粒度 213
流動化 66, 212
流動層 66
流動層方式 180
粒度分布 215
粒度分布曲線 215
流量 48

索　引

流量計　68
流量係数(流出係数)　67
理論空気量　20
理論段数　110, 130
臨界圧力　24
臨界温度　24
ルイスの関係　194
累積(分布)曲線　215
ルースの定圧沪過係数　256
ルースの定圧沪過式　256
ルーツブロア　71
冷水操作　197
冷水塔　197
レイノルズ　52
レイノルズ数　52
　　撹拌——　66
　　カルマン——　65
　　粒子——　64
冷　媒　84

レイリーの式　126
レオロジー　47
連続蒸留操作　123
連続接触　110
連続操作　12, 109
ロータメータ　68
ロータリーキルン型乾燥器　202
ロータリーフィーダー　239
ローディング　157
ロールクラッシャー　231
沪　過　243, 253
沪過器　253
沪過ケーク　253
沪過集塵　241
沪過速度　255
沪過抵抗　241
沪　材　241
ロジン-ラムラーの式　216
露点曲線　117

著者略歴

竹内　雍
（たけうち　やすし）

- 1954年　東京大学工学部応用化学科卒
- 1969年　明治大学工学部教授
- 現　在　明治大学名誉教授　工学博士

松岡正邦
（まつおか　まさくに）

- 1968年　東京農工大学工学部工業化学科卒
- 現　職　東京農工大学工学部化学システム工学科教授　工学博士

越智健二
（おち　けんじ）

- 1961年　日本大学理工学部工業化学科卒
- 現　職　日本大学理工学部物質応用化学科教授　工学博士

茅原一之
（ちはら　かずゆき）

- 1970年　東京大学工学部化学工学科卒
- 現　職　明治大学理工学部工業化学科教授　工学博士

Ⓒ　竹内・松岡・越智・茅原　2001

1982年 1月15日	初版発行
2001年 3月30日	改訂版発行
2021年 3月26日	改訂第20刷発行

解説化学工学

著　者　竹内　雍
　　　　松岡正邦
　　　　越智健二
　　　　茅原一之
発行者　山本　格

発行所　株式会社　培風館
東京都千代田区九段南4-3-12・郵便番号102-8260
電話(03)3262-5256(代表)・振替 00140-7-44725

中央印刷・牧 製本
PRINTED IN JAPAN

ISBN 978-4-563-04562-3　C3043